“十三五”国家重点出版物出版规划项目

|生|态|文|明|建|设|卷|

中国生态修复的进展与前景

PROGRESS AND PROSPECT OF ECOLOGICAL REHABILITATION IN CHINA

邬晓燕 著

中国财经出版传媒集团
经济科学出版社
Economic Science Press

图书在版编目（CIP）数据

中国生态修复的进展与前景/邬晓燕著. —北京：经济科学出版社，2017.9（2018.5 重印）
（中国道路·生态文明建设卷）
ISBN 978 - 7 - 5141 - 8469 - 3

Ⅰ.①中… Ⅱ.①邬… Ⅲ.①生态恢复 - 研究 - 中国 Ⅳ.①X171.4

中国版本图书馆 CIP 数据核字（2017）第 232885 号

责任编辑：刘　莎
责任校对：靳玉环
责任印制：李　鹏

中国生态修复的进展与前景
邬晓燕　著
经济科学出版社出版、发行　新华书店经销
社址：北京市海淀区阜成路甲 28 号　邮编：100142
总编部电话：010 - 88191217　发行部电话：010 - 88191522
网址：www.esp.com.cn
电子邮件：esp@esp.com.cn
天猫网店：经济科学出版社旗舰店
网址：http://jjkxcbs.tmall.com
北京季蜂印刷有限公司印装
710×1000　16 开　18.25 印张　240000 字
2017 年 9 月第 1 版　2018 年 5 月第 2 次印刷
ISBN 978 - 7 - 5141 - 8469 - 3　定价：55.00 元
（图书出现印装问题，本社负责调换。电话：010 - 88191510）

《中国道路》丛书编委会

生态文明建设卷

《中国道路》丛书审读委员会

总　　序

中国道路就是中国特色社会主义道路。习近平总书记指出，中国特色社会主义这条道路来之不易，它是在改革开放三十多年的伟大实践中走出来的，是在中华人民共和国成立六十多年的持续探索中走出来的，是在对近代以来一百七十多年中华民族发展历程的深刻总结中走出来的，是在对中华民族五千多年悠久文明的传承中走出来的，具有深厚的历史渊源和广泛的现实基础。

道路决定命运。中国道路是发展中国、富强中国之路，是一条实现中华民族伟大复兴中国梦的人间正道、康庄大道。要增强中国道路自信、理论自信、制度自信、文化自信，确保中国特色社会主义道路沿着正确方向胜利前进。《中国道路》丛书，就是以此为主旨，对中国道路的实践、成就和经验，以及历史、现实与未来，分卷分册作出全景式展示。

丛书按主题分作十卷百册。十卷的主题分别为：经济建设、政治建设、文化建设、社会建设、生态文明建设、国防与军队建设、外交与国际战略、党的领导和建设、马克思主义中国化、世界对中国道路评价。每卷按分卷主题的具体内容分为若干册，各册对实践探索、改革历程、发展成效、经验总结、理论创新等方面问题作出阐释。在阐释中，以改革开放近四十年伟大实践为主要内容，结合新中国成立六十多年的持续探索，对中华民族近代以来发展历程以及悠久文明传承进行总结，既有强烈的时代感，又有深刻的历史感召力和面向未来的震撼力。

丛书整体策划，分卷作业。在写作风格上注重历史与现实、理论与实践、国内与国际结合，注重对中国道路的实践与经验、过程与理论作出求实、求真、求新的阐释，注重对中国道路作出富有特色的、令人信服的国际表达，注重对中国道路为发展中国家走向现代化和为解决人类问题所贡献的“中国智慧”和“中国方案”的阐释。

在新中国成立特别是改革开放以来我国发展取得重大成就的基础上，近代以来久经磨难的中华民族实现了从站起来、富起来到强起来的历史性飞跃，中国特色社会主义焕发出强大生机活力并进入了新的发展阶段，中国特色社会主义道路不断拓展并处在新的历史起点。在这新的发展阶段和新的历史起点上，中国财经出版传媒集团经济科学出版社精心策划、组织编写《中国道路》丛书有着更为显著的、重要的理论意义和现实意义。

《中国道路》丛书2015年策划启动，首批于2017年推出，其余各册将于2018年、2019年陆续推出。丛书列入“十三五”国家重点出版物出版规划项目、国家主题出版重点出版物和“90种迎接党的十九大精品出版选题”。

《中国道路》丛书编委会

2017年9月

目　录

第一章

为什么要进行生态修复

推进生态文明建设，必须全面贯彻落实党的十八大精神，以邓小平理论、“三个代表”重要思想、科学发展观为指导，树立尊重自然、顺应自然、保护自然的生态文明理念，坚持节约资源和保护环境的基本国策，坚持节约优先、保护优先、自然恢复为主的方针，着力树立生态观念、完善生态之都、维护生态安全、优化生态环境，形成节约资源和保护环境的空间格局、产业结构、生产方式、生活方式。

——《努力走向社会主义生态文明新时代》，
习近平在主持十八届中央政治局
第六次集体学习时的讲话要点

贯彻“山水林田湖是一个生命共同体”理念，坚持保护优先、自然恢复为主，推进重点区域和重要生态系统保护与修复，构建生态廊道和生物多样性保护网络，全面提升各类生态系统稳定性和生态服务功能，筑牢生态安全屏障。

——《“十三五”生态环境保护规划》

良好的生态环境是人类生存与发展的基本前提。资源耗竭、气候变化等全球生态危机使世界各国经济社会的持续发展面临巨大压力，生态治理能力成为当前国际社会综合实力竞争的重要维度，加强环境保护和生态修复对于建设生态文明和美丽中国具有重要的战略意义。

一、现代环境生态危机深重

随着工业主义发展模式在全球范围内的不断扩张，世界人口快速持续增长，全球自然资源加速耗竭，自然生态系统全面退化，严重威胁人类生存与发展。如何恢复、修复和重建被污染的、退化的生态环境，并使其稳定而持续地发挥系统功能，已成为全世界共同关注的焦点问题。

（一）生态系统全面退化

20 世纪 60 年代以来，世界人口、资源与环境的不协调发展引发全球性环境生态问题，水土流失、荒漠化发展、环境污染、气候变暖、臭氧层消失、自然灾害频繁多发、城市化负面效应等都在不断加剧，生态系统正发生全面退化。生态系统的一般定义是，在一定空间中，共同栖居的生物群落与其环境之间由于不断地进行物质循环和能量流动过程而形成的统一整体。生态系统退化则是指在一定的时空背景下，受自然因素、人为因素或二者的共同干扰，生态系统偏离自然状态的状况。与健康生态系统相比，退化生态系统的物种组成、生物群落或系统结构发生不利于生物和人类生存要求的量变和质变，生物多样性减少，生物生产力降低，土壤和微环境恶化，生物间相互关系改变，系统的结构和功能发生与原有的平衡状态或进化方向相反的位移，是一种“畸变”的生态系统。

1. 全球退化生态系统。

以机器化大生产为主要标志的工业革命席卷全世界，高消耗、高污染、高排放的资本主义发展模式在全球范围内不断繁殖扩张，自然资源和能源面临耗竭，生态环境急剧恶化，资本扩张的无限性与自然资源的有限性之间的矛盾日趋深重，黑色发展模式制造出全人类必须严阵以待的全球生态危机，生态系统退化极为严重。

（1）环境污染过度排放。

环境污染过度排放是全球生态系统退化和生态环境危机的重要根源，而其主要来源是欧美国家。世界气象组织 2016 年 10 月 24 日发布《温室气体公报》称，全球大气中的二氧化碳平均浓度在 2015 年首次达到 400ppm（1ppm 为百万分之一），为工业化前的 144%，2014 ~ 2015 年二氧化碳的增加值远超过去 10 年增量的平均值。[①] 根据美国能源部数据库的数据，1800 ~ 1900 年期间，欧美国家向大气中排放的二氧化碳累积值占全球总和的 90% 以上，其中欧洲国家占 70%，美国占 23.6%；1900 ~ 2000 年期间，欧美国家向大气中排放的二氧化碳累积值占全球总和的 50% ~ 90%，美国是世界上最大的排放国，2000 年占值为 28.8%，欧盟国家的排放值占世界比重从 70% 下降到 20%。第二次世界大战以后，南方国家加快民族国家的现代化进程，二氧化碳排放量迅速增长，累计排放量占世界总量的比重从 1950 年的 28.3% 上升至 2000 年的 43.3%、2010 年的 46.7%，未来有可能会超越北方国家。世界各国为了发展经济而过度砍伐森林、开采矿产，导致对空气和水等自然资本的严重破坏，产生了城市空气污染、农业化学污染、河流污染、清洁用水匮乏等全球范围内的严重环境危害。据统计，全世界每年排入水体的工业废水和生活污水达 $5\,000 \times 10^8$ 吨以上，许多河流已经成为排污场所及污水

---

① 《2015 年全球二氧化碳平均浓度创新高：首次达到 400ppm》，新浪科技，2016 年 10 月 25 日，http://tech.sina.com.cn/d/n/2016-10-25/doc-ifxwztrt0355791.shtml。

的长期滞留地。世界范围内因工业、汽车排放和家庭化石燃料燃烧引起的空气污染而造成的死亡人口每年超过 270 万，主要死于各种癌症、呼吸道疾病和心肺疾病。

（2）能源资源危机。

以西方工业文明为主导的发展模式，肆意开发和掠夺自然资源和能源，使得大量自然资本急剧耗竭。19 世纪 70 年代的产业革命以来，化石燃料的消费急剧增大，初期主要以煤炭为主。进入 20 世纪以后，特别是第二次世界大战以来，石油以及天然气的开采与消费开始大幅度地增加，并以每年 2 亿吨的速度持续增长。世界经济的现代化是建筑在化石能源基础之上的一种经济模式，很大程度上依赖于化石能源，如石油、天然气、煤炭与核裂变能的广泛投入应用。进入 21 世纪，全球能源需求一直持续高涨，新兴国家对矿产资源的需求逐步增大，世界各国对资源的争夺加剧，原油、煤炭等主要资源价格保持上涨姿势。然而，这一经济模式的资源载体将在 21 世纪上半叶迅速地接近枯竭。国际能源署（IEA）发布报告称，2021 年全球煤炭需求将达到 56.3 亿吨，全球原油需求目前还在持续上升，其中增幅约有一半来自中国和印度市场，与 2016 年 9 660 万桶/天相比，全球原油需求在 2022 年前平均增长 1.2%，2022 年全球石油需求将达到约 1.038 亿桶/天。根据世界银行统计数据，世界自然资产净损耗值增长指数从 1970 年以后迅速上升，以不变价计算，从 1970 年的 1 上升到 2000 年的 5.35 再到 2008 年的 12.9，自然资产损失上升幅度远远超过总国民收入和经济增长的速度。[①]

（3）生物多样性损失。

由 95 个国家 1 300 多名科学家历时 4 年完成的联合国《千年生态系统评估报告》（2005）指出，在过去五十年里，人类对生态系统的影响比以往任何时期都要快速和广泛；生态系统为人

---

① 胡鞍钢：《中国创新绿色发展》，中国人民大学出版社 2014 年版，第 73 页。

类社会和经济发展做出贡献的同时，其生态服务功能正在不断退化；生态系统服务功能的退化在未来五十年内将进一步加剧，这将严重威胁联合国千年发展目标的实现；通过调整政策和机制，有可能在增加需求的同时，减缓生态系统的退化。由于人口急剧增长，人类正在过度开发和使用地球资源，人类赖以生存的草地、森林、农耕地、河流和湖泊等生态系统有60%正处于不断退化状态，地球上近2/3的自然资源已经消耗殆尽，人类活动使得地球上的生物多样性发生了不可逆的剧烈变化。联合国环境署调查表明，全球有$2.0\times10^9hm^2$土地退化（占全球有植被分布土地面积的17%），弃耕的旱地每年以$9.0\times10^6hm^2$的速度在递增，全球退化的热带雨林面积有$4.27\times10^8hm^2$，并且以$0.154hm^2$的速度递增。荒漠化和土地退化危及至少10亿人的生计，防治土地退化和荒漠化已成为全球课题，据估计，1978～1991年全球土地荒漠化造成的损失高达3 000亿～6 000亿美元，现在每年高达423美元，而全球每年进行生态修复的投入经费达到100亿～224亿美元。

与此同时，大规模的农业活动、牧业农场和水电站项目的开发建设，导致全球145个重要流域中，42个流域的原生森林覆盖率下降了75%，15个流域的原生森林覆盖率下降了95%，1980～1995年的15年间，发展中国家的森林覆盖率下降了9%左右，全球每年有1 300万hm^2的森林消失，相当于英格兰面积的大小。联合国、欧洲、芬兰有关机构联合调查研究预测，1990～2025年全球森林每年将以（1 600～2 000）×$104hm^2$速度消失。与最后一季冰川期结束后相比，原始森林覆盖面积的减少比例分别为亚太地区88%、欧洲62%、非洲45%、拉丁美洲41%、北美39%，世界原始森林已有2/3消失①。过度放牧和不适当的开垦则造成了大面积的草地退化，

① 余顺慧：《环境生态学》，西南交通大学出版社2014年版，第104页。

土壤侵蚀、盐渍化和沼泽化现象严重，并进一步荒漠化，严重损害草地动物生存。严重退化的森林和草原生态系统生产力大幅下降，生物多样性大为减少。

生物多样性反映了地球生物体的数量、种类和差异，以及这些特性在不同的时空又会发生变化。生物多样性包括物种内部（遗传多样性）的多样性，物种之间（物种多样性）的多样性，还包括生态系统之间（生态系统多样性）的多样性。地球的物种纷繁复杂，据估计全世界物种数量多达1亿种，而迄今只有约180万种被命名。在过去几百年中，由于人类不可持续的生产和消费方式，对地球造成了栖息地破坏、城市不断膨胀、环境污染、森林砍伐、全球变暖和“入侵物种”入侵等重要问题，人类造成的物种灭绝速度超出正常值100～1 000倍，24个生态系统中的15个正在持续恶化。过去60年来全球开垦的土地比18世纪、19世纪的总和还要多，1985年以来使用的人工合成氮肥相当于此前72年的总量，疾病、洪水和火灾爆发更为频繁，空气中的二氧化碳浓度不断上升，如今地球上正发生着前所未有的大规模物种灭绝。联合国《生物多样性公约》在声明中指出，“气候变化预计将成为生物多样性的最大威胁之一。”根据科学家的估计，每天有150～200个物种灭绝。此乃过去6 500万年来地球未曾经历过的剧变——这是恐龙灭绝以来物种灭绝速度最快的一个时期。地球上27%的珊瑚和35%的红树森林遭到破坏，动物和植物的多样性迅速降低，1/3的物种濒临灭绝。由于气候变暖，估计今后100年中，大约12%的鸟类、25%的哺乳动物、32%的两栖动物和25%的针叶树面临灭绝的危险。①

（4）极端气候变化。

气候变化正在成为人类环境生态问题中最为重要和突出的方

① 联合国：《千年生态环境评估报告》，生物秀人才网，http：//www. bbioo. com/lifesciences/46－19564－2. html。

面，其所引发的一系列生态环境的改变越发使得人类生存和发展受到前所未有的威胁。工业时代以来，全球平均气温已经上升了0.7℃，并呈现加剧趋势，全球平均温度正以每10年0.2℃的速度增长。联合国预测，如果不改变旧发展模式，21世纪全球平均气温可能升高5℃以上。由于气候变化的影响，世界各地出现海洋变暖、雨林减少、冰盖融化、气候干旱、反常暴风雪天气等大量极端气候，产生生物多样性损失、传染病暴发频繁、旱涝灾害频率上升等不可逆的灾难后果，不利于农业生产和资源开发，破坏人类发展成就并威胁未来的发展目标。联合国开发计划署能源与环境组气候变化方面负责人斯蒂芬·戈尔德（Stephen Gold）认为，解决气候问题是实现减贫的关键，这两个问题紧密相关。干旱天气的增加导致粮食歉收、食品安全失去保障，威胁全球粮食安全，危害人类健康和安全，加剧了世界不平等。发展中国家遭受气候灾害带来的严重风险是发达国家的79倍，经济发展与合作组织国家遭受气候灾难影响的可能性是1:1 500，发展中国家的可比数字是1:19。[①] 全球经济因气候变暖而付出的代价每年高达5 500亿美元，发展中国家很可能要承担不平等比例的负担。

（5）全球污染转移。

尽管从20世纪70年代起，可持续发展已经逐渐成为世界各国的发展战略，但是资本主义发展模式并没有得到根本改变，高消耗、高污染、高排放的资本主义发展模式依然在全球范围内不断繁殖扩张。英国杂志《经济学家》1992年2月8日刊登了世界银行经济学家劳伦斯·萨默斯给同事递送的一份备忘录，题目是“让他们吃下污染”：认为世界银行应该鼓励更多的污染企业迁往欠发达国家。西方国家令世界瞩目的现代化成就，付出了高昂的能源资源消耗、二氧化碳排放的生态环境

① 胡鞍钢：《中国创新绿色发展》，中国人民大学出版社2014年版，第84页。

代价，然而这一生态环境恶果却需要全世界来共同承担。现如今发达国家山清水秀的生态环境状况背后，掩盖着一个基本事实：20 世纪末以来全球范围内的产业重新布局，使得资源消耗、污染排放和温室气体排放向南方的发展中和落后国家和地区转移。北方国家早已步入后工业化时代，南方国家正在经历迅速的工业化和城镇化进程，在经济全球化推波助澜之下，世界范围内进行的生产转移、制造业转移和出口转移，形成了资源消耗转移、污染排放转移、自然资产损失转移的环境生态不公[①]。全球范围内的环境生态危机，并没有缓解，反而日趋严重，进而危及人类安全，亟须加快展开生态修复，推进人类发展模式的绿色转型。

2. 中国退化生态系统。

作为一个“后发外源型”现代化的国家，中国改革开放近四十年的经济建设沿袭了西方片面现代化的发展路径，导致生态系统快速退化和自然资源消耗极其严重。习近平同志在中共中央政治局第九次集体学习时的讲话中指出：“我国发展中不平衡、不协调、不可持续问题依然突出，人口、资源、环境压力越来越大”[②]。尽管我国政府高度重视生态文明建设，将绿色发展作为“十三五”时期的五大发展理念之一，但是中国生态环境依然面临严酷状况：环境生态状况总体在恶化，局部在改善，环境治理能力远远赶不上环境破坏和生态退化的速度，生态赤字逐渐扩大。

---

① 胡鞍钢：《中国创新绿色发展》，中国人民大学出版社 2014 年版，第 75 页。

② 习近平在中共中央政治局第九次集体学习时的讲话，载于《人民日报》2013 年 10 月 2 日。

专栏1：全球气候变化趋势及对我国影响

——《国家应对气候变化规划（2014～2020年）》

科学研究和观测数据表明，近百年来全球气候正在发生以变暖为主要特征的变化。工业革命以来，人类活动特别是发达国家工业化过程中大量排放温室气体，是当前全球气候变化的主要因素。气候变化导致冰川和积雪融化加速，水资源分布失衡，生物多样性受到威胁，灾害性气候事件频发。气候变化还引起海平面上升，沿海地区遭受洪涝、风暴潮等自然灾害影响更为严重。气候变化对农、林、牧、渔等经济社会活动产生不利影响，加剧疾病传播，威胁经济社会发展和人群健康。未来全球气候变化的不利影响还将进一步增大。

我国是易受气候变化不利影响的国家。近一个世纪以来，我国区域降水波动性增大，西北地区降水有所增加，东北和华北地区降水减少，海岸侵蚀和咸潮入侵等海岸带灾害加重。全球气候变化已对我国经济社会发展和人民生活产生重要影响。自20世纪50年代以来，我国冰川面积缩小了10%以上，并自90年代开始加速退缩。极端天气气候事件发生频率增加，北方水资源短缺和南方季节性干旱加剧，洪涝等灾害频发，登陆台风强度和破坏度增强，农业生产灾害损失加大，重大工程建设和运营安全受到影响。

资料来源：《国家应对气候变化规划（2014～2020年）》。

（1）生物多样性损失严重。

由于气候变化等自然原因和历史上滥伐森林、毁林开荒等人为破坏所造成的恶劣影响，处于人口和经济快速发展时期的中国，生物多样性在生态系统多样性、物种多样性、遗传多样性三个层次上都受到严重威胁。

森林草原退化加剧。《2015 年中国环境状况公报》指出，全国现有森林面积 2.08 亿 hm^2，森林覆盖率 21.63%，活立木总蓄积 164.33 亿 m^3。我国森林资源和发展存在着总量不足、质量不高、管理压力增强、营造林难度增大等严峻问题。芬兰、日本、韩国、印度尼西亚等国的森林覆盖率高达 60% ~70%，我国森林覆盖率只有全球平均水平的 2/3，排在世界第 139 位，人均森林面积 0.145hm^2，不足世界人均占有量的 1/4，人均森林蓄积 10.151m^3，只有世界人均占有量的 1/7。我国森林草原植被覆盖率整体不高，许多主要林区森林面积大幅度减少，全国森林采伐量和消耗量远远超过林木生长量，生态退化严重，与发达国家存在着巨大的生态差距。长江流域的森林资源锐减，上游森林覆盖率由新中国成立初期的 30% ~40%，下降到现在的 10% 左右。中国草地的退化面积在 20 世纪 70 年代以前约占总面积的 10%，80 年代达到 30%，90 年代扩大到了 60% 以上。经过多年来的退耕还林还草工程建设，当前我国草原面积近 4 亿 hm^2，约占国土面积的 41.7%，退化面积达 10 亿亩，目前仍以每年 2 000 多万亩的退化速度在扩大，牧畜过载，牧草产量持续下降。森林草原大面积减少，水源涵养能力降低，造成水旱灾害频繁，农业减产，因此，加大环境保护和修复力度，维护生态平衡，已成为保护农林渔业持续发展的当务之急。

水土流失严重。在人类经济活动的干预下，现代水土流失的速度大大超过了土壤自身的自然形成过程，我国是世界上人口最多、水土资源相对匮乏，但水土流失又最为严重的国家之一。我国国土空间大，但 2/3 国土面积为承载力差的山地，适宜人居发展、工业城市建设和耕作的土地空间仅有 180 多万 km^2。由于盲目追求经济 GDP 数据、快速推进城市化和粗放式利用土地资源，城市环境污染和生态破坏严重，导致我国生态脆弱区域面积日趋扩大，中度以上生态脆弱区占全国国土空间的一半以上，全国耕地面积从 1996 年的 19.51 亿亩减少到当前的 18.26 亿亩，逼近我国粮食安全保障的红线。根据全国第二次土地侵蚀遥感调查，我国水土流失面积为 356 万 km^2，沙化土地 174 万 km^2，每年流失的土壤总量达 50 亿吨，全国 113 108 座矿山中，采空区面积约为 134.9 万 hm^2，采矿活动占用或破坏的土地面积 238.3 万 hm^2，植被破坏严重。[①] 中国是世界上沙漠化受害最深的国家之一，荒漠化土地面积大、分布广、危害严重。全国荒漠化面积 262.2 万 km^2，占中国陆地总面积达 27.3%，遍及 13 个省（自治区、直辖市）的 598 个县（旗），近 4 亿人口受到影响，每年造成直接经济损失高达 540 亿元。北方地区沙漠、戈壁、沙漠化土地已超过 149 万 km^2，约占国土面积的 15.5%。目前约有 5 900 万亩农田、7 400 万亩草场、2 000 多 km 铁路以及许多城镇、工矿、乡村受到沙漠化威胁。中国水土流失严重，几乎遍及所有大江河流，目前水土流失面积达 367 万 km^2，占中国陆地总面积的 38%，每年因水土流失损失的土壤 50 亿吨，因水土流失而毁掉的耕地达 270 万 km^2，由于泥沙淤积导致全国湖泊面积缩小了 186 万 km^2，占现有湖泊面积的 40%，江河引洪能力降低，生态危害严重。

生物物种加速灭绝。我国是世界上生物多样性最为丰富的 12 个国家之一，拥有森林、灌丛、草甸、草原、荒漠、湿地等地球陆地生态系统，以及黄海、东海、南海、黑潮流域大海洋生态系；拥有高等植物 34 984 种，居世界第三位；脊椎动物 6 445 种，占世界总种数的 13.7%；已查明真菌种类 1 万多种，占世界总种数的 14%。我国生物遗传资源丰富，是水稻、大豆等重要农作物的起源地，也是野生和栽培果树的主要起源中心。据不完

---

① 王东胜、林坚：《生态文明建设教程》，中国传媒大学出版社 2013 年版，第 130 页。

全统计，我国有栽培作物 1 339 种，其野生近缘种达 1 930 个，果树种类居世界第一。我国是世界上家养动物品种最丰富的国家之一，有家养动物品种 576 个。但是，中国也是生物多样性受威胁最严重的国家之一。资源过度利用、栖息地破坏、外来物种入侵、环境污染、气候变化等因素，使生物多样性丧失的程度不断加剧。2013 年环保部发布《中国生物多样性红色名录——高等植物卷》评估报告，对我国 34 450 种高等植物的评估结果显示：绝灭等级 27 种，野外绝灭等级 10 种，地区绝妙等级 15 种，极危等级 583 种，濒危等级 1 297 种，易危等级 1 887 种，近危等级 2 723 种。2015 年环保部发布《中国生物多样性红色名录——脊椎动物卷》评估报告，对中国除海洋鱼类之外的所有已知的 4 357 种脊椎动物进行评估显示，中国脊椎动物属于灭绝等级的有 4 种，野外灭绝等级 3 种，趋于灭绝等级 10 种，极度濒危等级 185 种，濒危等级 288 种，易危等级 459 种，近危等级有 598 种。2003～2013 年，全国湿地面积减少 339.63 万 hm^2，减少 8.82%，大规模的无序开发建设使许多湿地成为生态“孤岛”，部分流域劣 V 类水质断面比例较高，污染导致湿地生态功能退化，部分湿地物种种群数量明显减少，有的湿地物种甚至濒临灭绝。

（2）能源资源短缺严重。

我国是一个能源生产大国和消费大国，拥有丰富的化石能源资源。2006 年，煤炭保有资源量为 10 345 亿吨，探明剩余可采储量约占全世界的 13%，列世界第三位。但是中国的人均能源资源拥有量较低，煤炭和水力资源人均拥有量仅相当于世界平均水平的 50%，石油、天然气人均资源拥有量仅为世界平均水平的 1/15 左右。由于能源资源赋存不均衡，开发难度较大，再加上能源利用技术落后，利用率低下，在经济高速增长的条件下，已探明石油、天然气等优质能源储量严重不足，能源枯竭的威胁与其他国家相比可能来得更早、更严重。

作为世界上人口最多的发展中国家，我国人口与资源和环境的关系长期处于紧张状态。我国的资源禀赋属于总量上的大国，人均上的贫国，品种丰富，但数量有限，分布不均衡。我国水资源和煤炭资源分别位居世界第一和第三，但石油和天然气资源的探明剩余可开储量仅列世界第 13 位和第 17 位，人均资源更远低于世界平均水平，煤炭、耕地、水、天然气和石油分别只占世界人均水平的 79%、40%、25%、6.5% 和 6.1%①，人均资源量综合排名居世界第 120 位，环境可持续指数在 146 个国家和地区中列倒数第 14 位。因此，转变经济发展方式，节约利用物质资源，全力做好污染退化的生态环境修复工作，对促进环境协调和可持续发展具有重要意义。

专栏 2：我国水资源状况

我国江河、湖泊众多，根据国务院第一次全国水利普查成果：流域面积在 $50km^2$ 及以上的河流共 45 203 条，总长度达 150.85 万 km；常年水面积在 $1km^2$ 及以上的湖泊 2 865 个，湖泊水面总面积 7.80 万 km^2。我国人均水资源量 2 173km^3，仅为世界人均的 1/4。人多水少、水资源时空分布不均是我国的基本国情和水情，水资源短缺、水污染严重、水生态恶化等问题十分突出，已成为制约经济社会可持续发展的主要“瓶颈”。

具体表现在五个方面：一是我国人均水资源量只有 2 100km^3，仅为世界人均水平的 28%，比人均耕地占比还要低 12 个百分点；二是水资源供需矛盾突出，全国年平均缺水量

---

① 中国人民大学气候变化与低碳经济研究所：《低碳经济：中国用行动告诉哥本哈根》，石油工业出版社 2010 年版，第 84 页。

500多亿km^3，2/3的城市缺水，农村有近3亿人口饮水不安全；三是水资源利用方式比较粗放，农田灌溉水有效利用系数仅为0.50，与世界先进水平0.7～0.8有较大差距；四是不少地方水资源过度开发，像黄河流域开发利用程度已经达到76%，淮河流域也达到了53%，海河流域更是超过了100%，已经超过承载能力，引发一系列生态环境问题；五是水体污染严重，水功能区水质达标率仅为46%。2010年38.6%的河长劣于三类水，2/3的湖泊富营养化。随着工业化、城镇化深入发展，水资源需求将在较长一段时期内持续增长，水资源供需矛盾将更加尖锐，我国水资源面临的形势将更为严峻。

因此，我国在现阶段要实行最严格的水资源管理制度。这是基于三点考虑：一是基于我国特殊的水情和国情；二是基于当前严峻的水资源形势；三是出于水资源管理改革的现实需求。具体来说：一是水资源总量的约束日趋突出，我国目前的年用水总量已经突破了6 000亿km^3，大约占水资源可开发利用量74%，很多地方水资源的形势十分严峻，过度开发，已经超过其承载能力。二是水资源水质的约束也更加突出。2010年全国废污水的排放总量达到了750亿吨，河流水质的不达标率接近40%，其中丧失了利用价值的劣五类水占了20%，直接威胁到城乡的饮水安全和人民的身心健康。水资源问题已经对经济社会发展和人民的生活形成了制约。如果延续原来比较弱的水资源管理的政策和手段，将难以满足改善民生和经济社会发展对水资源供给的迫切要求。三是未来引发更大水资源压力的各种因素仍然十分突出、十分活跃。我国是一个水资源严重短缺的国家，水资源的时空分布不均衡，而经济产业结构的不合理是长期困扰经济社会发展的难题，也是水资源问题产生和积累的一个重要原因。四是以往的水资源管理手段和效果不佳，最主要的问题是没有形成管理上的硬约束和硬手段，水资源管理的措施没能够以考核、审批运行手段予以体现。为了使水资源管理与经济转变发展方式相协调，必须从根本上更新思路，实行最严格的水资源管理制度。

资料来源：胡四一副部长解读《国务院关于实行最严格水资源管理制度的意见》，中华人民共和国水利部网站，2012 年 4 月 16 日，http：//www. mwr. gov. cn/zwzc/zcfg/jd/201204/t20120416_318845. html。

（3）环境污染深重。

中国改革开放以来快速推进现代化进程，依赖资源能源的高投入高消耗的粗放型经济增长方式换取高速经济增长，大多数煤化工企业仍存在资源不均衡、技术不成熟、设施不配套等问题，环境污染和生态破坏局面日益严峻。中国环境问题目前最突出的矛盾有以下几个方面：一是在工业化过程中，造纸、酿造、建材、冶金等行业的发展使得环境污染和生态破坏日益加剧；二是以煤为主的能源结构将长期存在，二氧化硫、烟尘、粉尘等治理任务更加艰巨；三是城市化过程中基础设施建设落后，垃圾、污水等问题得不到妥善处理；四是在农村和农业发展过程中，化肥和农药的使用，养殖业的无序发展加剧了农村环境污染；五是社会消费转型中，电子废弃物、机动车尾气、有害建筑材料和室内装饰等新型污染呈上升趋势；六是转基因产品、新化学品等新技术新产品给环境生态带来新风险和新威胁。[①]

在大气污染方面，伴随着经济的快速发展和能源需求量的持

---

① 中国科学院生态与环境领域战略研究组：《中国至 2050 年生态与环境科技发展路线图》，科学出版社 2010 年版，第 74 ~ 75 页。

续增长，我国长期以来这种以煤炭为主的能源结构和单一的能源消费模式，引发严重的环境污染。我国是世界上少数几个以煤为主要能源的国家，一次性能源生产和消费65%左右为煤炭，化石燃料燃烧所产生的温室气体排放给环境造成了越来越沉重的压力，使66%的中国城市大气中颗粒物含量以及22%的城市空气二氧化硫含量超过国家空气质量二级标准。我国主要污染物排放总量高达2 000万吨左右，二氧化硫排放量年排放量为1 927万吨，居世界第一。我国二氧化碳排放总量从1978年的148 329 × 10^4吨增加到2008年的689 654 × 10^4吨，年均增长5.3%。人均二氧化碳排放量从1978年的1.5吨/每年增加到2008年的5.2吨/每年，年均增长4.2%，自2006年起，我国二氧化碳排放量已居世界首位，碳排放、碳减排压力巨大。我国城市大气质量符合国家一级标准的不到1%。2015～2016年我国多地长时期出现大面积雾霾，多次发布红色预警。按照世界卫生组织2005年提出的PM2.5年平均值35μg/km^3的指导限值标准，我国有70%的城市不达标，环境保护重点城市有80%不达标，处于或超过大气环境质量三级标准。《2015中国环境状况公报》指出，全国338个地级以上城市中，有73个城市环境空气质量达标，占21.6%；265个城市环境空气质量超标，占78.4%。由于城市环境污染严重，导致因呼吸系统疾病死亡的人数显著增加，给人民生命健康造成巨大威胁，也给中国国际形象造成不良影响。要解决大气污染问题，污染排放量需要再减少30%～50%，环境质量才能得到明显改善，调整能源结构迫在眉睫，然而，未来我国可挖掘的减排空间将越来越少，对我国环保政策和环保执法都是巨大的考验。

在水污染方面，由于经济发展和人口的增加，我国的用水量在不断增加，污水排放量也在增加。水是维持所有生物生存繁衍的生命之源，是实现人类社会可持续发展最为宝贵和不可替代的自然资源。我国江河、湖泊众多，根据国务院第一次全国水利普查成果：流域面积在 50km^2 及以上的河流共 45 203 条，总长度达 150.85 万 km；常年水面积在 1km^2 及以上的湖泊 2 865 个，湖泊水面总面积 7.80 万 km^2。我国人均水资源量 2 173km^3，仅为世界人均的 1/4。一些地方在发展过程中，严重忽视河湖保护，围垦湖泊、挤占河道、蚕食水域、滥采河砂等问题突出，河湖的防洪安全、供水安全、生态安全受到严重威胁。目前我国水污染具有四大特点：城市水污染状况无根本性改善；农村水污染状况迅速恶化；湖面河面污染异军突起；饮用水源破坏严重，社会问题浮出水面。统计数据表明，我国每年污水排放量 600 多亿吨，其中 80% 未经适当处理直接排入自然水体，导致我国几乎所有水体遭受不同程度的污染。[①] 目前，1/3 河流、3/4 的主要湖泊、1/4 的沿海水域遭受严重污染，生态系统退化问题触目惊心，许多地方面临着“无水皆干、有水皆污”以及“湿地退化、河道断流、地下水超采、入海水量减少”等严峻水问题的挑战。《2015 年中国环境状况公报》指出，2015 年全国水表总体为轻度污染，部分城市河段污染较重。全国废水排放总量 695.4 亿吨，其中工业废水排放量 209.8 亿吨，城镇生活废水排放量 485.1 亿吨。全国十大水系水质一半污染，国家监控重点湖泊水质四成污染，31 个大型淡水湖泊水质 17 个污染，9 个主要海湾也不同程度污染。全国 423 条主要河流、62 座重点湖泊（水库）的 967 个国控地表水监测断面（点位）开展了水质监测，Ⅰ～Ⅲ类、Ⅳ～Ⅴ类、劣Ⅴ类水质断面分别占 64.5%、26.7%、8.8%。[②] 水体污染和水资源短缺等问题严重，主要河流有机污染普遍，主要湖泊富营养化严重，其中：辽河、淮河、黄河、海河等流域都有 70% 以上的河段受到污染。“水十条”提出，到 2020 年，长江、

---

① 赵建军：《如何实现美丽中国梦》，知识产权出版社 2014 年版，第 70 页。

② 环境保护部发布《2015 中国环境状况公报》，中华人民共和国环保部，2016 年 6 月 2 日，http://www.zhb.gov.cn/gkml/hbb/qt/201606/t20160602_353078.htm。

黄河、珠江、松花江、淮河、海河、辽河七大重点流域水质优良（达到或优于Ⅲ类）比例总体要达到70%以上。①

在土壤污染方面，城市商业土地污染和农村土地污染都呈现出严峻的态势。我国土壤环境状况不容乐观，根据《全国土壤污染状况调查公报》，全国土壤总超标率达16.1%，其中轻微、轻度、中度和重度污染点位比例为11.2%、2.3%、1.5%和1.1%；耕地点位超标率达19.4%，土壤镉超标率达7.0%，重污染企业及周边土壤超标点位超标准达36.3%，固体废物集中处理处置场地土壤超标点位超标准达21.3%，采矿区土壤点位超标率达33.4%；耕地、林地、草地超标率分别达到19.4%、10.0%、10.4%；长三角、珠三角、东北老工业基地等重点地区问题尤为突出，西南、中南地区土壤重金属超标范围较大；从污染物构成看，镉、镍、砷分别以7.0%、4.8%、2.7%的点位超标率成为最主要的污染物，滴滴涕、多环芳烃等污染物点位超标率也相对较高。随着资源能源消耗和人为活动强度的持续增加，土壤环境保护面临的压力有增无减。土壤本身的特性决定了其具有污染易、修复难、投入大、见效慢的特点。② 由于巨大的人口压力，化肥大量施用，且肥料利用率低，加上农田生态系统管理不合理，以前被忽略的农村环境污染正在日渐加剧，重金属、化学品、持久性有机污染物，以及土壤、地下水污染等诸多问题渐趋显现。目前，我国受到有机物和化学品污染农田约6 000万hm^2，其中有机污染物污染农田达3 600多万hm^2，农药污染面积约$1.6 \times 107hm^2$。全国受重金属污染的耕地约有1.5亿亩，污水灌溉污染耕地3 250万亩，固体废弃物堆存占地和毁田

① 《2015年中国环境状况公报：全国水质污染地图》，中国网，2016年4月18日，http://info.water.hc360.com/2016/04/181100548106-2.shtml。

② 马彦：《构建我国土壤污染修复治理长效机制的思考与建议》，观察，2016年11月23日，http://www.er-china.com/index.php?m=content&c=index&a=show&catid=16&id=86342。

200 万亩，合计约占耕地总面积的 1/10 以上，其中多数集中在经济发达地区，造成每年因重金属污染的粮食达 1 200 万吨。我国 1995 年氮肥施用量已达 2 200 × 104 吨，位居世界之首，达到世界化肥氮年施用量的 1/4 以上，然而根据中科院地理研究所的统计研究，我国氮素化肥的平均利用率仅为 35% 左右，国外氮肥平均利用率则高达 50% ~ 60%，使得我国化肥污染问题更为严重。

我国人口众多，气候条件复杂，生态环境整体脆弱，面临着发展经济、消除贫困和应对气候变化的多重压力。2008 年耶鲁大学环境法律与政策研究中心公布《环保表现指标》，对 149 个国家和地区的环保表现进行排名，中国在环境表现指标中评价总得分为 65 分，排名第 105 位。根据世界银行的统计，世界 20 个污染最严重的城市中，中国有 16 个。未来 30 ~ 50 年将是中国高速城市化的重要时期，对环境资源和生态系统形成巨大压力，环境污染呈现结构型、复合型、压缩型的特点，成为中国经济社会持续发展的巨大障碍。

（二）现代工业文明制度的生态反思①

20 世纪六七十年代，全球性环境危机全面爆发，引发人们对近代以来成为人类文明范式的现代工业文明制度展开了系统反思，其资本取向的资本主义制度、唯科学主义的专家治理模式、技术至上的经济增长模式、消费享乐主义的文化观念遭到了深刻批判。

1. 资本取向的资本主义制度是全球生态危机的经济制度根源。

资本取向的资本主义制度是全球生态危机深重肆虐的经济制度根源，技术在资本主义制度下的非理性运用成为现代技术范式

① 邬晓燕：《论绿色技术范式的制度建构——从李约瑟问题谈起》，载于《北京行政学院学报》2017 年第 1 期，第 105 ~ 110 页。

生态学批判的共同聚焦点。资本主义私有经济制度痴迷放纵资本“唯利是图”和“多多益善”的逐利本性，一方面创建自然事物的财产权，将参差多态的自然生态单一物化为原材料供给的经济价值，把自然资本融入资本主义商品生产体系并获得交换价值；另一方面驱策着日趋完善的现代技术异化为向自然无节制索求的座架和实现资本利益最大化的手段，驱动着资本主义化身为彼得·桑德斯所谓的“经济增长机器”在全球快速扩张，导致技术在资本的自我扩张和自我增值中实现对自然资源的掠夺无度和对人与自然的强力控制，最终造成日趋严峻的生态危机和人类生存危机。生态马克思主义者认为，由于资本主义条件下的技术生产本身蕴含的反生态性质，因此单单改良和完善技术是治标不治本的权宜之计，我们需要批判性地反思运用技术的社会制度本身。本·阿格尔批判指出，技术非理性运用的根源不在于技术本身，而在于组织和支配现代技术的资本主义社会制度和权力关系。福斯特也指出，资本主义意欲在有限的环境中实现无限扩张，这个深层次的制度矛盾导致全球环境的灾难性冲突，“能解决问题的不是技术，而是社会经济制度本身”。[①]

2. 唯科学主义的专家治理模式是生态危机的组织制度根源。

唯科学主义的专家决策治理模式是现代科技范式滋生全球生态危机和人类生存危机的组织制度根源。从柏拉图的“哲学王”到培根所罗门之宫的“科学元老”，从泰勒引入的“科学管理”到凡勃伦、贝尔的“技术专家治国”，专家统治论从萌芽到生根的主导逻辑就是：依照科技理性来组织、规范和管理社会运行，把国家建设交付到掌握科技秘密的专家和工程师手中。专家统治的决策治理模式迎合了现代工厂制度、官僚科层体制和行政管理体制走向科学化、标准化、理性化的发展需要，但是也产生了重

① ［美］约翰·贝拉米·福斯特：《生态危机与资本主义》，上海译文出版社2006年版，第95页。

重积弊。一方面，用科学管理取代社会民主、把社会问题归约为技术控制框架，实质上将国家治理非政治化，利用技术进步及其支撑的经济增长为资本主义制度提供政治统治的合法性，如马尔库塞所言“技术的逻各斯已经变成统治的逻各斯，技术合理性变成政治合理性”[①]，从而变相赋予其破坏生态、掠夺自然的合法性。另一方面，专家统治的决策模式不仅图谋对自然的全面控制，更实现了对现代社会的生产方式、政治管理、教育体系、行为模式的全方位控制，并且排挤了公众意见的咨政空间。福柯曾批判现代权力是一种知识化、技术化的权力，知识为权力运行提供合理性基础和技术支持；风险社会理论家贝克和吉登斯则批判指出科学技术不受限制的推进和专家统治“有组织的不负责任”是全球生态危机和世界风险社会产生的深层次根源；将政治彻底科学化的专家统治逻辑力图用科学理性战胜社会理性，商业公司、政策制定者和专家结成联盟和建立起一套话语体系，将公众排斥在政治决策之外，“不幸的是，在环境政策的形成过程中，公众意见总是在更倾向于看重‘专家’意见的技术争论中只起到边缘性的作用。”[②]

3. 技术至上的经济增长模式是生态危机恶化的现实根源。

根深蒂固的技术至上主义经济增长模式是生态危机有增无减的现实根源。唯 GDP 的经济增长模式虽然在 20 世纪 70 年代之后广受批评，但依然无法动摇其作为人类社会首要政策目标的牢固地位，时至今日，无论是发达国家还是发展中国家，经济增长在大多数国家的政策目标中依然占据着首要位置。物质利益成了最新的意义赋予者，经济增长以某种形式成了我们时代牢不可撼的意识形态和宗教，一方面是根植于迷信技术至上主义的进步允

---

① 陈学明、王凤才：《西方马克思主义前沿问题二十讲》，复旦大学出版社 2008 年版，第 138 页。

② 薛晓源、周战超：《全球化与风险社会》，社会科学文献出版社 2005 年版，第 268 页。

诺，将社会发展简化为技术进步，把社会问题还原为技术缺陷，从而掩盖资本主义制度自身的制度缺失、消弭其变革自身的内在要求；另一方面是遵从了弗洛姆所严厉批判的现代技术系统两大指导原则，“凡技术上能够做的事都应该做”和“最大效率与产出原则”，将社会发展纳入利益最大化的技术逻辑，唯技术的经济效应是瞻，放弃对技术选择、技术应用的伦理评价与社会责任。福斯特批判指出，永无休止的扩张是资本主义的体制特征，资本主义内在的反环境特征决定了无论技术怎样进步、资源利用率怎样提高，始终伴随着经济规模的膨胀和更加集约化的工业化过程，也始终伴随着环境的持续恶化，后工业资本主义所谓的非物质化承诺不过是危险的神话。但是，现在的问题是，当全球生态危机和世界风险社会成为新常态，衡量社会发展的标准也必须发生改变。

4. 消费享乐主义是生态危机产生的现代文化根源。

消费享乐主义的现代文化是现代技术范式制造全球生态危机的非正式制度根源。20 世纪中叶以来，随着资本主义社会的经济结构中心从生产转向消费，当代资产阶级运用日新月异、推陈出新的技术进步控制和引导人们的消费需求，为现代人营造了一个物质占有和奢侈享受的消费乌托邦乐园，生物性驱动的传统消费逐渐让位于符号化、象征化的现代消费，在现代传媒的推波助澜下“我消费故我在”的享乐主义、消费主义成为资本主义政治合法性与文化正当性的新名片。然而，这种“丰饶社会中的纵欲无度”是以科学化的名义进行的、被“资本的逻辑”所支配和控制的“虚假需求”，是建立在大量生产基础上的过剩消费社会，是一个“道德准则的中心地位日益下降而相应地追求物欲上自我满足之风益趋炽烈的社会”[①]，“大量生产—大量消费—大量

① ［美］布热津斯基：《大失控与大混乱》，中国社会科学出版社 1994 年版，第 75 ~76 页。

废弃”的生产生活方式是不可持续的，势必与资源有限的地球生态系统发生矛盾，加剧生态危机，并且消弭了潜在的深层次社会冲突，瓦解了阶层斗争意识和制度变革诉求。

二、生态修复理论与实践的兴起

19 世纪末生态学研究兴起，形成了对生态系统的明确认识。然而，20 世纪生态环境危机超脱了传统生态学的研究论域，推动了生态修复理论与实践的发展。

（一）传统生态学研究的理论贡献[①]

1866 年德国海克尔在《自然创造史》中最先提出“生态学”（ecology）一词，1895 年丹麦的瓦尔明以德文发表《植物生态地理学为基础的植物分布学》，1909 年英文版更名为《植物生态学》，成为世界上第一部划时代的生态学著作。20 世纪 30 年代美国学者林德曼在对湖泊生态系统深入研究的基础上对生态系统能量动态研究做出了奠基工作，英国植物生态学家坦斯莱在 1935 年首先提出了生态系统（ecological system）较为完整的概念，把生物与其有机和无机环境定义为生态系统：“它不仅包括生物复合体，而且还包括了人民称为环境的各种自然因素的复合体。……我们不能把生物与其特定的自然环境分开，生物与环境形成一个自然系统。正是这种系统构成了地球表面上大小和类型各不相同的基本单位，这就是生态系统。”[②] 20 世纪 50 年代以来，欧德姆兄弟进一步明确生态系统是一个开放的、远离平衡态

---

① 吴季松：《百国考察廿省实践生态修复——兼论生态工业园建设》，北京航空航天大学出版社 2009 年版，第 1 ~ 10 页。

② 吴季松：《百国考察廿省实践生态修复——兼论生态工业园建设》，北京航空航天大学出版社 2009 年版，第 2 页。

的热力学系统。90 年代，库曼运用三维生态系统模型，指出生态系统是个超级复杂系统，包括相互作用的植物、动物、微生物及其依赖的非生物的环境，具有整体性、有限性和复杂性的特征。

生态系统的生态学研究从一个传统的、经验性和描述性的学科发展为以数学为基础、与技术相结合、多学科交叉的新兴学科，其间经过四个阶段的发展。第一阶段，20 世纪 60 年代 54 个国家参加的“国际生物学计划”开启了对生态系统的大规模研究。第二阶段，70 年代联合国教科文组织发起的“人与生物圈计划”，是人类历史上第一次将自然科学与社会科学结合起来的大型国际合作项目，第一次把人类与自然作为一个整体来看待。第三阶段，80 年代国际科学联合会筹备发起“国际地圈—生物圈计划”，试图了解控制整个地球系统物理的、化学的和生物学作用过程以及人类活动对上述基本过程、变化的影响。第四阶段，90 年代联合国环境与发展会议召开，标志着全球谋求可持续发展的新时代开始，生态学研究的方向集中于全球变化、生物多样性和可持续生态系统。

生态系统的生态学研究内容主要包括：探求生态系统自组织规律，了解自然生态系统的保护和利用；研究环境变化的生态效应，研究生物多样性、群落和生态系统与外部因素等之间的生态系统调控机制和作用效应；研究人类活动造成的对生态系统结构的破坏，防止人类与环境关系的失调，研究生态系统退化的机理、恢复模型及其修复；运用卫星遥感、全球定位系统、地理信息系统等技术研究 21 世纪全球生态系统大变化对生物多样性和生态系统的影响，寻求应对措施；研究生态系统资源配置，发展生态工程和高新技术，在经济发展和工程建设中把生态规划、生态设计、生态施工和生态运行结合，加强生态系统管理、保持生态系统健康、维持生态系统服务，创建和谐、高效、健康的可持续发展的生态系统。

然而，退化生态系统的成因非常复杂，部分来源于自然灾害，更多直接原因来自人类活动，并且有时候二者相互叠加发生作用，归根到底都是由于各种干扰打破了原有生态系统的平衡状态，使得系统的结构和功能发生变化和障碍，形成破坏性波动或恶化循环，从而导致生态系统退化。相较于火灾、冰雹、洪水冲击、霜冻、地震、泥石流、病虫害等物理因素和生物因素对生态系统生物群落和种群结构造成的自然干扰，由于人类生产、生活和其他社会生活等人为干扰对自然环境和生态系统施加的生态冲击尤为严重和激烈，因为其具有广泛性、多变性、潜在性、协同性、累积性、交互性等特点。更令人担心的是，人类对生态系统的直接干扰会产生许多间接的链式反应。比如，森林砍伐不仅直接影响区域的生态环境，而且影响河流流域的径流和水文特征；樵采不仅直接对草原植被的再生造成危害，而且同时因为改变了植物状况而间接影响土壤盐分和地下水资源分布的变化；水域的污染则不仅直接危害水生生物的生存安全，而且通过生物对有害物质的富集而对人类健康构成严重威胁。[①] 退化态系统或受损生态系统，根据受损结果性质，可以划分为结构受损类型、片断化受损类型和混合类型；根据生态系统的层次和尺度，也可以区分为局部退化生态系统和全球退化生态系统；根据生态系统的类型，则可以分为裸地、森林采伐迹地、弃耕地、沙漠化低、采矿废弃地、垃圾堆放场、受损水域七种类型。不同类型的退化生态系统表现状态存在区别，但往往具有某些基本特征：生物多样性降低、层次结构简单化、食物网络结构变化、能量流动出现危机和障碍、系统生产力、稳定性和抗逆能力下降、基本结构和功能破坏或丧失、服务功能减弱或丧失、生态效益和社会效应降低等。

---

① 李洪远、莫训强：《生态恢复的原理与实践》，化学工业出版社 2016 版，第 2 ~ 3 页。

（二）生态修复理论与实践的早期探索

20 世纪人类环境生态危机已经无法用传统生态学理论和框架来解决，由于生态系统是开展生态学以及其他分支学科研究中最完整的基本结构与功能单元，所以在生态系统尺度上的修复与重建，是不同层次生态修复研究中最为基础的层次，因此生态修复的研究与实践也应以生态系统作为基本的对象。

1. 生态修复的研究进展①。

生态修复是利用生态工程学或生态平衡、物质循环的原理和方法，对受污染、受破坏、受胁迫环境下的生物（群体）生存和发展状态的改善、改良、恢复、重现，也称生态系统修复。受损生态系统或退化生态系统的治理修复迫在眉睫，当务之急是明确生态修复的概念、内涵和原则。

20 世纪 60 年代，美国生态学家奥杜姆（H. T. Odum）首次提出“生态工程”概念，欧洲国家展开应用研究并形成“生态工程工艺技术”。1975 年，在美国弗吉尼亚工学院首次召开了“受损生态系统的恢复”国际会议，对生态修复的原理、概念和特征进行了探讨，此后英美等国创刊恢复生态学的杂志，生态恢复被列为当时最受重视的生态学概念之一，生态修复与重建也成为 20 世纪 80 年代以来生态学领域最活跃的关键行动之一。1987 年乔丹（Jordan）出版《生态恢复学》专著，1993 年布拉迪什（Bradsh）进一步作了更详尽研究，生态恢复学成为生态学一个分支学科。90 年代以来，随着生态学与环境生态学的发展，生态修复受到美国、西欧等发达国家的广泛重视，并发明出环境生态修复技术，即通过生态系统的自组织和自调节能力来修复污染环境。1994 年第六届国际生态学大会在英国召开，生态恢复学

---

① 王治国：《关于生态修复若干概念与问题的讨论》，载于《中国水土保持》2003 年第 10 期，第 4 ~5，39 页。

成为其中的一个议题。亚洲的日本和韩国近年来也日益重视生态修复的理论研究和工程进展，取得了一定成效。

1979 年我国生态学家马世骏尝试应用生物净化原理进行污水处理研究（环境生物修复技术层次），1993 年在探讨人类生态学的基础上提出社会—经济—自然符合生态系统模型，并由此提出生态工程概念。20 世纪 80 年代以来，我国开展了水生生态系统对污水的净化作用的理论和实验研究，为生态工程的实用化及生态修复理论的形成奠定了基础。80 年代后随着土地复垦、恢复生态学、环境生态学的发展，生态修复已从实验阶段转向实际应用阶段，主要形成两个领域：一是我国环境保护领域的污染环境生态修复工程技术；二是在农、林、水、自然保护领域内形成的生态工程技术。

2. 生态修复的相关概念辨析。

生态修复在当前生态环境保护和生态治理领域具有重要的地位，但是理论上存在环境修复、生态恢复、生态修复和生态重建等众多概念混淆使用的现象。因此有必要进行简要的对比分析，明确生态修复的确定含义。

（1）环境修复（environmental rehabilitation）。

环境修复简言之是被污染环境的修复，即运用工程技术手段、物理和化学手段，使被污染的环境的污染物浓度降低到未污染前的状态，包括环境生物修复和环境生态修复两个层面。环境生物修复指的是利用生物生命代谢活动降解被污染环境的污染物，并使之无毒化和无害化。环境生物修复技术的发展经历了从环境微生物修复、环境植物修复、环境生物修复的发展历程。1972 年美国尝试采用微生物生命代谢活动降解管线泄漏造成的汽油污染，1989 年对瓦尔德兹（Exxon Valdez）油轮泄油造成污染的阿拉斯加海海面进行修复（阿拉斯加研究计划）是重要案例。环境生态修复则是通过生态系统的自组织和自调节能力来修复污染环境，通过选择特殊植物和微生物、人工辅助建造生态系统来降解污染物。由于生态系统的复杂性，目前的环境生态修复主要应用于对轻度污染陆地的环境修复，最典型的事例就是通过湿地自调节能力防治污染。

我国《环境保护法》（1989 年）第二条规定："本法所称环境，是指影响人类生存和发展的各种天然的和经过人工改造的自然因素的总体，包括大气、水、海洋、土地、矿藏、森林、草原、野生动物、自然遗迹、人文遗迹、自然保护区、风景名胜区、城市和乡村等。"《中国大百科全书》环境科学卷把生态系统定义为："是指在一定时间空间内，生物与其生存环境以及生物与生物之间相互作用，彼此通过物质循环、能量流动和信息交换，形成的不可分割的自然整体。"由此可见，从内涵来看，环境修复是生态修复的一个内在组成部分，生态修复强调的是对生态系统的整体修复。

（2）生态恢复（ecological restoration）[①]。

20 世纪 80 年代后，现代生态学突破传统生态学限制，受生态工程学术思想的影响，在研究层次和尺度上由单一生态系统向区域生态系统转变，在研究对象上由自然生态系统为主向自然—社会—经济复合生态系统转变，恢复生态学应运而生，成为退化生态系统恢复与重建的指导性学科。布拉德肖（Bradshaw，1987）认为，生态恢复是研究生态系统自身的性质、退化机理及恢复过程。蔡恩斯（Cairns，1995）等人认为，生态恢复是恢复被损害生态系统到接近于它受干扰前的自然状况的管理与操作过程，即重建生态系统干扰前的结构与功能及有关的物理、化学和生物学特征。乔丹（Jordan，1995）认为，生态恢复是使生态系统回复到先前或历史上（自然或非自然）的状态。伊甘（Egan，1996）认为，生态恢复是重建某区域历史上的植物和动物群落，保持生态系统和人类传统文化功能持续性的过程。

① 余顺慧：《环境生态学》，西南交通大学出版社 2014 年版，第 109 ~ 110 页。

按照国际生态恢复学会（1995）的详细定义，生态恢复是帮助恢复和管理原生生态系统完整性的过程，包括生物多样性的临界变化范围、生态结构和过程、区域和历史内容以及可持续的社会实践等。而生态恢复和重建的难度及所需时间与生态系统的退化程度、自我恢复能力、恢复方向等因素密切相关。生态恢复是协助一个被退化、损伤和破坏的生态系统恢复的过程，其基本内涵是：在人为辅助控制下，利用生态系统演替和自我恢复能力，使被扰动和损害的生态系统（土壤、植物和野生动物等）恢复到接近于它受干扰前的自然状态，即重建该系统干扰前的结构与功能有关的物理、化学和生物学特征。生态恢复的目标是受损状态恢复到未被损害前的完美状态的行为，它是完全意义上的恢复，既包括回到起始状态，又包括完美和健康的含义。

生态恢复和生态修复两个概念在当前理论研究和现实应用中常常出现混淆使用的现象。从来源上来说，生态恢复是生态修复的本源，生态修复是对生态恢复深入研究和认识的最新成果。从内涵上说，生态恢复强调的是回到原有状态，不包括修整之义，而生态修复更强调人类对受损生态系统的重建和改进，强调人对自然的进一步改良和全面改善，最终有利于生态环境与人类社会的和谐发展。二者对人类干预度的要求也是不同的。“生态恢复要求人们的干预度有限，仅仅要求能够使得自然启动其自我恢复能力；而生态修复要求人类采取必要的各种措施在促进生态恢复的基础上，进一步改善生态环境使其有利于社会的可持续发展。”从社会发展的过程来看，生态恢复是生态修复的必经阶段，也是生态修复的重要发展过程。生态修复是生态恢复所要达到的最终结果，也是生态恢复实现其社会价值的实际出路。①

---

① 吴鹏：《以自然应对自然——应对气候变化视野下的生态修复法律制度研究》，中国政法大学出版社2014年版，第37～39页。

（3）生态重建（ecological reconstruction）。

生态重建概念同样来源于西方先进技术理念的引入，著名英国生态学家布拉德肖（A. D. Bradshaw）是生态重建理论的先驱者："生态重建实质上是一种企图要人为地克服那些限制生态系统发展因素的过程"[①]（Bradshaw，1987），在实际操作层面以工程或财力考量为主，但要以生态学逻辑为主要行动逻辑。美国生态重建学会 1994 年将生态重建定义为："将人类所破坏的生态系统恢复成具有生物多样性和动态平衡的本地生态系统。其实质是将人为破坏的区域环境恢复或重建成一个与当地自然界相和谐的生态系统。"[②] 国际生态重建学会 2002 年的最新定义是："生态重建是协助一个遭到退化、损伤或破坏的生态系统恢复的过程。"

生态重建是指以原有的生态环境为主要参照物，实现对生态环境的重新建立和组建。它包含两个层面的含义：一是重新建立原有的生态系统，而不加以改善和修整；二是抛弃原有的生态系统建立的新的生态环境，使新建生态环境还原或者优于原有生态环境，更适合人类的生产与可持续发展。生态修复专家焦居仁认为："生态重建是对被破坏的生态系统进行规划、设计，建设生态工程，加强生态系统管理，维护和恢复其健康，创建和谐、高效的可持续发展环境。"[③]

生态重建与生态修复共有的一个基本焦点在于以历史的或原有的生态系统作为模式或参照系，但在目的和策略上存在区别。生态修复强调生态系统过程、生产力和服务功能的修理，而生态重建的目的还包括再建原有生物群落的基于种类组成和群落结构的整体性。广义的生态重建包含了生态修复。[④]

---

①② 封玲、汪希成、王雪玲：《弃耕地生态重建的制度困境及其重构——以新疆兵团石河子垦区为例》，载于《新疆农垦经济》2013 年第 6 期，第 11～16 页。

③ 焦居仁：《生态修复的要点与思考》，载于《中国水土保持》2003 年第 2 期，第 1～2 页。

④ 李文华：《中国当代生态学研究（生态系统恢复卷）》，科学出版社 2013 年版，第 7 页。

（4）生态修复（ecological rehabilitation）。

生态修复概念从生态恢复概念发源而来，含义相近，很多著述中存在两个概念混用的现象，但实际上存在着两个主要区别。

第一，从内涵上看，生态恢复强调从自然科学和工程技术层面恢复不同程度受到污染的生态环境，而生态修复则不仅包含自然环境层面的修复，更包含社会层面的生态修复和生态补偿。生态修复是生态恢复重建的一个重点内容，但它比生态保护更具积极含义，又比生态重建更具广泛的适用性，既具有恢复的目的性，又具有修复的行动意愿。

第二，从目标上看，生态恢复要返回到生态系统受干扰前的结构与功能，而生态修复则是部分地返回到生态系统受干扰前的结构与功能，类比相邻和相似的生态系统，使被恢复的生态系统成为健康、完整和可持续的生态系统。因为生态系统的原始状态很难确定，特别是对于极度退化的生态系统，想要完全恢复到生态系统的原始状态，在很多情况下技术上不可行、经济上也不合理。

生态文明是超越工业文明的一种新型文化形态，是人与自然、人与社会、人与人之间协调发展、和谐共生的文明状态，实现自然效益、经济效益、社会效益的一体化发展。因此，作为生态文明建设重要内容的生态修复也应从环境与社会两方面进行系统理解。

从技术方法的层面来看，生态修复是在生态学原理指导下，以生物修复为基础，结合各种物理修复、化学修复以及工程技术措施，通过优化组合，使之达到最佳效果和最低耗费的一种综合的修复污染环境的方法。从环境与社会综合治理的层面来看，生态修复是为适应生态文明建设需要，以生态系统整体平衡维护为出发点，由国家统一部署并实施的治理环境污染和维护生态系统平衡的系统工程，以及在此基础上进行的促进当地社会经济转型发展，逐步缩小地区发展差距，实现国家社会经济均衡发展的一系列政治、经济和文化等社会综合治理措施。因此，生态修复包含自然修复和社会修复两个重要方面，二者相互联系，不可分割，社会修复必须以自然修复为依托，自然修复应以社会修复为最终目的。生态修复制度即是保障生态修复系统工程及其社会综合治理措施顺利开展的一系列制度的总称。[①]

总而言之，生态修复不是生态修复和环境修复的简单相加，不仅包括环境学或生态学意义的生态环境修复，更包括社会学意义上的生态系统平衡状态的全面修复，其最终目的是实现社会可持续发展能力的恢复或重建。

（三）生态修复的目标与原则[②]

1. 生态修复目标。

生态修复的目标涉及修复什么（修复对象）和修复到什么状况（修复程度）以及评价标准问题。生态修复应包括生态恢复、重建和改建，可以理解为通过外界力量使受损（开挖、占压、污染、全球气候变化、自然灾害等）生态系统得到恢复、重建或改建。生态修复的类型包括污染环境的生态修复、开发建设项目的生态修复、人口密集农牧业区的生态建设、人口分布稀少的生态自我修复四个层面。[③] 从修复对象和修复结果的差异可以将生态修复的目标划分为几个层面，当然这几个层面的生态修复可能在同一较大区域并存或交叉出现。

（1）对现有生态系统进行合理利用和保护，维持其生态服务功能。

部分人口分布稀少地区保持着较好的生态环境状况，部分地区生态系统因为小规模人类活动或完全由于森林火灾、雪线上升

---

① 吴鹏：《论生态修复的基本内涵及其制度完善》，载于《东北大学学报》（社会科学版）2016 年第 6 期，第 628 ~ 632 页。

② 沈国舫：《从生态修复的概念说起》，载于《浙江日报》2016 年 4 月 21 日第 015 版。

③ 王治国：《关于生态修复若干概念与问题的讨论（续）》，载于《中国水土保持》2003 年第 11 期，第 20 ~ 21 页。

等自然原因造成轻微退化，通过水土保持生态修复工程及重要水源保护地、生态保护区的封禁管护等生态保护和修复措施，对现有生态系统进行合理利用、限制开发和有效保护，维持其生态服务功能和生态自我修复能力。

（2）修复极度退化的生态环境。

部分自然生态系统由于过度砍伐、过度放牧、过度开垦而受到严重损伤和破坏，导致生态系统结构和功能严重退化。需要采取强有力的生态改造（如低效次生林改造）、生态改良（如草场改良）、生态保护（如禁伐、禁垦、禁牧，生物多样性保护）等措施，保护、修复和改善生态系统的组成和结构，提高退化土地环境的生产力和涵养功能，达到生态系统的再植复原和恢复重建的目的。

（3）对大量新建人工生态系统进行生态修复。

人类社会在城市建设、农业开发、基础设施建设、厂矿项目开发等发展过程中，建设和形成大规模新人工生态系统，包括城市生态系统中的园林绿化、城市（郊）林业、建筑立体绿化及庭院内部绿化等，农田生态系统的土壤改良和修复、生态农业、农林复合经营、农田防护林建设等，工矿及交通用地的矿山废弃地修复、采空塌陷地修复、工厂废弃地修复、厂区绿化、交通建设损害地修复、绿道建设、油气管线、高压线路建设用地的修复等。由于粗放式经济发展方式、市场化导向的开发经营和环境保护意识薄弱，导致城市、农田、工矿交通建设用地等人工生态系统生态环境状况破坏或退化严重，需要采取多种措施进行生态修复和重建。

（4）对彻底破坏的生态环境进行生态重建。

部分生态系统经过累积性的环境污染和生态破坏，已经被彻底破坏或消失，不能适应人类经济利用的目的，如大规模农林牧业生产活动破坏的森林和草地生态系统的修复，人口密集农牧业区的生态修复，因此需要采取退耕还林、退牧还草、退耕还湿、造林种草等生态重建或新建措施，达到仿造重建或新建适合于当地自然条件的新人工生态系统，相当于生态建设工程或生态工程。

（5）对大规模、大尺度的生态系统进行大范围综合治理。

有许多自然生态系统跨越河流、区域、地方乃至国家，属于大规模、大尺度的生态系统，譬如水土保持、荒漠化防治、生物碳汇增储等生态建设活动，其生态破坏成因复杂多元、历时悠久累积，因此需要不同区域、不同部门甚至不同国家联合进行大范围综合治理，从而维持合理的生态环境格局和状态，达到有效的生态修复和重建目的。

由于不同的退化系统存在性质、类型、程度等方面的差异，根据不同的社会、经济、文化与生活需要，人们对退化生态系统的修复目标设定也不一样，不过也存在一些基本的恢复目标：①实现生态系统的地表基底稳定性；②恢复植被和土壤，保证一定的植被覆盖率和土壤肥力；③增加种类组成和生物多样性；④实现生物群落的恢复，提高生态系统的生产力和自我维持能力；⑤减少或控制环境污染；⑥增加视觉和美学享受。[①] 为此，可以通过划定生态红线、划分合理的区域发展格局、调整区域土地利用方向和布局等措施，以保护优先，充分尊重自然规律，自然恢复与人工修复相结合，实现生态修复的理想目标。

2. 生态修复的基本原则。

生态修复的基本原则必须立足于生态文明建设的理念和要求。中共中央、国务院《生态文明体制改革总体方案》中明确指出：“以建设美丽中国为目标，以正确处理人与自然关系为核心，以解决生态环境领域突出问题为导向，保障国家生态安全，改善环境质量，提高资源利用效率，推动形成人与自然和谐发展

① 李洪远、莫训强：《生态恢复的原理与实践》，化学工业出版社 2016 年版，第 32～33 页。

的现代化建设新格局。”《加快推进生态文明建设的意见》中专门指出，“坚持把节约优先、保护优先、自然恢复为主作为基本方针。在资源开发与节约中，把节约放在优先位置，以最少的资源消耗支撑经济社会持续发展；在环境保护与发展中，把保护放在优先位置，在发展中保护、在保护中发展；在生态建设与修复中，以自然恢复为主，与人工修复相结合”。因此，生态修复要坚持节约优先、保护优先、自然恢复为主的基本方针，方能保障生态安全，促进人和自然的和谐。具体来说，退化生态系统的生态修复要求在遵循自然规律的基础上，通过生态修复技术和生物工程，根据技术上适当、经济上可行、社会能够接受的原则，使受害或退化的生态系统重新获得健康并有益于人类生存与生活的生态系统重构或再生过程。

（1）自然原则。

自然与人类相互依存，休戚与共，生态修复应遵循人与自然和谐相处的原则，控制人类活动对自然的过度索取，停止对大自然的肆意侵害，应当充分利用和尊重自然本身自我修复力量去进一步优化自然，通过人类行为提高生态系统的有效平衡能力，使得自然环境成为应对环境问题的重要力量和人类天然盟友。具体来说，通过封山育林、水土保持、土地复垦等生物修复、物理修复、化学修复和植物修复方式，使受损生态系统得到一定程度恢复，重建生态系统平衡状态，体现生态修复的自然原则，这是真正意义上的生态修复。

（2）社会经济技术原则。

由于经济社会发展不断增加生态环境资源压力，单纯依靠自然自身修复能力无法完成生态系统修复和重建，必须通过人工的技术手段、经济投入、市场规则、制度规范为生态修复提供社会支持和制度保障。生态修复实践受到一个国家和地区经济发展水平、技术发展水平、法治化程度、民众认知水平等方面的制约，因此生态修复工程必须遵循经济上可行、技术上有效、社会可接受性的原则循序渐进，有效保障相关地区人民群众的生产和生活。

（3）生态学和系统学原则。

中共中央、国务院印发的《生态文明体制改革总体方案》中提出，“树立山水林田湖是一个生命共同体的理念……进行整体保护，系统修复，综合治理，增强生态系统循环能力，维护生态平衡。”因此，应当遵循生态系统自身的演替规律、按照系统论的观念进行综合治理和生态修复，分步骤、分阶段进行，做到循序渐进，维护好山水林田湖这个生命共同体，为自然资本增值，全面增进生态系统在供给、调节、支持、文化等多方面的服务功能。

（4）因地制宜原则。

由于不同区域、不同地域具有不同的自然环境，如气候、水文、地貌、土壤条件等，区域的差异性和特殊性要求生态修复必须因地制宜，具体问题具体分析，必须依据相关区域和地域的具体生态环境状况和经济社会产业情况，在长期试验的基础上，积极探索合适的生态修复技术和路径。

（5）风险最小、效益最大原则。

由于生态系统的复杂性和某些环境要素的突变性，加之人们对生态过程及其内在运行机制认识的局限性，人们不可能对生态修复的后果、生态演替的方向进行准确的估计和把握。生态修复需要大量人力、物力、财力的投入，然而，生态修复工程旨在修复污染环境和退化生态系统的合理状态和功能，却具有一定的风险性，包括技术风险和经济社会风险，因此，生态修复工程很多时候需要根据风险最小化、效益最大化的原则进行风险—收益评估。

三、中国生态修复的战略意义

改革开放以来，中国经济快速增长的同时，面临着日趋加紧的资源约束和生态压力，大力推进环境保护和生态修复，对于缓解人口、资源与环境的压力，推动实现人与自然相和谐的现代化新格局，实现中华民族伟大复兴，具有重要战略意义。

（一）中国发展面临的环境生态压力

1. 经济发展与人口、资源与环境的矛盾。

我国人口总量近 14 亿，是世界第一人口大国。人口众多，加上不断加剧的经济发展对资源能源的需求压力，使得我国自然资源的人均占有量很低，从“地大物博”的资源大国变成为“地大物薄”的资源小国。作为一个后发现代化国家，中国改革开放以来工业化进程如火如荼，但是由于生产力落后、科技水平低下，因此沿袭的是西方传统高投入、高消耗、高污染的黑色发展模式，长期的粗放式经济增长方式导致经济发展与人口资源环境的矛盾越来越突出。

中国从 1952～1990 年，国民收入增长了 10.5 倍，而同期能源消耗却增长了 18.1 倍。有色金属消耗增长 25 倍，钢材消耗增长 6.7 倍，其大大高于同期国民收入的增长速度①。据 2001 年日本能源和经济统计手册分析，中国、美国和日本三国 1998 年每制造 100 万美元的 GDP（1995 年价格），分别需要消耗能源 913 吨、272 吨、96 吨油当量，可见中国工业结构的比较劣势。从能源结构来看，长期以来中国工业化的支柱一直都是污染成本较高的煤炭。1978～2001 年，全国的能源消费中，煤炭所占的比重高达 73.28%，1998 年以来虽有明显的下降，但仍占 67.7%。美国在 20 世纪 90 年代初仅占 24%，日本只占 20% 左右。而同期其他能源比重提高或增长比重过于缓慢，天然气仅占 2.2%，水电仅占 5.32%，石油 2001 年仅比 1978 年提高了不到 2 个百分点，在改善能源结构、保护环境方面未能发挥根本性的作用。另

① 徐春：《可持续发展与生态文明》，北京出版社 2000 年版，第 224 页。

外，中国用占世界 7% 的耕地养活了占世界 20% 的人口。大规模的农业生产，加上不断扩大开荒面积，造成水土流失、生态恶化，如每生产 1kg 粮食流失的土壤，贵州乌江流域为 47kg，四川中部为 53kg，陕北黄土高原为 107kg，而甘肃的黄土高原为 140kg①。改革开放以来的 GDP 高速增长是以大量自然资源的消耗和良好生态环境的污染破坏为代价换来的，导致污染严重、资源短缺、生态破坏等严峻问题，成为当代中国可持续发展和生态文明建设的主要矛盾，不利于实现全面建成小康社会和中华民族伟大复兴的奋斗目标。

2. 区域生态环境状况具有不平衡性。

中国地域广大，不同地区的生态环境特性突出，生态环境的优劣状况具有不平衡性。中国生态环境问题与中国自然地理特征、生产力布局及发展程度密切相关，总体上呈现出西部及北方以生态环境退化为主，东部与南方以环境污染为主，在局部地方或城市交叉出现的基本特点。中国广阔的西部及北方，由于生产力发展相对落后，农牧业在经济中占据优势，在生态环境问题上主要表现为生态退化。如耕地草原沙化和水土流失、森林资源的减少、气候趋向干旱、生物多样性减少等，由此导致生态系统的整体退化。在东部和南方，改革开放后经济发展十分迅速，特别是乡镇企业异军突起，加上人口稠密，造成了生产生活对环境的严重污染，集中表现在淮河、太湖、渤海等水体污染，西南、东南、东北的酸雨，北京、沈阳等大城市的大气污染等。但同时，生态环境保护具有区域不平衡性。东南沿海地区虽然环境污染压力大，但国家投资力度大，治理程度高；西部地区环境污染压力虽然小，但治理力度差。②

① 郑易生：《深度忧患》，中国出版社 1998 年版，第 109 页。

② 吴晓军：《改革开放后中国生态环境保护历史评析》，载于《甘肃社会科学》2004 年第 1 期，第 167 ~ 170 页。

3. 环境污染引发多重社会后果。

一方面，环境污染和环境恶化导致严重的经济损失。改革开放后我国在生态环境保护方面取得长足进步，但生态环境恶化对中国现代化建设产生了不可估量的损失。生态环境恶化导致的自然灾害造成严重的经济损失，特别是自20世纪80年代末以来长期处于上升趋势，由1989年的525亿元增加到1998年的3 007.4亿元，其中1991年相当于GDP的6.1%，平均为3.8%，高出美国、日本等发达国家10余倍，这些数值相当于当时全国财政收入的18%～39.1%，平均为27.2%。[①] 近些年来环境污染事件屡有发生，污染程度和范围不等，譬如2004年“沱江水污染”事故、2005年“松花江水污染事故和粤北北江流域污染”事故、2009年“大连石油泄漏”事故、2010年“紫金矿业水污染”事故、2011年“康菲石油溢油污染”事故等，对当地和周边地区的经济和社会发展造成非常恶劣的影响。改革开放后，从80年代开始，国内有学者致力于计算环境损失，专家们估算出1983年环境损失高达400亿元人民币，约占国民生产总值的10%，这一结果引起中央党和政府领导人的高度重视[②]，20世纪90年代中期环境污染损失占国内生产总值的8%，2011年环境损失占中国国内生产总值（GDP）的比重达到5%～6%，大致相当于2.6万亿元人民币。

另一方面，环境污染事件频繁爆发不仅导致经济损失惨重，而且引发环境群体性事件，影响公众对国家和执政党的合法性认同，增加了环境保护治理成本和社会稳定成本（见表1－1）。原国家环保总局发布数据显示，自1996年以来，环境群体性事件以年均29%的速度增长，2006年共发生环境污染与破坏事故842

① 王昂生：《中国减灾十年》，载于《科学对社会的影响》1999年第2期，第24～28页。

② 郑易生：《深度忧患》，中国出版社1998年版，第128页。

次，直接损失 13 471. 1 万元，2011 年环境污染重大事件比上年同期增长 120%，因环境问题而引发的大规模群体事件在部分地区集中爆发：2007 年“厦门 PX 群体”事件、2011 年“大连 PX 群体”事件、2012 年“什邡钼铜项目群体”事件、2012 年“启东排污管道群体”事件、2012 年“宁波镇海 PX 群体”事件、2014 年“广东茂名 PX 群体”事件、2014 年“杭州余杭垃圾焚烧发电厂”事件等。①

表 1－1　　近年来我国严重环境污染事件

事件名称	发生时间	事件简介
“沱江特大水污染”事件	2004 年	2～3 月大量高浓度工业废水流进沱江，四川省五个市区近百万百姓无水可用，直接经济损失高达 2. 19 亿元
“松花江重大水污染”事件	2005 年	11 月，中石油吉林石化公司双苯厂发生爆炸，约 100 吨苯类物质进入松花江，导致哈尔滨停水 4 天
“太湖水污染”事件	2007 年	5 月底 6 月初，江苏省无锡市城区居民家中自来水水质突然变坏，伴有难闻气味无法饮用，市民纷纷抢购纯净水
“广西龙江镉污染”事件	2012 年	1 月 15 日广西省河池市环保局在调查中发现龙江河镉含量超标约 80 倍，估算镉泄漏量约 20 吨，波及河段将达到约 300 公里，属罕见的重金属污染事件
“中国中东部严重雾霾”事件	2013 年	1 月的 4 次雾霾过程笼罩全国 30 个省（区、市）全国多地城市空气重试污染，京津冀地区受影响尤为明显，北京空气质量持续六级严重污染
“兰州自来水苯超标”事件	2014 年	4 月 10 日，兰州市主城区自来水供水单位威立雅水务集团公司检测出出厂水苯含量 118 微克/升，远超出国家限值的 10 微克/升，原因查明系兰州石化管道泄漏所致

① 田文富：《生态文明视域下环境伦理与绿色发展研究》，河南大学出版社 2015 年版，第 8 页。

续表

事件名称	发生时间	事件简介
“8·12 天津滨海新区爆炸”事件	2015 年	2015 年 8 月 12 日，位于天津市滨海新区天津港的瑞海公司危险品仓库发生特大火灾爆炸事故，造成 165 人遇难、8 人失踪、798 人受伤，直接经济损失 68.66 亿元
“常州毒地”事件	2016 年	常州外国语学校因选址临近经化工污染的毒地，导致该校近 500 名学生被检查出血液指标异常、白细胞减少等症状，个别学生被查出淋巴癌、白血病等恶性疾病。央视报道披露学校北边的化工厂网址地下水和土壤中的氯苯浓度分别超标达 94 799 倍和 78 899 倍

资料来源：CIB Research。

4. 参与全球环境治理要求中国不断提升环境治理能力。

全球环境生态危机是世界各国工业化发展累积的结果，发达国家四百多年的工业化进程必须为此承担重要责任，但是西方国家从 20 世纪六七十年代开始关注和着手环境治理，并且对全球产业结构进行了重新布局，如今国内环境污染和生态退化得到了有效控制，但是发展中国家因为引入高消耗高污染企业而承受的环境压力日益加剧。以二氧化碳排放为例，由于中国人口基数大，中国成为世界上二氧化碳排放总量最多的国家之一，但是现在中国的人均二氧化碳排放量远远低于任何一个西方发达国家。发达国家进而操纵国际经济政治环境，在国际贸易中制定了各种环境法律、法规和环境标准，通过绿色壁垒对中国产品加以限制，以环境质量作为金融国际市场的通行证，在全球气候谈判中要求中国作为最大的发展中国家承担重大的环境保护责任、节能减排任务。中国如何在有效保障经济社会持续发展的同时，积极推进生态环境保护和治理，参与全球生态安全与环境治理，面临巨大的挑战和压力。

（二）中国生态修复的重要战略意义

改革开放以来，中国经济社会跃迁式发展，当前，我国经济总量已跃升为全球第2位，人均GDP超过5 000美元，处于全面建设小康社会的关键时期，但是中国的生态系统正在承受着巨大并在不断增长的人口和发展压力，经济增长对资源的消耗已经大大超过包括资源承载力、社会经济承载力、污染承载力在内的生态环境承载力，资源与环境的制约成为中国发展现今面临的最突出挑战。从源头上扭转生态环境恶化的趋势，全面改善生态状况，提高生态承载力，大力建设生态文明，是发展中国特色社会主义的战略选择，实现中华民族伟大复兴的根本保障。

1. 加快生态修复是生态文明建设的一项重要基础工作。

改革开放近四十年来，我国经济社会发展成就令世界瞩目，已跃升为全球第二大经济体，但同时也付出了巨大的生态环境代价。环境是一种特殊的资产，环境污染严重，生态退化加剧，因环境灾害产生的社会冲突屡有发生，这些本身就构成了经济损失和财富流失，生态指标的恶化直接影响现期经济指标和预期经济趋势，更制约我国经济社会的长远持续发展，影响社会安全和民生状况，威胁社会稳定和政治和谐。《国家环境保护“十二五”规划》中指出，“当前，我国环境状况总体恶化的趋势尚未得到根本遏制，环境矛盾凸显，压力继续加大。……人民群众环境诉求不断提高，突发环境事件的数量居高不下，环境问题已成为威胁人体健康、公共安全和社会稳定的重要因素之一。生物多样性保护等全球性环境问题的压力不断加大。……经济增长的环境约束日趋强化。”《“十三五”生态环境保护规划》进一步指出“十三五”期间的环境治理压力依然很大，“经济社会发展不平衡、不协调、不可持续的问题仍然突出，多阶段、多领域、多类型生态环境问题交织，生态环境与人民群众需求和期待差距较大”。

生物多样性表征着生物之间以及生物生存之间有机结合的复

杂关系，也是生物资源丰富多彩的重要标志，对生物多样性的影响程度是衡量人类活动是否符合自然规律的主要尺度之一。而保护生物多样性，科学管理物种资源和生态系统，保证生态系统、物种和遗传的多样性在当代和未来子孙后代的持续利用，是人类的重要任务。传统高消耗、高污染、高排放的工业化模式是一种黑色发展模式，全面建成小康社会和实现中华民族伟大复兴的中国梦，要求向绿色发展模式转型，大力建设生态文明。十八大以来我国政府反复强调生态环境保护和生态修复是生态文明建设的一项重要基础工作。党的十八大报告提出要“加大自然生态系统和环境保护力度”“实施重大生态修复工程”，党的十八届三中全会正式提出完善“生态修复制度”的要求和“建立陆海统筹的生态系统保护修复和污染防治区域联动机制”，中共中央、国务院《关于加快推进生态文明建设的意见》特别提出了“在生态建设和修复中以自然修复为主，与人工修复相结合”的总体要求，展开阐述了“保护和修复自然生态系统”和“实施重大生态修复工程”的具体措施。这是党在阐述其相关政策的正式文件中对于生态修复这一语词的明确肯定，生态修复正在成为生态文明及其制度体系建设的重要内容。

《“十三五”生态环境保护规划》指出，当前我国环境状况不容乐观，污染物排放量大面广、环境污染重，山水林田湖缺乏统筹保护、生态损害大，产业结构和布局不合理、生态环境风险高，生态环境成为全面建成小康社会的突出短板。改革开放近四十年的发展成就，为生态修复实践累积了较为丰厚的物质基础、较强的技术能力、较为完善的制度体系，通过生态修复和重建，可以扩大国家生态环境面积、增强国家生态产品生产能力、加强生态治理力度，最终恢复或重建生态系统平衡，实现污染环境治理和人类生态环境的根本改善，维护国家生态安全和经济社会持续发展。生态修复既要利用自然，又取之有度，对受损生态环境加以修复和补偿，为缓解发展与环境的矛盾提供缓冲地带，是生态文明社会发展的一个重要手段。将现有的生态治理、环境整治、矿区恢复等制度和措施上升到法制层面，构建一个整体性的生态修复法律体系，将有助于促进生态环境保护的法治化进程，为建设生态文明法治社会提供有益的参考。

2. 提升生态修复治理能力是国家治理现代化的重要内容①。

党中央、国务院高度重视生态文明建设。习近平总书记多次强调，“绿水青山就是金山银山”“要坚持节约资源和保护环境的基本国策”“像保护眼睛一样保护生态环境，像对待生命一样对待生态环境”。党的十八大报告明确指出，生态文明建设是关系人民福祉、关乎民族未来的长远大计，具有贯穿中国特色社会主义“五位一体”的总体建设各方面和全过程的基础性地位。党的十八届五中全会更是把“绿色”确立为五大发展理念之一，强调要坚持绿色发展、推进美丽中国建设，突出绿色发展惠民、富国、承诺的发展思路，为全球生态安全做出新贡献。《中共中央关于全面深化改革若干重大问题的决定》指出，推进国家治理体系和治理能力现代化是完善和发展中国特色社会主义制度的重要内容，那么完善国家生态治理体系和推进国家生态治理能力建设，既是推进国家治理体系和治理能力现代化的应有之义，也是生态文明建设内在的制度要求。生态文明制度建设是当前生态文明建设的核心，而生态治理能力建设更是生态文明制度建设的关键。在复杂的中国社会转型期、风险社会和全球化背景下，国家在保护环境与自然资源基础方面的重要性和紧迫性愈益凸显，加强国家生态修复制度建设、提升生态修复治理能力是国家公共环境治理现代化的重要内容。

习近平总书记强调，“人民对美好生活的向往，就是我们的奋斗目标”。生态环境是一个国家和民族存在与发展的前提和资

① 邬晓燕：《国家建设背景下的国家生态责任与治理能力建设》，载于《当代世界与社会主义》2016 年第 2 期，第 183 ~ 189 页。

本，生态治理能力是国家治理现代化的内在组成部分。中国作为一个后发现代化国家，其现实发展不可能遵循以现代经济与社会的自然发育为历史起点的西方国家现代化的线性进程，无论在发展形态、发展阶段还是发展问题上都面临跨越式发展的时空错位与重叠问题，“改革开放以来，中国国家治理的基本主题是现有的国家治理体系如何应对快速社会变迁产生的大量社会问题”[①]，而这些问题又因全球化时代浪潮的挟裹而急剧放大。“中国面临的最根本问题是，在全球市场力量的驱动下经济快速变化发展，而处理快速经济增长带来的破坏性影响的能力却相对提高较缓；二者之间存在着不协调。”[②] 环境生态问题已成为影响和制约现代化建设全局的一个关键问题，一方面威胁着国民的生活与健康、社会的安全与稳定；另一方面威胁着中国经济可持续发展的潜力和与 GDP 世界第二的国际地位不相称的国际形象。气候变化、生物多样性消失、水资源短缺等全球环境问题的解决要求进行国际协作，中国在全球经济方面的崛起也要求中国积极参与全球环境治理。然而，国际环境治理和生态安全建设的合作协商，实际上牵涉发达国家与新兴国家的生存与发展空间的争夺，不利发展因素的转移和转嫁，归根结底涉及一个国家综合国力和治理能力问题。生态环境治理能力成为国家建设和治理体系不可或缺的一部分，也是全球化语境下国家治理能力现代化的重要部分。

一方面，按照自然规律科学合理地推进生态修复和重建工作，通过生态修复技术和工程修复受损的生态系统，加强国家和各地区的生态系统自我维持能力和应对气候变化的力量，为经济社会发展筑牢生态环境基础。实施生态修复系统工程，要求我国加快经济发展模式的转型，提倡绿色生活和生产方式，加大新型

---

① 唐皇凤：《新中国 60 年国家治理体系的变迁及理性审视》，载于《经济社会体制比较》2009 年第 5 期，第 24 ~ 32 页。

② 中国环境与发展国际合作委员会：《环境执政能力课题组报告》，参见 http：//www. china. com. cn/tech/zhuanti/wyh/2008 – 02/29/content_11143775. htm。

清洁能源开发和利用力度，促进产业优化升级，加快生态修复技术研发，提高生态环境消化各种污染和不利影响的能力，更通过新型城镇建设、环保产业发展等社会系统工程促进经济发展方式和社会转型。

另一方面，高度重视生态修复和重建的社会治理创新，加强生态修复政策和法律制度建设，在生态环境可承受、可容纳的范围内，协调自然环境、生物物种、森林草原等自然资源与社会经济发展之间的合理发展，促使生态环境转化为经济优势，实现综合发展，生态效益和经济效益、社会效益共赢。生态环境就是绿色生产力，不断加强环境生态资源利用率，创新生态修复模式，令生态修复工作成为国家生态环境保护经济增长引擎，不断提升生态修复技术和工程能力、构建完整严密的生态修复制度体系，保障生态修复技术、产业的市场运作，建构完整高效的信息资源整合共享机制，加强生态环境资源信息化管理，实现到 2020 年全面建设成小康社会、实现生态环境良好的奋斗目标。

另外，加强生态修复重建的国际合作，是参与国际环境治理的重要内容。当代国家，除了履行保障主权与领土完整、促进经济技术发展等传统责任以外，还必须积极参与创建国际机制，在国际经济合作与竞争中确立对本国有利的行动框架与治理规则，而随着环境问题在国家政治议程中的地位越来越重要，参与国际环境治理、促进国际生态安全、提高国家环境政策竞争力，便成为国家综合实力竞争的重要指标。在世界气候大会上联合国气候谈判的多边机制和减排共识屡屡遭遇分歧和僵局，虽然中国经济结构转型是因环境问题倒逼而发生，但中国在应对气候变化方面的积极努力令世界印象深刻。

3. 探寻中国特色的生态修复模式是坚持中国特色社会主义道路的重要体现。

全球经济与科技合作的日益紧密，一方面促进了经济、科技、文化的交流互动；另一方面客观上增加了环境风险的来源，扩大了环境风险后果承担者的覆盖面，加深了环境问题的跨国界化及其解决的难度。罗尼·利普舒茨指出，由于全球化只会促进自然界的商品化，“全球化在当今环境问题中扮演的角色：首先，它促使环境破坏行为从一个地方扩散到另一个地方，通常是到另一个国家或大陆；其次，它拉动消费进而导致垃圾大量增加；最后，全球化会影响社会的、制度的和组织的关系。这些变化都会阻碍环境难题的解决，并鼓励更多破坏环境的活动。”① 风险的全球化意味着任何国家的内部风险都可能演变成为外部风险，每个国家都有可能被卷入世界性的风险和灾难当中，每个国家都不能置身事外于全球生态责任。

面对日趋严重的全球环境危机，人类必须转变自然资源取之不尽、用之不竭的资源观，摒弃征服自然、宰制自然的人类中心主义理念，修正唯 GDP 的经济增长观，加快经济发展模式转型和治理模式转型，推进生态修复制度建设和完善，加强环境保护、减少生态退化，走绿色发展和生态文明之路。全球化在某种程度上削弱了国家主权和政治决策的自主性，但另一方面又高度提升了国家生态治理的全球责任。然而，生态环境的综合治理是一个融括经济、政治、法治、文化等多领域的系统工程，生态修复的技术创新与应用、经济投入与产出、制度设计和实施、理念普及和接纳无不受到一个国家和地区经济社会发展水平和治理能力的制约，没有也不应该设定一个强制性的标准或模式。

作为世界上人口最多、最大的发展中国家，中国庞大的人口基数、区域发展严重失衡对生态环境和资源能源产生巨大压力，成为中国进一步深化改革创新的巨大障碍，中国参与全球环境治理和维护全球生态安全的责任与压力也都前所未有地加大。中国是全球产业重新布局的受害者，自然资产净损耗占世界比重持续

① ［美］罗尼·利普舒茨：《全球环境政治：权力、观点和实践》，山东大学出版社 2012 年版，第 27 页。

上升，2005 年超过欧盟，2008 年超过美国，2009 年超过俄罗斯，居世界首位。因此，中国必须创新绿色发展道路，探寻中国特色的生态修复模式，在尊重全球环境治理“共同而有区别的责任”原则前提下，积极参与国际环境治理，但首当其冲是要解决本国人民的基础生存与发展权。

随着生态修复社会实践在污染土壤修复、荒漠化修复、矿山修复、园林绿化等领域全面展开，生态修复行业正成为环保产业的又一个金矿。在大力推进生态文明建设要求下，中国环境保护和生态修复产业将在未来具有亿万商机。生态修复产业不仅带来自然环境的自我修复能力提高，更有利于经济社会发展模式转型，是一个适合落后地区工业化过程的正当合理的进步环节，带来的不仅是经济发展模式转变的契机和新经济增长点，更是经济可持续发展的先机。①

① 吴鹏：《以自然应对自然——应对气候变化视野下的生态修复法律制度研究》，中国政法大学出版社 2014 年版，第 62 页。

第二章

谁来进行生态修复

一切单位和个人都有保护环境的义务。地方各级人民政府应当对本行政区域的环境质量负责。企业事业单位和其他生产经营者应当防止、减少环境污染和生态破坏，对所造成的损害依法承担责任。公民应当增强环境保护意识，采取低碳、节俭的生活方式，自觉履行环境保护义务。

——新《环保法》第六条

第三条　地方各级党委和政府对本地区生态环境和资源保护负总责，党委和政府主要领导成员承担主要责任，其他有关领导成员在职责范围内承担相应责任。

中央和国家机关有关工作部门、地方各级党委和政府的有关工作部门及其有关机构领导人员按照职责分别承担相应责任。

第四条　党政领导干部生态环境损害责任追究，坚持依法依规、客观公正、科学认定、权责一致、终身追究的原则。

——《党政领导干部生态环境损害责任追究办法（试行）》

改革开放近40年来，中国经济社会迅猛发展的同时，环境生态状况急剧恶化，尽管中国生态修复工程力度在不断加大，但令人担忧的是，中国的生态环境形势仍在进一步恶化，其中荒漠化仍在以每年10 000km^{2}的速度扩张，水土流失面积在总量下降的同时每年新增面积也达到10 000km^2，许多重要生态功能区生态功能遭到损害乃至丧失，中国生态环境形势开始从结构破坏向功能紊乱转变。[①] 生态修复以环境损害救济为重心，而环境损害具有复杂性和多样性，因此，明确生态修复的责任主体及其权利义务关系，了解生态修复的管理机构与体制，对于生态修复目标的科学设定、生态修复法律制度的运作功效、生态修复责任的具体落实等具有重要影响，是推进中国生态修复和生态文明建设的必要前提。

一、生态修复的责任主体

我国环境污染事故频发，生态环境严重受损，环境问题牵涉的主体庞杂、原因众多，因此，生态修复是一项需要巨额投入、持续推进的复杂系统工程。“环境的污染和破坏导致了环境的损害和生态系统功能的下降，实现环境保护的途径之一就是修复已经受到损害的生态系统功能，修复生态系统功能需要有主体来承担这一责任。尽管事先预防的理念在我国的理论中普遍得到了认可，但在实践中地方政府为了发展经济实现地方创收，企业为了谋取更大的利润，往往不能很好地贯彻落实环保措施，这也是我国当前环境资源领域违法成本低、守法成本高的困境。生态修复则是事后治理的措施和制度，是对事先预防功能的弥补，实质上

① 万军、张惠远、王金南等：《中国生态补偿政策评估与框架初探》，载于《环境科学研究》2005年第2期，第1~8页。

其责任主体的确定也是一种环境利益的再分配。”[①] 法律的任务正是明确个人利益、公共利益、社会利益的界限，并予以法律的制度化承认和规范。但是，现行法律规范缺乏对生态修复责任主体的明确规定，因此需要既立足于法经济学角度对生态修复责任主体进行经济效益考量，又立足于责任伦理角度对生态修复责任主体进行环境正义与可持续发展能力的考量，明确生态修复的责任主体与受益对象之间的关系，建构有益于生态环境与经济社会持续发展的生态修复责任主体框架，为生态修复有序推进提供法律保障。

（一）生态修复责任主体的确认难题

为了使环保政策的经济激励机制更加公平、公正、有效，必须科学理解以下重要问题：哪些人群应当为环境污染和生态破坏承担修复责任？生态修复责任在不同生态修复责任主体之间应当如何合理分布？哪些人群会从生态系统修复服务中获益？哪些人群因维护和管理生态修复效果而应该得到补偿？明确和细化生态修复责任主体，是开展生态修复工作的重要一步，也是实现生态文明的重要任务。然而，在生态修复实践中，确立生态修复责任主体及其责任分布是相当困难的问题。

第一，在环境法领域，存在着环境公益与经济个益的协调难题。

责任主体的明确是生态修复法律制度建立的重要一步，不仅涉及环境公平问题，同时在进行制度设计时，还应当考虑到效益成本问题。“外部不经济性既是政府干预环境行为的经济学基础，也是环境法律责任承担的经济基础。”[②] 在市场经济条件下，企

---

① 本节部分内容参见：王盼：《生态修复责任主体研究》，载于《太原师范学院学报》（社会科学版）2016年第2期，第48～51页。

② 常纪文、裴晓桃：《外部不经济性环境行为的法律责任调整》，载于《益阳师专学报》2001年第4期，第30～34页。

业为了追求经济利益最大化的目的，往往会对环境产生负外部性效应，即损害环境公益。生态损害是由企业个体的不良经济行为造成，本应由企业承担生态修复责任。然而，一方面生态损害的覆盖面可能不仅局限于当地区域，还可能延伸或扩展到更广懋的地域和流域，另一方面生态损害的承受者可能牵涉相关区域、流域的广大人群。由于生态修复不是土地、河流或植被等单一要素修复，而是涉及其相关受损生态系统的整体修复，因此需要投入巨额的修复资金。比如，美国在20世纪90年代用于污染场地修复方面的投资近1 000亿美元，荷兰20世纪80年代已投资15亿美元进行土壤污染的修复，德国光1995年这一年就投资60亿美元净化土壤污染。而生态补偿制度对生态损害者的罚款补偿规定非常有限，使得生态修复主体责任落到国家和政府方面，具有巨大的公益性质。

专栏3："松花江重大水污染"事件

2005年11月13日，中石油吉林石化双苯厂发生爆炸事故，造成苯系污染物流入松花江中，导致松花江水体遭受严重污染。"松花江重大水污染"事件祸及长达939公里的松花江沿岸居民。

"松花江重大水污染"事件发生后五年内，国家就为松花江流域水污染防治累计投入治污资金78.4亿元。事故发生后，在生态修复的财政资金方面，除了黑龙江省财政资金的大力支持之外，还争取到国家级污染治理资金1 000万元，国家环保总局为黑龙江省提供污染防控工作资金1 000多万元；在生态修复技术方面，国家环保总局调集全国环保技术力量和仪器设备提供支援，紧急调度上海、天津、杭州、江苏、辽宁、山东、广东、河北等省、市60多位监测专家和技术人员携带应急监测设备千里驰援，组织中国环境科学研究院、中国环境监测总站、南京环保研究所、华南环保研究所、清华大学等研究机构和院校的100多名专家和技术人员开展了多项专题研究和现场实验，编制了松花江水污染事件特征污染物消减实验工程技术方案，形成全国环保系统专家大会战，成为1949年以来最大一次环保力量的集结。

事实上，作为该事故的主要责任主体中石油公司，仅向吉林省政府捐助500万元以支援松花江污染防控工作，并向环保总局缴纳了100万元的罚款。这次事故中，国家承担了本应由中石油公司承担的环境修复责任，而企业并没有为自己追求经济利益所造成的外部不经济性买单，很显然这是不公平的。[①]

在应对这个难题方面，可资借鉴的做法是：美国的《超级基金法》对危险废物设施的治理责任的安排。《超级基金法》规定由弃置危险废物的污染者承担责任。“根据该法以及法院判例确定的原则，治理责任方，或者说‘潜在责任方’，包括危险废物设施的现时和以往的所有人和经营管理人、将危险物质运往该设施的运送人，以及产生该危险物质的制造人。”[②]

第二，确立生态修复主体责任的法律规范制度不力。

在环境民事责任领域，为了解决外部不经济性，1972年联合国经济合作与发展组织委员会提出了“污染者付费”原则，后来被许多国家确定为一项环境保护的重要原则，如我国1979年制定的《环境保护法（试行）》中规定的“谁污染谁治理”原

① 《2011年上市公司十大环保事件》，载于《证券日报》2011年12月20日。

② 王曦、胡苑：《美国的污染治理超级基金制度》，载于《环境保护》2007年第10期，第64~67页。

则。和该原则一起，还有“利用者补偿”“开发者保护”“破坏者恢复”等原则，都体现了环境公平的精神。2014 年 4 月 24 日第十二届全国人民代表大会常务委员会第八次会议修订《环境保护法》，虽然没有对生态修复责任主体做出具体规定，但该法第三十二条规定，国家加强对大气、水、土壤等的保护，建立和完善相应的调查、监测、评估和修复制度，第六条规定了企业事业单位和其他生产经营者对环境造成的损害依法担责。新《环境保护法》第三十二条规定：“国家加强对大气、水、土壤等的保护，建立和完善相应的调查、监测、评估和修复制度。”生态修复制度的建立和完善是建设生态文明社会关键的一步，新《环境保护法》的提出，是生态修复制度建立的重要契机。

在生态修复的具体领域，我国也制定了一些制度和规定。2011 年国务院通过的《土地复垦条例》第三条规定，按照“谁损毁，谁复垦”的原则，由生产建设单位或者个人负责复垦，同时规定，由县级以上人民政府负责对由于历史原因无法确定土地复垦义务人和自然灾害损毁的土地组织复垦。污染场地修复属于生态修复的一部分，2014 年 11 月由环境保护部污染防治司组织制定的《工业企业场地环境调查评估与修复工作指南（试行）》是污染场地生态修复试点实践的经验总结，也是目前对污染场地修复工作开展最详细的规定，对建立更加宏观的生态修复责任主体制度具有启发意义。其中对承担场地环境调查评估与修复治理工作的场地责任主体作了如下规定：①按照“谁污染、谁治理”的原则，造成场地污染的单位和个人承担场地环境调查评估和治理修复的责任。②造成场地污染的单位因改制或者合并、分立等原因发生变更的，依法由继承其债权、债务的单位承担场地环境调查评估和治理修复责任。③若造成场地污染的单位已将土地使用权依法转让的，由土地使用权受让人承担场地环境调查评估和治理修复责任。④造成场地污染的单位因破产、解散等原因已经终止，或者无法确定权利义务承受人的，由所在地县级以上地方人民政府依法承担场地环境调查评估和治理修复责任。但是，这里的问题是，这个指南没有法律效应。而且，该指南没有规定，当承担场地调查评估和治理修复的责任主体没有能力承担修复责任时，该如何处理生态修复责任分配问题。另外，“若造成场地污染的单位已将土地使用权依法转让的，由土地使用权受让人承担责任。”然而，环境污染往往具有累积性和潜伏性，如果受让人在受让之初并不知道土地的污染状况，像这样简单规定仅由土地使用权受让人承担，显然是不符合环境正义的。

（二）生态修复责任主体的确认意义

责任原则是厘清生态修复责任主体的界限和范围的重要依据。“生态修复责任主体的明确直接关系到整个生态修复制度能否在实践中很好地开展，以及开展责任主体追究的成本和效率问题。……生态修复责任主体的确立，一方面根据环境公平理念在不同的责任主体之间合理分配责任，使每个理性的经济人公平地承担环境保护的责任，另一方面也要注重经济效益，使环境正义得到有效的实现。”[①] 具体来说，为何要明晰生态修复责任主体，存在如下多方面的原因：

第一，根据“谁污染，谁付费”的原则，环境污染和生态破坏的肇事者应该为生态修复需要投入的巨额费用买单，并且有助于提升绿色发展意识，这里需要明确谁是生态破坏者，也是生态修复责任主体之一。

第二，根据环境正义原则，生态系统受损区域及其民众牺牲本地区的环境生态为国家和其他地区的经济社会发展做出了贡献，应该得到相应的生态修复补偿。生态修复补偿不仅是将经济投入用于生态环境修复，更重要的是促进地区可持续发展能力的

---

① 王盼：《生态修复责任主体研究》，载于《太原师范学院学报》（社会科学版）2016 年第 2 期，第 48 ~ 51 页。

修复，这里需要明确谁是生态补偿主体，也是生态修复责任主体之一。

第三，根据生态学的原理，生态环境系统的破坏性影响是一个潜在而漫长的过程，生态系统的整体修复也是一个漫长和渐进显现的过程，生态修复的显性主体容易明确，生态修复的潜在主体却容易被忽略或难以顺利追溯，要解决生态修复补偿的短期性问题，必须明确责任主体。很多因为历史原因而造成的生态问题，则需要由地方政府承担相应的生态修复责任。

第四，根据中国特色社会主义“五位一体”的总布局构设，生态文明建设是国家治理的重要组成部分，生态修复的总体规划和政策制定属于国家生态责任的重要维度，因此明确国家作为生态修复责任主体的相关角色和功能非常重要。

第五，根据无过错责任原则，主要针对造成污染环境的污染行为人而言，其往往从事高环境污染行业，因而，无论其有无过错都应当承当修复生态环境的责任。过错原则主要针对当受到污染的环境资源的所有者或者使用者不是污染行为人，由于其在受让时没有尽到妥善的注意义务，导致找不到污染行为人，则其应当为其过错承担责任。

（三）生态修复责任主体的主要构成

我国《环境保护法》提出并强调了生态环境损害赔偿、修复责任的分配和承担的基本原则：“谁利用，谁补偿；谁开发，谁保护；谁污染，谁治理；谁破坏，谁修复”。因此，开发、利用生态环境资源者、污染生态环境资源者和破坏生态环境资源者都需要依法承担责任，亦即他们就是生态修复法律责任的责任主体。有学者根据这一基本原则，将人类对生态系统的修复分为：生态环境资源利用者的增值性修复、生态环境资源开发者的保护性修复、生态环境资源污染者的治理性修复和生态环境资源破坏者的还原性修复四种关系形态。[1] 但是，从这个角度划分生态修复责任主体，没有考虑到历史上遗留下来的生态环境污染和破坏应该由谁承担生态修复责任，没有考虑到同一受损生态系统区域上不同工程项目前后交接后发现的生态环境污染和破坏的修复责任归咎与承担问题，也没有考虑到从受损或退化生态系统提供的生态服务中受益的人群是否应该承担以及承担多少生态修复责任等问题。因此，受损生态系统的生态修复责任主体不仅应当包括生态环境利用、开发、污染、破坏的直接责任主体，还应当包括为历史遗留下来的生态环境污染和破坏承担生态修复的政府和从受损生态系统提供的生态服务中受益的人群等间接生态修复责任主体。[2]

1. 污染行为人及其承继者。

根据“污染者付费”原则，造成环境污染和生态破坏的行为人理所应当成为生态修复法律责任主体，而且是污染场地生态修复的首要责任者，这符合环境正义的要求，也符合“谁污染，谁治理”的污染者担责的要求。为了获得良好的经济收益或利润，生产企业的生产活动向社会排放了污染物、产生了环境负效应。根据市场经济原则，污染行为人作为受益者理应为其污染行为客观上造成的环境污染和生态破坏负责，应当承担环境治理和生态修复的全部费用。原则上只有在污染行为人无法或无力对污染场地生态修复进行赔偿时，其他的法律责任主体才开始承担污染场地生态修复的法律责任。

我国《物权法》有关“土地承包经营权”的一章明确规定了土地承包经营权人应依法保护和合理利用土地，采取相应措施保持或提高土壤肥力。我国最新修改施行的《中华人民共和国环

① 任洪涛、敬冰：《我国生态修复法律责任主体研究》，载于《理论研究》2016年第4期，第53～60页。

② 以下关于生态修复三大责任主体的论述部分参考了王盼：《生态修复责任主体研究》，载于《太原师范学院学报》（社会科学版）2016年第2期，第48～51页。

境保护法》规定的“三同时”制度，要求建设项目中防治污染的设施与主体工程同时设计、同时施工、同时投产使用。《中华人民共和国环境保护法》《中华人民共和国大气污染防治法》和《中华人民共和国海洋环境保护法》作出了相关规定，生态环境的污染者需要在法院判决规定的期限内停止污染行为、消除污染影响、消除生态环境危险、赔偿生态损失和恢复原状，展开土地复垦、矿坑回填、植树造林、恢复水土、河流治理、大气治理等生态环境综合治理。我国新修订的《民事诉讼法》使环境公益诉讼成为可能，新《环境保护法》第五十八条规定，对污染环境、破坏生态、损害社会公共利益的行为，符合条件的社会组织可以向人民法院提起诉讼。这些规定为社会对污染行为人污染和破坏生态环境的行为进行规范和追责提供了法律依据。

企业是环境问题的“肇事者”，企业的生产、经营和消费活动会对环境资源产生不同程度的损害、污染，因此应当承担相应的企业环境责任，这是企业维持生存和可持续发展的必然要求。由于企业可能会因市场或经营的原因出现产权转让、合并、交叉、转移等行为，污染企业的关、停、并、转，污染场地的征收、划拨、出让和转让，都可能导致污染治理和生态修复责任主体的变化、转移，那么，基于契约、法律的规定，企业的主办单位、继受者、新污染行为人均应当对污染场地的生态修复承担责任。企业作为污染行为人，根据《民法通则》第四十四条规定“企业法人分立、合并，它的权利义务由变更后的法人享有和承担”，及《公司法》第一百七十五条、第一百七十七条规定，公司合并或分立的，债权、债务分别由合并、分立后的公司承继，企业合并、分立的，能够明确其承继者的，由其承继者承担责任。

2014 年 11 月国家环境保护部出台《工业企业场地环境调查评估与修复工作指南（试行）》，对工业企业污染场地环境调查评估与生态修复治理工作的责任主体进行了细致规定和区分，指出应当按照以下情形确认场地责任主体：①按照“谁污染、谁治理”的原则，造成场地污染的单位和个人承担场地环境调查评估和治理修复的责任。②造成场地污染的单位因改制或者合并、分立等原因发生变更的，依法由继承其债权、债务的单位承担场地环境调查评估和治理修复责任。③若造成场地污染的单位已将土地使用权依法转让的，由土地使用权受让人承担场地环境调查评估和治理修复责任。④造成场地污染的单位因破产、解散等原因已经终止，或者无法确定权利义务承受人的，由所在地县级以上地方人民政府依法承担场地环境调查评估和治理修复责任。2017年1月3日国务院发布《生产者责任延伸制度推行方案》，将生产者对其产品承担的资源环境责任从生产环节延伸到产品设计、流通消费、回收利用、废物处置等全生命周期，是回应加快生态文明建设和绿色循环低碳发展的内在要求，对推进供给侧结构性改革和制造业转型升级具有积极意义。

2. 国家（政府）。

新《环境保护法》第三十二条指出，“国家加强对大气、水、土壤等的保护，建立和完善相应的调查、监测、评估和修复制度。”国家（政府），之所以成为环境污染治理和生态修复的责任主体，存在两方面的现实根据。一方面，在我国，国家是自然资源的所有权人，土地和河流等自然资源都全部归国家所有，因此国家负有对国有资源的监督和管理责任；另一方面，国家掌握着资源分配的权力，对其许可的个人和企业从事的行为有监管职责，因此国家对因其不当许可而造成的环境污染和破坏，也负有相应的生态修复责任。从理论上来看，依据环境法制理论，政府对于环境质量下降、环境损害严重负有严格的环境保护和生态修复职责；依据职责本位理论，政府具有强大的环境治理的法定职责和相应权能；依据公众需求和环境基本权利保护理论，政府具有解决环境问题“市场失灵”、提供环境服务责任的环境职权。

在以下两种情况下，需要由国家（政府）来承担生态修复责任：①由于历史原因而无法确定或找不到应当承担生态修复责任的污染行为人，由国家（政府）进行生态修复；②由于国有企业等污染行为人没有能力承担生态修复的巨额费用，由国家（政府）承担相应的补充责任；③由于国家（政府）作为土地、矿产等自然资源的出让者或划拨者，在这个过程中获取了经济利益，基于“受益者负担”原则，应承担补充责任；④由于国家（政府）作为环境资源管理者或公共品提供者，基于其监管失当和特殊使命，应承担补充修复责任。[①] 一个国家及其不同区域的环境污染和破坏是一个逐渐累积的历史进程，加上国有企业改革导致的某些特殊问题等因素，时隔久远，可能导致一些被污染和破坏的生态环境找不到应当承担生态修复责任的直接污染行为人，此时，应当由政府来承担修复生态环境修复的法律责任。我国新《环境保护法》加强了政府的追责制度，表明从法律层面上确认了政府的生态修复责任。此外，还有一种情况是，即使找到了直接污染行为人，但由于生态修复需要高昂的资金投入，污染行为人很可能难以单独承担或者最终完成修复，此时，同样需要由政府来承担兜底责任。

3. 受益者。

《环境保护法》规定和倡导的“污染者负担”原则是确认责任主体、实现环境正义的重要依据，但它不能兼顾生态修复的成本—效益问题，不能体现实现环境正义和社会公平的根本目标。“受益者付费”原则能为转型时期的中国环境治理和生态修复提供新的解决思路。土地使用权人、房地产开发商、工业企业等都属于环境资源的使用者、受益者，也因此在一定的情境下都是生态修复的责任主体。

污染场地的土地使用权人，需要在以下两种情况下承担生态修复法律责任：第一，土地使用权人本身就是污染行为人，也就

---

① 易崇燕：《我国污染场地生态修复法律责任主体研究》，载于《学习论坛》2014 年第 7 期，第 77 ~ 80 页。

是首要责任人，对污染场地的生态修复负有不可推卸的法律责任；第二，土地使用权人不是污染行为人，但污染场地生态修复的首要责任人无力或拒绝承担生态修复责任时，土地使用权人有义务对污染场地进行生态修复。当然，土地使用权人事后可以向实际造成环境污染、生态破坏的污染行为人进行生态修复责任追偿。

房地产开发商，属于土地使用权人，也是我国污染场地修复的一个特殊责任主体。房地产开发商以划拨或出让的方式从政府方获得土地使用权，但其使用、占有、开发土地资源的模式和价值与其他土地使用人不一样。房地产商进行土地开发，提供房屋或楼盘作为产品向社会出售，必须为该地块的环境质量和生态安全负责，如果存在环境污染问题，必须承担生态修复责任。

工业企业，既是国家环境资源的污染行为人、环境问题的“肇事者”，也是国家环境资源的主要受益者，因此需要担负相应的生态修复责任。但是，由于中国经济结构和产业发展正处于转换升级的转型时期，原先因生产工艺落后、产能落后而造成环境污染的企业，作为责任主体，有可能很难完成巨额生态修复资金的筹集和支付。然而，如果单独让政府来托底承担生态修复责任，最终生态修复责任又会被分散到普通纳税人的身上，既存在污染行为人逃避、转移生态修复责任的问题，也存在生态修复责任分配不公的问题。更为合理和可持续的解决办法是，政府积极发布生态修复激励政策，大力发展生态修复产业，将市场机制引入生态修复补偿制度体系，通过招标等方式扩大生态修复投资人群，将预期开发利用的增值效益按比例由投资者享有，使得环境治理和生态修复的资金得到有效、长期的保障。

另外，环境资源使用、工业企业工程建设过程中，还有一些单位和个人牵涉其中，可能需要承担一定的生态修复责任。比如，依照现代公司治理制度，污染场地的生态修复，股东负有一定的有限责任、连带责任、补充责任；从事污染场地调查评估或修复的环境影响评价机构，如果出于权力干预或利益诱惑等原因，而未能做出客观公正的环境影响评价，没有及时预见、防范场地污染后果，那么应当因其弄虚作假、欺瞒过错而承担一定的生态修复责任。

4. 社会公众。

由于科技与经济活动的急剧扩张导致生态环境损害不断加剧，致使社会公众的环境利益、环境权利遭受极大损害。社会公众，既可以是享受环境公共产品的分散、独立的社会个体，也可以是参与环境治理与生态修复的社会群体。包括非政府组织和个人在内的社会公众，同样可以成为环境污染治理和生态修复的责任主体。非政府组织致力于解决经济发展的环境效益和落后地区及人群的环境正义问题，由于其具有志愿性、民间性、自治性、公益性等特点，在环境公共资源领域拥有更为宽泛和便利的条件，在生态修复理念和生态文明意识的传播和教育、生态修复活动的号召和组织方面具有得天独厚的优势，是现代环境治理的中坚力量，作为生态修复主体具有非常积极的意义。公民个体，作为环境污染和生态破坏的受害者，有权利表达自身的环境权益和环境权利受到威胁和损害的状况，有权利提出自身对于环境质量和环境权益的公共诉求，也有责任参与环境污染和生态修复的公共决策制定、执行和监督。当然，要成为合格的生态修复责任主体，需要增强对环境损害的敏感度和参与环境修复活动的主动意识。

由于生态环境资源的损耗与破坏是整个社会共同作用的结果，不同主体从生态环境资源的消耗与损坏中受益不同，责任也不同，而生态修复工程具有投入大、耗时长等特点，生态修复的直接责任主体、生态受益的直接主体都难以承担起按照平等原则应当承担的修复责任。因此，生态修复的责任分配不仅需要考虑污染者负担的基本原则，还需要综合考虑客观条件和社会正义的原则。污染行为人及其承继者是生态修复的主要责任人，政府因其特殊的身份作为最终的兜底责任人，同时，政府可以通过寻找受益人的方式扩大生态修复责任的主体范围，使更多的资金投入生态修复工程。

二、中国环境管理机制与机构职能

改革开放以来，中国政府跟随世界环境治理的议程推进，也在不断大力推动环境保护和生态治理的工作，环境立法渐趋完善。党的十八届五中全会明确提出，坚持绿色发展作为五大发展理念之一，加大环境治理力度，以提高环境质量为核心，实行源头严防、过程严管、后果严惩的最严格环境保护制度。中国环境治理和生态修复实行“统一监管、分工负责”“国家监察、地方监管、单位负责”的环境监管体系，这种独立而统一的环境管理机制基本构架是，有序整合不同领域、不同部门、不同层次的监管力量，有效进行环境监管和行政执法：地方各级政府对辖区环境质量负责，企业是污染治理的责任主体，公众也有权利和义务共同参与环境保护，形成政府、企业、公众共治的环境治理体系，实行推动生态文明建设。加强生态环境保护，既要注重国家职能部门的顶层设计、探索体制机制改革，又要推进地方环境基础设施建设、实施一批重点环保工程。

由于环境污染包括大气污染、水污染、土壤污染、河流污染等诸多类别，生态修复包括大气修复、土壤修复、流域修复、森林修复、草原修复、矿山修复、资源型城市修复等诸多领域，因此，目前生态修复作为生态环境保护的一部分，既缺乏专门的法律法规，也缺乏专门的管理机构，还缺乏系统管理和统一布局。在现行的环境治理体系当中，生态修复要么在部分普遍法中提及，要么分成土壤修复、河流修复、大气修复等归属于对应的专门法，生态修复的具体工作常常由环保部、林业部、交通部等不同部门主管，并存在不同程度交叉。

（一）中国环境管理制度发展历程

从20世纪70年代开始环境保护工作至今，伴随着经济、政治、社会、文化的全面变革，中国对环境问题的认识以及对环境保护的制度建设经历了从不成熟到相对成熟的过程，环境保护制度大致经历三个阶段的发展历程，逐步形成以环境法治制度、环境管控制度、环境经济制度等为主体的较为完善的和兼具中国特色的环境管理制度体系。

1. 起步阶段（1972～1978年）。

改革开放前，国家实行计划经济，采取的是优先发展经济政策，全力推进经济建设。由于错误思想的影响和经济社会发展的无序化导致了严重的环境污染和生态破坏，如片面强调“以粮为纲”，毁林开荒，围湖造田，破坏了生态环境；片面强调建设地方“独立的工业体系”，低水平工业建设遍地开花，加剧了工业污染；盲目进行城市改造，造成城市畸形发展等问题，生态环境遭到了严重破坏。在联合国环境会议的影响下，国家开始意识到环境保护的重要性。1973年8月5日至20日，第一次全国环境保护会议在北京召开，会议通过了中国第一个环保文件《关于保护和改善环境的若干规定》。但是，1974年前，我国的环境保护与管理分散于水利部、农业部、林垦部等政府各部，环境管理并不独立，职责交叉分散。直到1974年以后，环境管理机构的设置才逐步由分散到专设、由附属到独立。1974年10月25日，国务院环境保护领导小组正式成立，中国环保事业开始发展。环境保护领导小组既是执行机构，又有一部分决策权力，同时又有监督、指导和协调功能，承担国家层面的环境组织、监督和协调，但国家并未将环境保护纳入国民经济发展计划，1975年后虽逐步纳入计划，但并未付诸实践。1978年2月，环境保护首次纳入我国宪法，开启了环境治理的制度化建设。这一阶段，环境管理处于起步阶段，法律体系不健全，环保机构不独立，管理职能和范围受限，不过形成于计划经济时代的传统环境管理体制避免了因市场失灵而导致的环境问题。

2. 创建阶段（1979～1988 年）。

十一届三中全会明确提出经济和政治体制改革，国家建设进入一个新的发展时期，国家治理中心任务实现了从阶级斗争到经济建设的重大转变，改革前期的经济建设型政府，形成了以 GDP 总量增长为目标、以投资和出口为主要动力、以资源配置的行政控制和经济运行的行政干预为主要手段的政府主导型发展模式，保持了高速的经济增长。与此同时，环境保护的政策和管理机制也在不断完善。这一时期环境法制建设蓬勃发展，大量环境法律法规出台，环境保护真正纳入法制轨道。1979 年改革开放伊始，第一部环境保护基本法《中华人民共和国环境保护法（试行）》颁布，标志着环境法体系的建立，并规定了环境保护机构和职责。1982 年，国务院撤销环境保护领导小组，将其业务并入城乡建设环境保护部。1983 年 12 月，国务院第二次全国环境保护会议宣布，环境保护是中国现代化建设中的一项战略任务，是一项基本国策。1984 年 5 月，国务院成立环境保护委员会，办公室设在城乡建设环境保护部，由环境保护局代行其职，同年 12 月，城乡建设环境保护部下属的环境保护局改名为国家环境保护局，仍归城乡建设环境保护部领导。1988 年，国家环境保护局成为国务院直属机构，国务院环境保护委员会继续保留。国家环境保护局既是国务院的一个直属机构，也是国务院环境保护委员会的一个办事机构。这一阶段对传统单一的环境管理行政体制进行了改革，环境管理从单纯的污染治理转变为“预防为主，防治结合”，环境管理职能从微观管理转向宏观管理，管理手段单一，还没有理顺经济建设与环境保护的关系。

3. 发展阶段（1989 年至今）。

作为一个“后发外源型”现代化的国家，中国改革开放近四十年的经济建设沿袭的是西方片面现代化的发展路径，中国的环境质量快速退化和自然资源消耗极其严重，正如《国家环境保护“十二五”规划》中指出，“当前，我国环境状况总体恶化的趋势尚未得到根本遏制，环境矛盾凸显，压力继续加大。……人民群众环境诉求不断提高，突发环境事件的数量居高不下，环境问题已成为威胁人体健康、公共安全和社会稳定的重要因素之一。生物多样性保护等全球性环境问题的压力不断加大……经济增长的环境约束日趋强化。”随着市场经济体制建设渐趋成熟，国家的经济政治发生了巨大变化，开始实施可持续发展战略，强调环境与经济的协调与持续发展。1998 年，国务院环境保护委员会撤销，原国家环保局升格为国家环境保护总局（正部级）。2005 年 12 月，国务院发布《关于落实科学发展观加强环境保护的决定》，把环境保护置于更加重要的战略位置。十八大以习近平同志为核心的第五代中央领导集体提出经济建设、政治建设、文化建设、社会建设、生态文明建设“五位一体”，形成了以绿色化统领五化建设的中国特色社会主义新布局。随着社会多元化发展，环境管理成为现代社会公共事务管理的重要内容，国家修订和发布了一系列重要的环境法律法规，环境管理的战略地位日益提升；环保部门机构设置逐渐完善，管理职能逐步强化，适应市场经济体制的多元化环境管理体制正在形成当中，环境管理从“末端治理”走向“源头治理”和“全过程控制”，治理方式由点源控制转变为点、线、面联动网络治理，环境管理手段由命令—控制型政府主导阶段逐步转向政府引导、市场主导、公众参与相结合。

（二）中国环境管理体制基本构架

环境管理体制是指国家有关环境管理机构设置、行政隶属关系和管理权限划分等方面的组织体系和制度。它具体规定中央、地方、部门、企业在环境保护方面的管理范围、权限职责、利益及其相互关系，核心是管理机构的设置、各管理机构的职权分配及机构之间的相互协调。环境管理机制的设置合理性直接影响环境管理的效率和效能，影响环境污染治理和生态修复的效果。

1974～2008 年间，与政府行政体制改革相呼应，中国实行了七次环境管理行政体制改革，主要遵循渐进调适的改革策略和组织变革逻辑，不断调整了环境保护行政主管部门的领导隶属关系，环境管理行政主管部门从不上编制的临时机构，到 1988 年成为国务院直属局，十年一个台阶逐步升格为环保总局、环保部，成为国务院组成部门。中国从中央到地方建立了系统化的环境保护机构，从全国人民代表大会到国务院，其环境保护权力得到了不断提升。1993 年 3 月 29 日，第八届全国人大第一次会议通过了增设全国人大环境保护委员会的决定。1994 年 3 月 22 日，第八届全国人大第二次会议又决定将全国人民代表大会环境保护委员会改名为全国人民代表大会环境与资源保护委员会，成为全国人民代表大会在环境和资源保护方面行使职权的常设工作机构，受全国人民代表大会领导。该委员会的设立，使环境与资源保护在国家的最高权力机关有了专门的负责机构，对我国的环境与资源保护有着重要意义。

1973 年中国成立了国务院环境保护领导小组，统一管理全国的环境保护工作。同年，为了加强环境保护的国际交流与合作，我国加入了联合国环境规划署，成为联合国环境规划理事会 58 个理事国之一。中国环保机构最初主要针对工业污染治理，工业主管政府部门达十多个，1979 年《环境保护法（试行）》确立了环境监管职能。1982 年 5 月 4 日，由国家城市建设总局、国家建筑工程总局、国家测绘总局和国家基本建设委员会的部分机构，与国务院环境保护领导小组办公室合并，成立城乡建设环境保护部。1988 年城乡建设环境保护部撤销，改为建设部，环境保护部门分出，成立国家环境保护总局，直属国务院。1989 年

《环境保护法（试行）》进一步明确提出了统一标准、统一环境监测和信息发布、统一规划、统一（项目）环境影响评价、统一执法检查的“五统一”监督管理职能。1998 年国家环境保护局升格为国家环境保护总局，环境机构的统一监管范围扩展到对重大经济和技术政策、发展规划以及重大经济开发计划的规划环评、核与辐射安全监管、机动车污染防治监督管理、农村生态环境保护、生物技术环境安全等方面。2008 年 3 月 27 日，国务院机构改革组建中华人民共和国环境保护部，标志着环保部门由国务院直属单位变为国务院的组成部分，环保部门的职能不断加强，话语权和权威性不断提高，初步建立起了具有中国特色的环境保护体制。近年来，按照党中央、国务院的决策部署，环境保护治理体制机制不断进行调整完善，优化调整环境保护组织构架，深化行政审批制度改革，推动环保部职能转变。

与此同时，全国各地区省、市、县三级政府都成立了职能健全的环境保护机构，一些省、市人民代表大会也相应设立了环境与资源保护机构，形成了从中央到地方的环境行政执法监督的完整体系。新修订的《环境保护法》规定，中国现行的环境管理体制是统一监督管理与分级、分部门监督管理相结合，实行以行政区域管理为核心、国家与地方双重领导的管理体制。国家和地方分别设立环境保护部门，作为“环境保护行政主管部门”，国务院环境保护主管部门对全国环境保护工作实施统一监督管理，地方各级人民政府应当对本行政区域的环境质量负责，上级人民政府及其环境保护主管部门应当加强对下级人民政府及其有关部门环境保护工作的监督。与环保部门在行政系统内地位的不断上升相呼应，在精简机构的大背景下环保部门的机构数与人员数呈现了较快的增长势头。自 1998 年国家环保总局成立至今，中国基本上在每一个县级行政区域都设立了专门的环保执法机构。1996 ~ 2007 年间，中国环境保护机构数目已经从 8 400 个飞速增长到 11 932 个，增长了 42%，环境保护系统从业人数从 1996 年的95 566人迅速增长到2007年的176 988人，人数增加了85%。[①] 2010年，全国环保系统机构总数12 849个，其中，国家级机构43个，省级机构371个，地市级环保机构1 937个，县级环保机构8 606个，乡镇环保机构1 892个。到2010年全国各级环保行政机构3 175个，各级环境监察机构3 060个，各级环境监测机构2 587个。

随着行政体制改革进程推进，中国环境管理协作机制正趋于健全，环境保护部与国家发展和改革委员会等八部委联合探索建立区域大气污染联防联控机制，与国家海洋局以及多个省（区、市）签署合作协议，与中央统战部合作建立国家环境特约监察员制度，环境保护部环境监察局和华南、西南、东北、西北、华东、华北六大环保督查中心的陆续成立挂牌，形成国家环境监察体系新格局，正在形成。2008年10月环境保护部发布《环境保护部机关"三定"实施方案》，提出要加强"加强环境保护综合协调、参与宏观决策职责"，预示着环境保护部门职能从"统一监管"到"综合协调"的方向转变（见表2－1）。

（三）中国环境治理机构与职能特色

1. 中国特色的环境治理与生态修复领导机制。

改革开放以来，中国高度重视环境管理体制建设，现在已经建立起由全国人民代表大会立法监督，各级政府负责实施，环境保护行政主管部门统一监督管理，各有关部门依照法律规定实施监督管理的体制，由全国人民代表大会环境与资源保护委员会统一领导，包含国家、省、市、县、乡、五级管理机构体系。《环境保护法》明确规定了国务院作为最高国家行政机关，统一领导国务院各个环境监督管理部门和全国地方各级人民政府的工作，

---

① 王蔚：《改革开放以来中国环境治理的理念、体制和政策》，载于《当代世界与社会主义》2011年第4期，第178～180页。

表 2－1　　中国环境保护行政主管机构改革要点与背景分析简表

时间	机构属性	职能定位	管理业务范围	经济社会、环境背景	政府体制改革背景
1974	国务院环境保护领导小组（无编制临时机构）		工业“三废”治理	1972 年发生的大连湾污染事件、蓟运河污染事件、北京官厅水库鱼污染事件，以及松花江出现类似日本水俣病的征兆	1972 年《联合国人类环境会议宣言》和《行动计划》发布。国家开始拨乱反正，国民经济恢复调整，恢复、增设政府机构
1982	撤销国务院环境保护领导小组，城乡建设环境保护部内设环境保护局	编制环境保护规划；组织环境保护工作的协调；监督环境保护工作	控制和治理工业污染，改善城市环境，治理水域污染，防治食品污染	1979 年《环境保护法（试行）》；80 年代初中国成为世界上工业“三废”排放最多的国家之一；开始经济体制改革和对外开放	精简机构与人员编制（国务院工作部门从 1981 年的 100 个减为 61 个，人员编制从 5.1 万减至 3 万，省级机关减编 6 万余人，市县机关减编 20%）
1984	国务院环境保护委员会（无编制临时机构）	宏观决策、统筹协调	水、大气、自然环境保护，放射环境、固体废，开发建设环境管理、环境监测、环境规划标准政策、环境科技	乡镇企业崛起；不合理土地利用破坏生态、土地退化问题、“十五小”导致环境急剧恶化，环境污染由点到面、由轻到重；第二次全国环保大会，提出环境保护是基本国策	提出建立有计划的商品经济体制；明确政府的经济管理职能定位，实行政企职责分开，简政放权
	更名国家环境保护（环资委的办事机构），编制 120	执行委员决议、具体组织、协调和检查工作			

续表

时间	机构属性	职能定位	管理业务范围	经济社会、环境背景	政府体制改革背景
1988	成立国家环境保护局（直属国务院），编制 321	监督检查、宏观调控。去掉了污染和自然环境保护、保护区的综合管理职能	12 项职能；增加组织区域、项目环评，参与国家经济、国土开发规划、城总规编制、综合管理海陆、水气土等环保	“淮河污染”事件、江苏段京杭大运河、黄浦江黑臭；酸雨问题日益严重；森林面积逐年减少，水土流失面积增大，草原退化，天然水面在急剧缩小	政企、政事、党政分开，精简行业部门，国务院工作部门减为 60 个，减编 9 700 人；强化宏观调控和监督、简政放权；确认环境保护为一项独立政府职能
1994	国家环境保护局（直属国务院），编制 240	统一监督管理（环境标准、监测和信息发布、规划、环境影响评价、执法检查的“五统一”）、宏观调控	41 项职能；增加环保产业监管、管理全国环境管理体系和环境标志认证、环保资质认可制度、指导生态农业	1989 年修订《环境保护法》明确环境监督管理“五统一”；城市环境污染加剧，并向农村蔓延，生态破坏范围仍在扩大；1996 年第四次全国环保大会提出坚持污染防治和生态保护并重	1992 年里约环发大会通过《里约宣言》《21 世纪议程》。1993 年各工业主管部门改为行业协会，强化宏观调控。国务院工作部门减到 59 个，其中政府组成部门 41 个，减编 7 400（20%）；1994 年地方财政包干改为分税制

续表

时间	机构属性	职能定位	管理业务范围	经济社会、环境背景	政府体制改革背景
1998	撤销环委会，成立国家环保总局（直属副部级），编制200	划入原环委会的环保政策制定、统筹协调职能，未恢复污染和自然环境保护、保护区的综合管理职能	52项职能；新增战略环评和核安全、国际履约、机动车污染、农村生态环境保护、生物技术环境安全；划出主管环保产业、环境管理体系和环保认证等职能	污染蔓延趋势没有得到有效遏制、生态环境破坏程度加剧、资源耗竭与浪费问题相当突出；1998年大洪水，天然林禁采，促使林业部门转向生态保护与建设；2002年发布《环境影响评价法》《清洁生产促进法》；自2006年起陆续组建了6个区域督查中心、6个核与辐射安全监督站	撤销国务院临时机构和几乎所有的工业经济部，经济部门改组为宏观调控部门，加强公共服务和执法监管部门；国务院减为29个部，共计52个部门，减编1.53万（47.8%）全国各级减少行政编制115万，环保总局是人员机构减少最少的部门之一。2003年，深化国有资产管理、金融监管、流通体制改革、加强食品、安监
2008		强化宏观调控、统筹协调、监督执法和公共服务职能	56项职能；划出审核城总体规的环保内容、指导生态农业	中国经济规模全球第三；环境问题在中国近20多年来集中出现，呈现结构型、复合型、压缩型的特点	探索实行职能有机统一的大部门体制，加强能源环境管理机构；国务院减为27个部，共计49个部门

续表

时间	机构属性	职能定位	管理业务范围	经济社会、环境背景	政府体制改革背景
2008年以来		强化监管独立性、权威性	2011 年修订《自然保护区管理条例》，明确了环保部负责全国自然保护区的综合管理职责；2015 年新增参加中央保护区的综合管环保督察组，开展省级环保督察的职能	2014 年，大范围雾霾；最高人民法院环境资源审判庭成立；2015 年新环保法生效，发布修订的《大气污染防治法》《水污染防治行动计划》等 6 个生态环境保护改革方案。两年中发布三项环境司法解释。提出环境监测监察实行省以下垂直管理	2014 年中共十八届三中全会提出优化政府组织结构，完善决策权、执行权、监督权既相互制约又相互协调的行政运行机制，加快生态文明制度建设；2015 年《生态文明体制改革总体方案》出台，强化国土空间优化、自然资源资产管理、生态环境问责和污染损害赔偿，提出党政同责

资料来源：殷培红：《中国环境管理体制改革的回顾与反思》，载于《环境与可持续发展》2016 年第 2 期，第 7 ~ 11 页。

根据宪法和法律制定环境资源行政法规，编制和执行包括环境资源保护内容的国民经济和社会发展计划及国家预算。县级以上地方各级人民政府，依照法律规定的职责和权限管理本行政区域内的环境资源保护工作。国务院环境保护行政主管部门，对全国环境保护工作实施统一监督管理，县级以上地方人民政府环境保护行政主管部门，对本辖区的环境保护工作实施统一监督管理。《环境保护法》明确规定了以各级人民政府的环境保护行政主管部门为主的管理体制，但为避免地方政府面对经济发展与环境监察之间的抉择与矛盾，"'十三五'规划纲要"提出："实行省以下环保机构监测监察执法垂直管理制度，探索建立跨地区环保机构，推行全流域、跨区域联防联控和城乡协同治理模式。"

中国环境治理与生态修复的领导特色在于，拥有一个自主和主动寻求生态创新的马克思主义执政党，执政党把生态文明作为治国理念在当今世界处于领先地位，"中国共产党不仅先后提出了生态文明、绿色化、绿色发展等理论创新概念并将之转化为国家战略，而且明确将'中国共产党领导人民建设社会主义生态文明'的内容写入了党章，提出了实现生态文明领域的国家治理体系和治理能力现代化的重要任务。这本身就是绿色制度创新的典范。"根据我国实际，结合国际经验，我国形成了党委领导、政府主导、社会协同、公众参与、法治保障的生态治理体制。[①]

更令世界瞩目的是，党的十八大提出将生态文明建设融入经济、政治、文化与社会的全过程的"五位一体"总体布局，十八届三中全会提出基于源头治理、制度治理和系统治理的新思想，用绿色化统领五化建设，充分说明中国环境治理不仅吸纳了国际先进治理经验，而且建基于中国传统文化与生态智慧，克服了头疼治头、脚痛治脚的西医治理思路，更加注重源头治本、整

① 张云飞：《试论中国特色生态治理体制现代化的方向》，载于《山东社会科学》2016年第6期，第5～11页。

体思维和综合治理，体现出浓厚的中国特色和东方智慧。中国的环境治理与生态修复道路，既是全球化时代应对复合型环境挑战之路，也是风险社会背景下世界上最大发展中国家谋求现代化的突围之路，更是社会主义国家实现国家富强与人民幸福的前进之路，是中国共产党以改革创新精神引领自上而下的顶层设计与社会基层自下而上探索生态环境治理与政策革新相结合的中国特色社会主义自我创新、自我改革之路。

中华人民共和国国务院是最高国家行政机关，组织审议和通过关于环境保护和生态治理的重要国家政策和国家战略。1949 年以后，国家制定了很多关于环境保护和生态修复的法律法规和政策法规，也成立了有关环境保护管理部门。联合国环境与发展大会 1992 年通过《生物多样性公约》，将 2010 年定为“联合国生物多样性年”，继而将 2011 ~ 2020 年定为“联合国生物多样性十年”。为了应对联合国生物多样性保护行动、加强我国生物多样性研究和保护工作，我国在 1993 年建立了以环境保护部门牵头的国家生物多样性保护协调机制，1995 ~ 1997 年开展“中国生物多样性国情研究”，2007 ~ 2010 年编制《中国生物多样性保护国家战略与行动计划（2011 ~ 2030 年）》，2011 年建立了由国务院 26 个相关部门组成的“中国生物多样性保护国家委员会”。

1952 年 10 月，周恩来总理签发《关于发动群众继续开展防旱抗旱运动并大力推行水土保持工作的指示》，提出应在山区丘陵和高原地带有计划地封山、造林、种草和禁开陡坡，以涵养水源和巩固表土。1957 年，国务院颁布《中华人民共和国水土保持暂行纲要》，规定陡坡地应改为修梯田或退耕还林种草。改革开放之后，国务院审议通过了一系列环境保护和生态修复的政策文件。1983 年 12 月 29 日发布《中华人民共和国海洋石油勘探开发环境保护管理条例》；1985 年 3 月 6 日发布《中华人民共和国海洋倾废管理条例》；1989 年 12 月 26 日通过《中华人民共和国城市规划法》；1991 年 6 月公布《中华人民共和国水土保持法》；1993 年 12 月 25 日发布《中华人民共和国资源税暂行条例》；2001 年发布《国务院关于加强国有土地资产管理的通知》；2002 年 8 月 29 日通过《中华人民共和国水法》；2002 年 10 月 28 日通过《中华人民共和国环境影响评价法》（2003 年 9 月 1 日起施行）；2002 年 12 月颁布《退耕还林条例》，并于 2003 年 1 月 20 日正式实施，开启了把退耕还林还草作为一项生态修复与重建的重大工程和国策来实施。2002 年 12 月 28 日修订了《中华人民共和国草原法》《中华人民共和国农业法》；2002 年下发了《关于进一步做好退耕还林还草工作的若干意见》《国务院关于进一步完善退耕还林政策措施的若干意见》，加强对退耕还林试点工作的指导。2005 年颁布《中华人民共和国森林法（修正）》《中华人民共和国森林法实施条例》《国务院关于全面整顿和规范矿产资源开发秩序的通知》、新《中华人民共和国环境保护法》（原 1989 年 12 月 26 日颁布）；2006 年公布《国务院办公厅关于规范国有土地使用权出让收支管理的通知》；2008 年 3 月公布《地质勘查资质管理条例》、4 月 1 日施行《中华人民共和国节约能源法》；2009 年 8 月 12 日通过《规划环境影响评价条例》，2009 年修订《中华人民共和国森林法》；等等。

2. 中国生态修复的管理机构与职能特点。

我国目前尚未设立独立的生态修复专门管理部门，相关的政策制定和执行、项目规划和实施等具体工作分属于中华人民共和国国务院下属的不同职能管理部门，如国家发展和改革委员会、环境保护部、国土资源部、水利部等，这些机构在环境治理与生态修复的管理职责具有交叉，也各有侧重。

（1）环境保护部：主管环境保护与生态修复的制度、管理与监督。

中华人民共和国环境保护部，现属于国务院组成部门。其前身是国家环境保护总局，是 1974 年 10 月成立的国务院环境保护领导小组近四十年来历经多次改革重组的产物。2008 年 3 月 27 日，国务院机构改革组建中华人民共和国环境保护部，标志着环保部门由国务院直属单位变为国务院的组成部分。环境保护部，除办公厅外，设立了规划财务司、政策法规司、环境监测司等 13 个内设机构。环境保护部所设各司局中承担主要环境管理职责的是政策法规司、科技标准司、污染物排放总量控制司、环境影响评价司、环境监测司、污染防治司、自然生态保护司、核安全管理司和环境监察局。除内设机构外，环境保护部在地方设立了“六大中心”和“六大站”，监督地方环境保护。“六大中心”按地域划分为华北、华东、华南、西北、西南、东北环境保护督查中心；“六大站”为华北、华东、华南、西南、东北、西北核与辐射安全监督站。督查中心的实际工作基本有执法督察（对辖区内环保部门执法情况的督察）、督办具体案件、流域督察、环保核查几项。①

新组建的环境保护部从宏观和微观两个层面对国家环境进行综合管理。宏观管理事项主要包括拟订国家环境保护的方针、政策和法规，负责建立健全环境保护基本制度、制定行政规章，对重大的经济技术政策、发展规划及重大经济开发计划进行环境影响评价，负责重大环境问题的统筹协调和监督管理、拟订环境保护规划，以及组织拟订和监督实施国家确定的重点区域、重点流域污染防治规划和生态保护规划，负责提出环境保护领域固定资产投资规模和方向、国家财政性资金安排的意见，按国务院规定权限，审批、核准国家规划内和年度计划规模内固定资产投资项目；承担从源头上预防、控制环境污染和环境破坏的责任。微观层面包括：落实国家减排目标的地方责任指导；协调和解决各地方、各部门及跨流域的重大环境污染问题；调查处理重大环境污

① 刘志勇：《大部制视域下中国环境管理体制分析》，载于《阅江学刊》2014 年第 2 期，第 29～37 页。

染事故和生态破坏事件；负责环境污染防治的监督管理；指导、协调、监督生态保护工作；负责核安全和辐射安全的监督管理；负责环境监测和信息发布，并配合有关部门做好组织实施和监督工作；负责环境督管理。

近年来，中国令世界瞩目的经济社会发展也伴随着日益严峻的环境污染态势，大气污染让民众遭遇十面“霾”伏，土壤污染开始威胁到国家的粮食安全，水体污染严重影响了饮用水质，不仅关系到中国经济社会的未来持续发展，而且影响中国民众的生活质量，也对崛起中的中国的国际形象造成非常不良的影响。环境污染治理刻不容缓，国家环保部举起“向污染全面宣战”的旗帜，带领全国人民打响了防治大气、水、土壤污染的“三大战役”，力图实现“蓝天”“碧水”“净土”的生态修复目标。党的十八大以来，党中央高度重视生态文明建设和环境保护工作，本届全国人大环境与资源保护委员会本着“该亮剑就亮剑，该断腕就断腕”的治理决心，配合人大常委会，全面修改了环境保护法、大气污染防治法、土壤污染防治法，正在修改水污染防治法，2017 年已在两会提请人大常委会进行审议。从而，不仅在环境领域确立了基础性、综合性的环境保护法，还为环境保护的“三大战役”，配齐了相应的专门法律，作为武器和保障。①

（2）国家林业局：负责重大生态修复工程的政策、项目、管理与评价。

国家林业局（原林业部），属于国务院直属机构，是制定生态修复政策法规、推进生态修复项目实施、管理和评价的重要职能部门。党的十八大提出，要实施重大生态修复工程，增强生态产品生产能力，推进荒漠化、石漠化、水土流失治理，扩大森

---

① 《全国人大环资委副主任委员袁驷谈防治环境污染三大战役》，和讯网，2017 年 3 月 11 日，http：//news. hexun. com/2017 - 03 - 11/188451021. html。

林、湖泊、湿地面积，保护生物多样性。我国生态修复任务十分艰巨，重大生态修复工程如今已经成为我国林业和生态建设的主战场。

为了开展我国森林、湿地和荒漠生态系统的结构和功能的综合研究，国家林业局从 20 世纪 50 年代末至 60 年代开始陆续建设陆地生态系统定位观察研究网络。2006 年成立以中国生态系统研究网络为基础的国家生态系统观测研究网络（CNERN），形成了由 1 个综合研究中心和 51 个野外生态站构成的跨部门联合网络平台，目前由中国森林生态系统定位观测研究网络（CFERN）、中国湿地生态系统定位观测研究网络（CWERN）、中国荒漠生态系统定位观测研究网络（CDERN）联合组成，已经在全国典型生态区建设各类生态站 113 个，旨在为提高生态系统的服务功能和国家宏观战略决策提供技术支撑。

为了推动林业现代化建设和林业改革发展，实现保护、改善与持续利用自然资源与环境的目的，国家林业局切实推进国有林区林场改革、造林绿化、资源保护、森林抚育、退耕还林、野生动植物保护、森林防火、林业有害生物防治等重点工作，根据生态学、林学及生态控制论原理，实施了生态保护型、生态防护型、生态经济型、环境改良型等多种类型的林业生态工程，启动了天然林保护、退耕还林、防沙治沙、湿地保护恢复、三北防护林、沿海防护林等 16 项重大生态修复工程，涉及森林、湿地、荒漠三大自然生态系统，约占国土面积的 63%，覆盖范围之广、建设规模之大、投资额度之巨，堪称世界之最。林业生态工程在环境保护和生态修复方面具有积极的作用：①通过森林水土保持的作用，防止水土流失；②防止荒漠化和沙漠化的扩大；③缓解水资源危机；④改善大气质量；⑤保护生物多样性；⑥减少噪声污染；⑦促进经济可持续发展（见表 2－2）。

表 2－2　　　　　　　林业重点生态工程建设情况

天然林资源保护工程	退耕还林工程	京津风沙源治理工程	三北及长江流域等重点防护林体系工程						野生动物植物保护及自然保护区建设工程
			三北防护林工程	长江流域防护林体系工程	沿海防护林体系工程	珠江流域防护林体系功能工程	太行山绿化工程	平原绿化工程	

资料来源：国家林业局：《2015 中国林业统计年鉴》，中国林业出版社 2016 年版，第 12～13 页。

（3）国土资源部：侧重国家自然资源保护和修复。

根据第十一届全国人民代表大会第一次会议批准的国务院机构改革方案和《国务院关于机构设置的通知》（国发〔2008〕11 号），设立国土资源部，为国务院组成部门。国土资源部下设 15 个司，除了办公厅、财务司、人事司等行政管理部门之外，其余的部门如政策规划司、调控检测司、规划司、耕地保护司、地籍管理司、土地利用管理司、地质勘查司、矿产开发管理司、矿产资源储量司、地质环境司、执法监察局、科技与合作司等都与环境保护和生态修复具有直接关联。国土资源部的环境保护和生态修复职责主要体现在：保护、合理利用、优化土地资源、矿产资源、海洋资源等自然资源，规范国土资源管理秩序、市场秩序，保护全国耕地，保护和修复地质环境等。

国土资源部发布了矿产资源、土地管理、地质环境、海洋管理等不同自然资源管理的政策文件。通过对矿产资源类政策文件有：《中华人民共和国矿产资源法》（1986 年 3 月 19 日第六届全国人民代表大会常务委员会第十五次会议通过。根据 1996 年 8 月 29 日第八届全国人民代表大会常务委员会第二十一次会议《关于修改〈中华人民共和国矿产资源法〉的决定》修正）；《矿产资源补偿费征收管理规定》（自 1994 年 4 月 1 日起施行）；

《矿产资源规划编制实施办法》（自 2012 年 12 月 1 日起施行）；2014 年 11 月 17 日印发《地质矿产调查评价专项项目管理办法》；2015 年 9 月 29 日印发《矿业权人勘查开采信息公示办法（试行）》；《保护性开采的特定矿种勘查开采管理暂行办法》（2010 年 1 月 1 日起施行）。国家海洋局印发的海洋管理政策法规有：2011 年 1 月印发《海洋行政执法档案管理规定》。2011 年 5 月印发《国家海洋调查船队管理办法（试行）》，2011 年 8 月研究制定了《海洋倾废记录仪管理规定》、编制了《无居民海岛保护和利用指导意见》和《无居民海岛用岛区块划分意见》；2012 年 11 月制定了《全国海洋意识教育基地管理暂行办法》；2016 年 6 月制定了《海洋标准化管理办法》；2016 年 2 月 26 日通过《中华人民共和国深海海底区域资源勘探开发法》。地质环境管理方面的政策法规有：《矿山地质环境保护规定》（2009 年 3 月 2 日中华人民共和国国土资源部令第 44 号公布，根据 2015 年 5 月 6 日国土资源部第 2 次部务会议《国土资源部关于修改〈地质灾害危险性评估单位资质管理办法〉等 5 部规章的决定》修正）；2010 年 1 月国土资源部印发《地质勘查资质监督管理办法》。国土资源部还制定了其他综合管理文件：经国务院批准，农牧渔业部 1987 年 10 月 19 日发布《中华人民共和国渔业法实施细则》和《土地储备管理办法》；1999 年 2 月 24 日国土资源部第 4 次部务会议通过《土地利用年度计划管理办法》，并先后于 2004 年 10 月 29 日、2006 年 11 月 20 日、2016 年 5 月 10 日进行了三次修订；2011 年通过《国土资源部关于进一步推进依法行政实现国土资源管理法治化的意见》（国土资发〔2011〕186 号）；2014 年 4 月 10 日审议通过《国土资源行政处罚办法》；2009 年 10 月印发《国土资源标准化管理办法》（国土资发〔2009〕136 号）。

（4）水利部：侧重水资源保护与生态修复。

2015 年以来，国家发展改革委、水利部、住房城乡建设部共同组织编制了《水利改革发展“十三五”规划》。《水利改革发展“十三五”规划》是“十三五”水利改革发展的顶层设计，是指导今后五年水利改革发展的重要依据。2017 年 2 月，为落实《国务院关于全国重要江河湖泊水功能区划（2011 ~ 2030 年）的批复》《中共中央办公厅　国务院办公厅关于全面推行河长制的意见》等文件要求，全面加强水功能区监督管理，有效保护水资源，保障水资源的可持续利用，推进生态文明建设，依据《中华人民共和国水法》《中华人民共和国水污染防治法》等法律法规，水利部对《水功能区管理办法》进行了修订，并更名为《水功能区监督管理办法》。水利部的生态修复和环境保护职责主要是负责水资源保护工作，核定水域纳污能力，提出限制排污总量建议，开展水土流失的防治、项目监督、验收工作。

“十二五”期间，水利部在生态修复方面的进展主要是：制定并落实水资源开发利用控制、用水效率控制、水功能区限制纳污“三条红线”，建立水资源管理责任制，开展最严格水资源管理制度考核工作。制定南水北调东中线一期工程水量调度方案并启动水量调度工作，继续推进黄河、黑河、塔里木河、石羊河等重点流域水量统一调度。制定《全国重要江河湖泊水功能区划》，完成全国重要水功能区纳污能力核定，提出了限制排污总量意见。“十三五”时期（见表 2 – 3），水利部在生态修复方面的指导思想是：以江河流域系统整治和水生态保护修复为着力点，把山水林田湖作为一个生命共同体，以流域为单元强化整体保护、系统修复、综合治理，协调解决水灾害、水资源、水环境、水生态等问题，大力推进水生态文明建设。主要目标是：到 2020 年，基本建成与经济社会发展要求相适应的防洪抗旱减灾体系、水资源合理配置和高效利用体系、水资源保护和河湖健康保障体系、有利于水利科学发展的制度体系，水利基础设施网络进一步完善，水治理体系和水治理能力现代化建设取得重大进展，国家水安全保障综合能力显著增强。水生态环境保护方面，全国重要江河湖泊水功能区水质达标率达到80%以上。河湖生态环境水量基本保障，河湖水域面积不减少，水生态环境状况明显改善。新增水土流失综合治理面积27万km^2。地下水超采得到严格控制，严重超采区超采量得到有效退减。

表2－3　　　　“十三五”水利发展主要指标

序号	指标	“十二五”规划指标	“十二五”末完成	“十三五”规划指标	备注
1	洪涝灾害年均损失率（%）	—	（0.4）	（<0.6）	预期性
2	干旱灾害年均损失率（%）	—	（0.15）	（<0.8）	预期性
3	用水总量控制（亿立方米）	[6 350]	[6 350]	[6 700]	约束性
4	万元国内生产总值用水量下降（%）	—	31	23	约束性
5	万元工业增加值用水量下降（%）	30	35	20	约束性
6	农田灌溉水有效利用系数	[0.53]	[0.532]	[0.55]	预期性
7	水利工程新增年供水能力（亿立方米）	400	380	270	预期性
8	农村自来水普及率（%）	—	[76]	[80]	预期性
9	农村集中式供水人口比例（%）	—	[82]	[85]	预期性
10	新增农田有效灌溉面积（万亩）	4 000	7 500	3 000	预期性
11	新增高效节水灌溉面积（万亩）	5 000	12 000	10 000	预期性
12	新增小水电装机容量（万千瓦）	1 000	1 400	500	预期性
13	新增水土流失综合治理面积（万平方公里）	25	26.6	27	预期性
14	重要江河湖泊水功能区水质达标率（%）	—	[68]	[80]	约束性

续表

序号	指标	“十二五”规划指标	“十二五”末完成	“十三五”规划指标	备注
15	城镇和工业用水计量率（%）	—	[70]	[85]	预期性
16	农业灌溉用水计量率（%）	—	[55]	[70]	预期性

注：①指标带（）为5年平均值，带［］为期末达到数，其余为5年累计数。

②重要江河湖泊水功能区水质评价指标包括COD、氨氰两项。

③城镇和工业用水计量率是指有计量设施的取水量占城镇和工业用水总取水量比例，农业灌溉用水计量率是指大型灌区和重点中型灌区有计量设施的农业取水口灌溉取水量占总取水量的比例。

资料来源：《水利改革发展“十三五”规划》，中华人民共和国水利部，2016年12月27日，http://www.mwr.gov.cn/zw/ghjh/201702/t20170213_856117.html.

（5）国家发改委：宏观调控和组织协调资源、环境与气候变化问题。

中华人民共和国国家发展和改革委员会（National Development and Reform Commission，国家发改委），作为国务院的职能机构，是综合研究拟订经济和社会发展政策，进行总量平衡，指导总体经济体制改革的宏观调控部门。其下属的“资源节约和环境保护司”“应对气候变化司”职能部门更是与生态环境治理可谓息息相关。资源节约和环境保护司的主要职责是：综合分析经济社会与资源、环境协调发展的重大战略问题；组织拟订能源资源节约和综合利用、发展循环经济的规划和政策措施并协调实施，参与编制环境保护规划；协调环保产业和清洁生产促进有关工作；组织协调重大节能减排示范工程和新产品、新技术、新设备的推广应用；承担国家应对气候变化及节能减排工作领导小组有关节能减排方面的具体工作。应对气候变化司的主要职责是：综合分析气候变化对经济社会发展的影响，组织拟订应对气候变化重大战略、规划和重大政策；牵头承担国家履行联合国气候变化框架公约相关工作，会同有关方面牵头组织参加气候变化国际谈判；协调开展应对气候变化国际合作和能力建设；组织实施清洁发展机制工作；承担国家应对气候变化及节能减排工作领导小组有关应对气候变化方面的具体工作。国家发改委经常联合环保部、住房建设部等各大部委联合发布资源节约、环境保护和生态修复的相关文件和法令，涵括污水处理、土壤治理、大气污染等领域的政策制定、技术和工程项目。

国家发改委的很多重点工作都属于环境治理和生态修复的范畴，包括：严格控制高耗能、高排放和产能过剩行业新上项目，推动传统产业结构优化升级改造，加大重污染企业搬迁改造力度；加快环保重点工程建设，落实《国家环境保护“十二五”规划》和《全国重金属污染综合防治“十二五”规划》，安排中央预算内投资约280亿元，支持城镇生活污水垃圾处理设施、重金属污染防治、重点流域水环境整治、尾矿库隐患综合治理工程项目建设。组织实施重大环保技术装备产业化示范工程，提高重金属污染防治、PM2.5排放控制、烟气净化及污水膜处理等技术装备水平。推进污染治理设施专业化、市场化运营，加大污水处理费征收力度，改革垃圾处理费征收方式等。①

专栏4：2016年国家发改委联合各大部委

发布生态文明建设的若干法规文件

根据中共中央办公厅、国务院办公厅关于印发《生态文明建设目标评价考核办法》的通知（厅字〔2016〕45号）要求，国家发展改革委、国家统计局、环境保护部、中央组织

① 《赵家荣副秘书长在“全国整治违法排污企业保障群众健康环保专项行动电视电话会议”上的讲话》，2012年3月20日，http://hzs.ndrc.gov.cn/newhjbh/201203/t20120322_468854.html。

部制定了《绿色发展指标体系》和《生态文明建设考核目标体系》，作为生态文明建设评价考核的依据。

为贯彻落实《中华人民共和国国民经济和社会发展第十三个五年规划纲要》关于推动海水淡化规模化应用的要求，促进海水利用健康、快速发展，国家发展改革委、国家海洋局组织编制了《全国海水利用“十三五”规划》。

为贯彻《中华人民共和国国民经济和社会发展第十三个五年规划纲要》文件精神、落实《中共中央　国务院关于加快推进生态文明建设的意见》《国务院关于实行最严格水资源管理制度的意见》《水污染防治行动计划》要求，国家发展改革委、水利部、住房城乡建设部2017年1月组织编制了《节水型社会建设“十三五”规划》。

为进一步加强和规范城镇污水垃圾处理设施建设专项中央预算内投资项目管理，提高中央资金使用效益，推进中央预算内投资管理制度化、规范化、科学化，国家发改委研究制定了《城镇污水垃圾处理设施建设中央预算内投资专项管理办法》。

根据《中共中央　国务院关于加快推进生态文明建设的意见》（中发〔2015〕12号）、2015年《政府工作报告》和《国务院关于加快发展节能环保产业的意见》（国发〔2013〕30号），国家发改委推进开展生态文明先行示范区建设。

根据《国家发展改革委　财政部关于印发〈国家“城市矿产”示范基地中期评估及终期验收管理办法〉和〈园区循环化改造示范试点中期评估及终期验收管理办法〉的通知》（发改环资〔2015〕2409号）规定，国家发展改革委、财政部决定开展2017年国家园区循环化改造示范试点、“城市矿产”示范基地终期验收和资金清算工作。

为进一步加强和规范城镇污水垃圾处理设施建设专项中央预算内投资项目管理，提高中央资金使用效益，推进中央预算内投资管理制度化、规范化、科学化，国家发改委研究制定了《城镇污水垃圾处理设施建设中央预算内投资专项管理办法》。

国家发展改革委等9部委，根据《中共中央、国务院关于加快推进生态文明建设的意见》中关于严守资源环境生态红线的部署要求，联合发布《关于加强资源环境生态红线管控的指导意见》，推动建立红线管控制度，明确了加强红线管控的总体要求、基本原则、管控内涵、指标设置、管控制度和组织实施。

第三章

中国生态修复进展如何

党中央、国务院高度重视生态环境保护工作。“十二五”以来，坚决向污染宣战，全力推进大气、水、土壤污染防治，持续加大生态环境保护力度，生态环境质量有所改善，完成了“十二五”规划确定的主要目标和任务。“十三五”期间，经济社会发展不平衡、不协调、不可持续的问题仍然突出，多阶段、多领域、多类型生态环境问题交织，生态环境与人民群众需求和期待差距较大，提高环境质量，加强生态环境综合治理，加快补齐生态环境短板，是当前核心任务。

——《“十三五”生态环境保护规划》

建设生态文明，必须建立系统完整的生态文明制度体系，实行最严格的源头保护制度、损害赔偿制度、责任追究制度，对造成生态环境损害的责任者严格实行赔偿制度，依法追究刑事责任。

——《中共中央关于全面深化改革若干重大问题的决定》

习近平总书记多次强调，“绿水青山就是金山银山”“要坚持节约资源和保护环境的基本国策”“像保护眼睛一样保护生态环境，像对待生命一样对待生态环境”。李克强总理多次指出，要加大环境综合治理力度，提高生态文明水平，促进绿色发展，下决心走出一条经济发展与环境改善双赢之路。党的十八大以来，党中央、国务院高度重视生态文明建设，把生态文明建设摆在更加重要的战略位置，纳入中国特色社会主义“五位一体”总体布局，上升为国家战略，并作出一系列重大决策部署，出台《生态文明体制改革总体方案》，把发展观、执政观、自然观内在统一起来，融入执政理念、发展理念中，生态文明建设的认识高度、实践深度、推进力度前所未有，大力实施大气、水、土壤污染防治行动计划，在环境污染治理和生态修复领域取得显著成效。

一、生态修复制度建设深度推进

环境立法是有关国家机关依照法定程序，制定、认可、修改、补充或废止各种有关环境保护和改善、自然资源开发和保育、公害污染防治等规范性法律文件活动的总称，又称为生态文明立法。我国是世界上最早的环境资源立法国家，但近代以来环境资源立法整体上落后于西方国家。我国环境立法与西方环境立法一样，经历了从无到有、从局部到整体、从生态环境救济到可持续发展的环境立法过程。新中国成立之后环境资源立法经历了起步、艰难发展和快速发展阶段；改革开放以来，我国环境政策经过了基本国策、可持续发展战略、科学发展观、生态文明的发展历程，基本形成了以环境经济政策、环境技术政策、环境社会政策、环境行政政策、国际环境政策等为主体的环境政策体系。

目前中国环境法已经构建起了以《宪法》中关于环境保护的规定为基础，以环境基本法和一系列生态保护与污染防治单行法为主干，以及数量庞大的各种行政法规、地方性法规和具有规范性的环境标准为支干的完整体系，环境法已经成为独立的法律部门。“环境立法是人类通过法律实现生态环境保护的起点，是更新环境保护价值理念的过程，也是人与自然关系法律化的过程，更是生态文明理念在法律实践渗透从而实现环境法制的过程。”当前我国环境法律与政策正处于历史性“整体性转型”过程，生态文明建设更是对现行环境法律与政策提出了新的要求。[①]

自党的十七大提出建设生态文明的号召，党的十八届三中全会又再一次强调，加快生态文明制度建设，完善环境治理和生态修复制度，用制度保护生态环境，生态修复立法的理念渐入人心。习近平 2015 年 7 月 1 日下午主持召开中央全面深化改革领导小组第十四次会议强调，现在我国发展已经到了必须加快推进生态文明建设的阶段。生态文明建设是加快转变经济发展方式、实现绿色发展的必然要求。要立足我国基本国情和发展新的阶段性特征，以建设美丽中国为目标，以解决生态环境领域突出问题为导向，明确生态文明体制改革必须坚持的指导思想、基本理念、重要原则、总体目标，提出改革任务和举措，为生态文明建设提供体制机制保障。深化生态文明体制改革，关键是要发挥制度的引导、规制、激励、约束等功能，规范各类开发、利用、保护行为，让保护者受益、让损害者受罚。[②] 近年来，党中央和政府全面推进环境保护和生态修复的制度建设，建立了较为完备的法律法规体系。

（一）法治化建设阔步前进

1979 年《环境保护法（试行）》的正式颁布，标志着中国环

---

① 沈满洪、谢慧明、余冬筠：《生态文明建设：从概念到行动》，中国环境出版社 2014 年版，第 37 ~ 38 页。

② 习近平：《生态文明体制改革要让保护者受益损害者受罚》，中国青年网，2015 年 7 月 1 日，http：//news. youth. cn/sz/201507/t20150701_6813226. htm。

境保护开始走向规范化和法制化。此后，国家制定了《水法》《水污染防治法》《大气污染防治法》《海洋环境保护法》《森林法》《草原法》《野生动物保护法》等重要的环境资源法律，制定并及时修订了《土地管理法》等环境资源法律。改革开放近四十年来，我国环境法律体系建设成就显著。2014 年 4 月 24 日第十二届全国人民代表大会常务委员会第八次会议修订的《中华人民共和国环境保护法》，新增了生态修复的内容。新《环境保护法》第三十二条规定："国家加强对大气、水、土壤等的保护，建立和完善相应的调查、监测、评估和修复制度。"这是我国环境保护法律规范中首次提及生态修复制度，对于我国加强生态修复工程建设，从而有效保护自然生态环境、降低自然灾害的发生率、减轻自然环境损失后果以及灾后科学规划与重建具有非常重要的现实意义，有利于我国经济、社会、生态的协调发展。

1. 专门性环境法律法规建设全面推进①。

尽管我国还缺乏国家层面的生态修复法规制度，但在土壤、森林、草原、湿地、水域、矿产资源等领域出台了很多专门性和地方性的环境保护和生态修复法律法规。

（1）土壤修复的法治化建设。

我国土壤环境保护工作的发展历程如图 3－1 所示。

改革开放后，国家逐步重视土壤修复问题。1988 年国务院颁布《土地复垦规定》，第四条确立了土地复垦实行"谁破坏、谁复垦"的原则，原则性地规定了土地复垦方式、复垦经费及法律责任。2011 年废止《土地复垦规定》，颁布《土地复垦条例》，在肯定"谁损毁，谁复垦"原则的同时，对生产建设活动损毁土地、历史遗留损毁土地、自然灾害损毁土地的形成原因、复垦义务人、责任主体进行了明确区分，确立了不同类型土地复垦的

① 以下四部分专门性生态修复法规法制建设，参见徐志群：《我国生态修复立法研究》，湘潭大学硕士论文，2015 年，第 15～19 页。

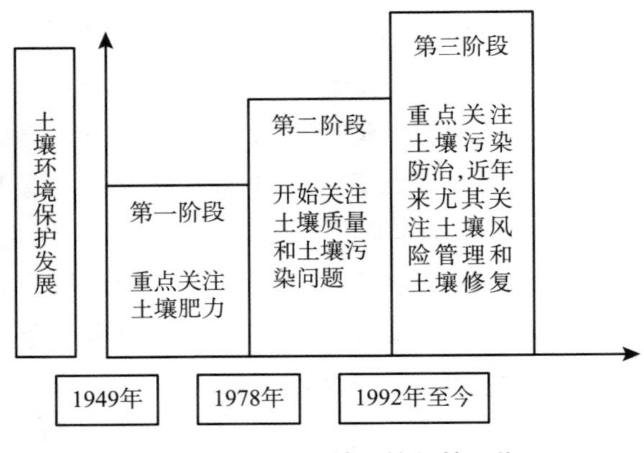

图3-1　我国土壤环境保护工作

方式、经费来源、验收程序和激励措施。随后，国土部颁布《土地复垦条例实施办法》，对《土地复垦条例》的有关规定进一步细化。2013年实行《土地复垦质量控制标准》，区分土地用途（林地、耕地、园地、草地和其他用途），明确了不同的基本指标和复垦质量控制标准，从而使我国土地复垦方面的法律制度渐趋完备。国家层面上出台了三个有关土壤污染生态修复的规范性文件，即《关于切实做好企业搬迁过程中环境污染防治工作的通知》（环办〔2004〕47号）、《关于加强土壤污染防治工作的意见》（环发〔2008〕48号）和《关于保障工业企业场地再开发利用环境安全的通知》（环发〔2012〕140号），对污染土地的生态修复具有可操作性的指导意义。

与此同时，各地方政府根据土地污染的实际情况和土地修复的需要，纷纷制定出台了相关的地方性法规和配套技术标准，如2006年浙江省实施《浙江省固体废物污染环境防治条例》，2007年沈阳市环保局和国土资源局联合印发《沈阳市污染场地环境治理及修复管理办法（试行）》（沈环保〔2007〕87号），2008年重庆市政府印发《关于加强我市工业企业原址污染场地治理修复工作的通知》；2014年山西省颁布实施《山西省土地整治条例》，

2015 年四川省国土资源厅和四川省财政厅联合颁布《四川省土地整治项目和资金管理办法》，2015 年青海省国土资源厅也颁布了《青海省土地整治项目管理办法》（1 月 26 日）。这些地方性立法极大地丰富了我国土地修复法律制度，为各地方土地整治和生态修复工程有序推进提供了良好的制度保障。

2015 年 11 月公布的《国家环境保护“十三五”科技发展规划》（征求意见稿）指出，土壤地下水污染防治领域中央预计投入将达 30 亿元，占到中央环保科技预计总投入的 10%。2016 年 5 月 28 日国务院印发《土壤污染防治行动计划》，坚持预防为主、保护优先、风险管控，突出重点区域、行业和污染物，实施分类别、分用途、分阶段治理，严控新增污染、逐步减少存量，形成政府主导、企业担责、公众参与、社会监督的土壤污染防治体系，促进土壤资源永续利用。其工作目标是，到 2020 年，全国土壤污染加重趋势得到初步遏制，土壤环境质量总体保持稳定，农用地和建设用地土壤环境安全得到基本保障，土壤环境风险得到基本管控。到 2030 年，全国土壤环境质量稳中向好，农用地和建设用地土壤环境安全得到有效保障，土壤环境风险得到全面管控。到 21 世纪中叶，土壤环境质量全面改善，生态系统实现良性循环。主要指标：到 2020 年，受污染耕地安全利用率达到 90% 左右，污染地块安全利用率达到 90% 以上。到 2030 年，受污染耕地安全利用率达到 95% 以上，污染地块安全利用率达到 95% 以上。

2017 年 2 月，《全国土地整治规划（2016～2020 年）》（以下简称《规划》）正式颁布实施。《规划》指出，我国自然生态系统脆弱，土地退化和污染严重，资源环境承载能力面临巨大压力。其中，全国水土流失面积和荒漠化土地面积约占陆地国土面积 31% 和 30%，耕地退化面积占耕地总量 40% 以上，每年因自然灾害和生产建设活动损毁土地约 400 万亩。《规划》明确了“十三五”期间土地整治的主要任务，包括：藏粮于地，推进高标准农田建设；加强耕地数量质量保护；加大土地复垦和土地生态整治力度。预计到2020年，“十三五”时期全国共同确保建成4亿亩、力争建成6亿亩高标准农田，其中通过土地整治建成2.3亿~3.1亿亩，经整治的基本农田质量平均提高1个等级。通过土地整治补充耕地2 000万亩，通过农用地整理改造中低等耕地2亿亩左右。

（2）森林和草原生态修复立法。

传统的森林草原法往往着眼于对森林和草原的开发、管理与合理利用，甚少关注到生态修复层面，也缺少相关的法律规定。关于森林生态修复，我国还没有专门的法律条款。1984年颁布并沿用至今的《森林法》，仅仅是对滥伐、盗伐林木的行为规定了相应的行政责任以及刑事责任，并没有具体可操作性的林木恢复的规定。改革开放以来，森林减少，水土流失严重，旱涝灾害频发，特别是1997年黄河断流和1998年长江洪水促使我国政府更加重视造林绿化工作。2000年国家林业局和国家计委、财政部共同下发《关于2000年长江上游、黄河中上游地区退耕还林还草试点示范工作的通知》，标志着退耕还林政策在中国正式实施。2000年《森林法实施条例》确立了利用森林要“保护生态环境和促进经济可持续发展”的原则。2002年国务院审议通过中国《退耕还林条例》，标志着中国退耕还林完成了公共政策法律化程序。2002年国家财政部、国家林业局联合颁布了《森林植被恢复费征收使用管理暂行办法》（财综〔2002〕第73号），是我国第一个关于森林生态修复经费制度的规定，对征用、占用林地单位按规定预缴森林植被恢复费，专款专用于林业主管部门组织的植树造林、恢复森林植被。2003年国务院颁布了《退耕还林条例》，规定对于水土流失严重、沙化、盐碱化、石漠化严重的耕地，必须有计划地进行退耕还林，同年国家财政部制定了《退耕还林工程现金补助资金管理办法》，国家林业局制定了《造林质量管理暂行办法》（林造发〔2002〕92号），以保障退耕还林工程的顺利实施。2003 年国务院发布《关于加快林业发展的决定》，首次提出坚持“生态效益优先，生态效益、经济效益和社会效益相统一”的基本林业发展方针，指明了我国林业生态保护的基本目标。各地方针对森林保护制定了相应的立法和政策规定，典型的如《北京市森林资源保护管理条例》《甘肃省林地保护条例》。

1985 年颁布实施的《草原法》缺失有关草原生态修复方面的规定，2002 年修订的《草原法》明确了草原规划和利用应遵循“改善生态环境，维护生物多样性，促进草原的可持续利用”原则，做到“生态效益、经济效益、社会效益相结合”，还要求各级政府针对退化、沙化、盐碱化、石漠化和水土流失的草原，组织专项治理，要分程度、有计划、有步骤地退耕还草或者“实行禁牧、休牧制度”。2002 年，国务院颁布了《关于加强草原保护与建设的若干意见》（国发〔2002〕19 号），要求“实现草畜平衡制度，并且因地制宜推行划区轮牧、休牧和禁牧制度”，正式批准西部 11 个省份实施退牧还草决策，提倡转变草原畜牧业的经营方式，把草原生态环境保护与修复提到议事日程。2004 年水利部和农业部联合发布了《关于加强水土保持生态修复促进草原保护与建设的通知》，该通知从抓紧制定生态修复计划、推广先进技术、完善政策法规、加大执法力度等层面对加强草原保护，促进草原生态修复和防止水土流失提出了具体要求。2011 年农业部、财政部颁布《关于 2011 年草原生态保护补助奖励机制政策实施的指导意见》（农财发〔2011〕85 号），其政策目标全面推行禁牧、休牧、轮牧和草畜平衡制度，使得全国草原生态总体恶化的趋势得到控制，同年，国家发改委、财政部、农业部联合印发《关于完善退木还草政策的意见》通知，进一步完善退牧还草政策的重要举措。此外，地方性草原生态保护立法比较有代表性的有《黑龙江省草原条例》《甘肃省草原条例》《甘肃草原禁牧办法》《内蒙古自治区基本草牧场保护条例》。

（3）湿地和水域生态修复立法。

在水资源管理方面，党的十八大报告强调，把生态文明建设放在突出地位，实现生态空间山清水秀；党的十八届三中全会提出，加快建立生态文明制度，实现河湖休养生息；中央城镇化工作会议要求，尊重自然、顺应自然，慎砍树、不填湖、少拆房，让居民望得见山、看得见水、记得住乡愁。2008 年中华人民共和国第十届全国人民代表大会常务委员会第三十二次会议通过《中华人民共和国水污染防治法》。2010 年 12 月 25 日中华人民共和国第十一届全国人民代表大会常务委员会第十八次会议通过《中华人民共和国水土保持法》。2011 年“中央一号文件”和中央水利工作会议提出，到 2020 年基本建成河湖健康保障体系。2014 年 1 月水利部印发的《水利部关于深化水利改革的指导意见》，将建立严格的河湖管理与保护制度作为深化水利改革的一项重要任务。2014 年印发《关于加强河湖管理工作的指导意见》，提出牢固树立以人为本、人与自然和谐的理念，尊重河湖自然规律、维护河湖生命健康，建立完善河湖管理体制机制，努力实现河湖水域不萎缩、功能不衰减、生态不退化。将根据河湖生态环境修复成本，以及“谁破坏、谁赔偿”的原则，研究建立河湖资源损害赔偿和责任追究制度。根据党的十八届三中全会“实行资源有偿使用制度和生态补偿制度”的要求，建立占用水域补偿制度。[①] 2016 年 11 月，中共中央办公厅、国务院办公厅联合印发《关于全面推行河长制的意见》，要求以保护水资源、防治水污染、改善水环境、修复水生态为主要任务，全面建立省、市、县、乡四级河长体系，构建责任明确、协调有序、监管严格、保护有力的河湖管理保护机制，为维护河湖健康生命、实现河湖功能永续利用提供制度保障。2016 年 12 月，经国务院同

---

① 孙继昌解读水利部《关于加强河湖管理工作的指导意见》，2014 年 3 月 21 日，http：//www. mwr. gov. cn/zwzc/zcfg/jd/201403/t20140321_552435. html。

意，国家发展改革委、水利部、住房城乡建设部联合印发了《水利改革发展“十三五”规划》，提出以江河流域系统整治和水生态保护修复为着力点，把山水林田湖作为一个生命共同体，大力推进水生态文明建设。

由于我国引入湿地的概念较晚，所以最初并没有全国性的针对湿地保护、利用和管理的专门法律。但是，出于湿地保护工作的现实需要，各地方结合本地情况进行了本区域的湿地保护地方立法。第一个有关湿地保护的地方性立法《黑龙江省湿地保护条例》（2003 年 8 月 1 日颁布实施，2010 年进行了修订），随后，甘肃（2004 年）、湖南（2005 年）、广东（2006 年）、内蒙古（2007 年）、四川（2010 年）、吉林（2011 年）、云南（2013 年）等省（区）也纷纷制定并实施省级湿地保护条例，对湿地资源的可持续利用原则、生态修复、污染治理、生态补偿等方面作了政策性规定，这些地方性立法为我国湿地生态保护和修复的实践奠定了法律基础。2013 年 5 月 1 日，国家林业局颁布实施的《湿地保护管理规定》，是我国第一个全国性的湿地保护的部门规章，确定了对湿地实行“保护优先、科学恢复、合理利用、持续发展”的方针。

我国关于水域生态修复的法律规范不多。我国《水法》第三十一条规定了“因违反规划造成江河和湖泊水域使用功能降低、地下水超采、地面沉降、水体污染的，应当承担治理责任”的原则性条款。除此之外，只是在《海洋环境保护法》（2014 年修订版）、《自然保护区条例中》《渔业法》《水污染防治法》中分散涉及水域生态保护、整治修复的规定。地方性立法较为典型的有《湖南省湘江保护条例》（2013 年）、《广州市流溪河保护条例》（2014 年）。

（4）矿产资源区域生态修复立法。

我国现有矿产资源区域生态修复的立法，主要集中在《环境保护法》（2014 年修订）、《矿产资源法》《矿山地质环境保护规定》等法律规定，对矿区生态修复、矿产资源开发以及开发后的修复责任做了相应的规定。比如《环境保护法》第三十条规定："开发利用自然资源，应当合理开发，保护生物多样性，保障生态安全，依法制定有关生态保护和恢复治理方案并予以实施。引进外来物种以及研究、开发和利用生物技术，应当采取措施，防止对生物多样性的破坏。"《矿产资源法》第三十二条规定："开采矿产资源，应当节约用地。耕地、草原、林地因采矿受到破坏的，矿山企业应当因地制宜采取复垦利用，植树种草或者其他利用措施"。《矿山地质环境保护规定》（2009 年）第三章初步确立了矿山环境治理恢复的法律制度，一是明确申请采矿许可证必须有矿山地质环境保护与治理恢复方案，并且报有批准权的国土资源行政主管部门批准；二是规定因开采矿产资源造成矿山地质环境破坏的，由采矿人负责治理恢复；三是确立了采矿人应当缴存矿山地质环境治理恢复保证金，且数额不得低于矿山地质环境质量恢复所需费用，该费用在采矿权人履行了矿山地质环境治理恢复义务后，按履行情况返还相应额度的保证金和利息。该《规定》为我国矿区地质环境的修复实践提供了较为具体的法律依据。

此外，各地也相应出台地方法规、政府规章及规范性文件。比如湖南省国土资源厅在 2004 年颁布实施了《湖南省矿山地质环境恢复治理验收办法（试行)》和《湖南省矿山地质环境恢复治理验收标准（试行)》，2013 年又提出《关于改进矿山地质环境保护与恢复治理工作的通知》，对矿山开发和生态修复做了规定。2001 年湖北省人大常委会通过《湖北省地质环境管理条例》，2009 年湖北省国土资源厅颁布实施了《湖北省矿山地质环境保护规定》，2011 年湖北省国土资源厅还颁布实施了《湖北省矿山地质环境治理项目管理暂行办法》《湖北省地质灾害治理项目管理暂行办法》《湖北省地质遗迹保护项目管理暂行办法》及相关实施细则，对合理开采矿产资源、完善恢复矿区生态环境相关制度等方面做出了详细的规定。

《中国矿产资源报告2016》指出，截至2016年，矿山地质环境治理恢复保证金制度全面实施，全国31个省（区、市）相继出台管理办法。按照“企业所有、政府监管、专户储存、专款专用”的原则，通过采取保证金缴存与采矿权审批、年检或矿山地质环境治理恢复方案挂钩等方法，总体上顺利推进了保证金的缴存工作，并利用保证金来督促和约束矿山企业进行矿山地质环境保护与治理恢复的工作，最大限度减少环境破坏。“十二五”期间，8.59万个矿山缴存矿山地质环境治理恢复保证金867.7亿元。采矿权人完成治理义务返回保证金307.4亿元；闭坑矿山未履行矿山地质环境治理义务，留存保证金25.2亿元。

（5）大气污染防治立法。

近年来，全国人大常委会根据经济社会发展情况，加快制定了或修订了《大气污染防治法》《清洁生产促进法》《环境影响评价法》《可再生能源法》《节约能源法》《循环经济促进法》等与大气污染防治相关的各项法律，有效减少和控制了污染排放。浙江、天津、深圳等省市也出台了配套的大气污染防治条例。同时，各种大气污染防治相关的配套法规、规章和标准也得到了不断完善。国务院颁布《排污费征收使用管理条例》等法规；制定《燃煤SO_2排放污染防治技术政策》《汽车排气污染监督管理办法》等规章；出台了《环境空气质量标准》《大气污染物综合排放标准》《车用汽油有害物质控制标准》；制定了《火电厂大气污染物排放标准》等重点行业大气污染排放标准，逐步建立了污染排放标准体系。

2. 环境行政法规、规章和标准制定[①]。

目前我国已经制定和颁布了环境保护行政法规50余项，部

① 此部分内容参考常纪文：《中国环境法治的历史、现状与走向——中国环境法治30年之评析》，载于《昆明理工大学学报》（社科（法学）版）2008年第1期，第1～9页。

门规章和规范性文件近 200 件，军队环保法规和规章 10 余件，国家环境标准 800 多项。这些环境政策规章可以分为环境保护政策、环境行政管理、环境纠纷行政处理和环境行政惩罚、环境标准和国家技术性规范等多个方面，其中很多政策法规与环境污染治理和生态修复密切相关。

在环境保护政策方面，国务院从 2004 年起通过《国务院办公厅关于开展资源节约活动的通知》《节能减排综合性工作方案》《中国应对气候变化国家方案》等政策性文件，对推进环境保护和生态修复、建设资源节约型和环境友好型社会具有宏观指导作用。

在环境行政管理方面，主要污染控制立法有《建设项目环境保护管理条例》《排放污染物申报登记管理规定》《防治陆源污染物污染损害海洋管理条例》《防治海岸工程建设项目污染损害海洋环境管理条例》《防治海洋工程建设项目污染损害海洋环境管理条例》《防治拆船污染环境管理条例》《海洋倾废管理条例》《海洋石油勘探开发环境保护管理条例》《防治船舶污染海域管理条例》《国家突发公共事件总体应急预案》《淮河流域水污染防治暂行条例》《环境影响评价公众参与暂行办法》等。自然资源和生态保护方面的立法有《野生植物保护条例》《基本农田保护条例》《风景名胜区条例》《自然保护区条例》等。

在环境纠纷行政处理和环境行政惩罚方面，主要的相关立法有《环境保护行政处罚办法》《海洋行政处罚实施办法》《水行政处罚实施办法》《林业行政处罚程序规定》《林业行政处罚听证规则》《渔业行政处罚规定》《渔业行政处罚程序规定》《渔业水域污染事故调查处理程序规定》《环境保护行政许可听证暂行办法》《环境行政复议与行政应诉办法》《环境信访办法》《环境保护违法违纪行为处分暂行规定》等。

另外，还有《排污费征收使用管理条例》《关于落实环境保护政策法规防范信贷风险的意见》《商务部　环保总局关于加强出口企业环境监管的通知》《蓄滞洪区运用补偿规定》《全国环境监测管理条例》《环境标准管理办法》等环境经济措施、环境标准和环境监测方面的立法。

在环境标准和国家技术性规范建设方面，我国已制定重点行业的污染防治技术政策，配套修改、制定重点行业污染物排放标准、机动车污染控制标准以及危险废物处置标准等53项污染控制标准、4项国家环境质量标准及配套制定的36个地方标准、17个样品标准等国家环境标准500多项。①环境质量标准：主要有《环境空气质量标准》《室内空气质量标准》《地表水环境质量标准》《地下水质量标准》《海水水质标准》《渔业水质标准》《农田灌溉水质标准》《生活饮用水卫生标准》《城市区域环境噪声标准》《土壤环境质量标准》等。②污染物排放标准：主要有《污水综合排放标准》《大气污染物综合排放标准》《锅炉大气污染物排放标准》《污水综合排放标准》等，2014年环保部发布《污染场地土壤修复技术导则》（HJ25.4—2014），确立污染土壤主要修复方案和标准，2015年7月，水利部批准《河湖生态修复与保护规划编制导则》为水利行业标准。③环境基础标准，主要有《制定地方大气污染物排放标准的技术方法》《制定地方水污染物排放标准的技术原则与方法》《污染类别代码》等。此外，还有环境监测方法标准和环境标准样品标准等。

进入2017年以来，我国环保部和其他环保机构在强有力地推动生态修复标准制定。2017年1月环保部颁布《污染地块土壤环境管理办法（试行）》，土壤修复行业有望成为“十三五”期间市场空间最大的环保细分行业。2017年4月1日中国环境保护产业协会（中环协（北京）认证中心）发布《环保产品认证实施规则　微型环境空气质量监测系统》（CCAEPI－RG－Y－040）《环保产品认证实施规则　挥发性有机化合物检测仪》（CCAEPI－RG－Y－024）《环保产品认证实施规则　生物质热风炉》（CCAEPI－RG－Q－043）《环保产品认证实施规则　烟气脱硝装置》（CCAEPI－RG－Q－045）《环保产品认证实施规则 除臭设备》（CCAEPI－RG－Q－046）五项认证规则。2017 年 3 月 7 日环境保护部就国家环境保护标准《农药工业水污染物排放标准》发布征询意见。

3. 缔结环境保护与生态修复的国际条约和协定[①]。

全球性的干旱、洪涝、酷暑等极端天气，深刻影响人类的生存与发展。为了有效应对全球气候变化的威胁，国际社会先后签订了《联合国气候变化框架公约》《京都议定书》等一系列国际环境法律文件。中国政府积极参与各种国际环境保护公约和协定及国际合作交流活动。1979 年中国加入联合国环境署的全球环境监测网，加入保护臭氧层的《维也纳公约》和《蒙特利尔议定书》，签署了旨在推动环境保护和可持续发展的《里约宣言》。2000 年中国作为缔约方签署了在加拿大蒙特利尔签署的《卡塔赫纳生物安全议定书》，该议定书要求签约国最大限度地降低生化技术对生态化的损害和风险。2007 年国家发改委编制《中国应对气候变化国家方案》，承诺要一手抓减缓温室气体排放，一手抓提高适应气候变化的能力，来履行国际公约，并于 2008 年出台《中国应对气候变化的政策与行动白皮书》。《国家环境保护“十一五”规划》新增了气候变化内容，首次以规划形式明确国家在环保节能行业的发展目标；《国家环境保护“十二五”规划》进一步强调了应对气候变化的重要性；国务院随后印发了《“十二五”控制温室气体排放工作方案》。2010 年，联合国大会把 2011～2020 年确定为“联合国生物多样性十年”，国务院成立了“2010 国际生物多样性年中国国家委员会”，召开会议审议通过了《国际生物多样性年中国行动方案》和《中国生物多样性保护战略与行动计划（2011～2030 年）》。2011 年 6 月，国务院

---

① 常纪文：《中国环境法治的历史、现状与走向——中国环境法治 30 年之评析》，载于《昆明理工大学学报》（社科（法学）版）2008 年第 1 期，第 1～9 页。

决定把“2010 国际生物多样性年中国国家委员会”更名为“中国生物多样性保护国家委员会”，统筹协调全国生物多样性保护工作，指导“联合国生物多样性十年中国行动”。

目前，中国已缔结和参加的国际环境条约有 51 项，如《国际重要湿地公约》《防止倾倒废弃物和其他物质污染海洋的公约》及其 1996 议定书、《国际防止船舶造成污染公约》《联合国海洋法公约》《国际油污损害民事责任公约》《国际油污防备、反应和合作公约》《生物多样性公约》等。此外，中国先后与美国、朝鲜、加拿大、印度、韩国、日本、蒙古、俄罗斯、德国、澳大利亚、乌克兰、芬兰、挪威、丹麦、荷兰等国家签订了 20 多项环境保护双边协定或谅解备忘录，如《中华人民共和国政府和日本国政府保护候鸟及其栖息环境协定》《中美自然保护协定书》《中印环境合作协定》《中蒙关于保护自然环境的协定》《中俄环境保护合作协定》《关于建立中、俄、蒙共同自然保护区的协定》等，在大气污染、水土保持、生态修复等方面进行国际交流合作并取得了显著成效。虽然国际条约和协定还不属于国内法律体系，但是对我国的环境法制建设产生重大的影响，属于中国参与国际环境生态治理的重要内容。

（二）体制机制建设逐步完善

我国从 20 世纪 70 年代起开始推进环保制度建设，针对改革开放以来不同历史发展阶段所面临的一些紧迫和突出的环境矛盾和生态难题，确立了门类较为齐全、涵盖事前预防、事中事后监管的不同制度安排和规章体系。然而，传统环境保护存在“要素式”“环节式”“领域式”管理的特点，也就是说，在环境要素、环境领域的对象管理上存在分散化的缺陷；在环境部门的管理上存在职能交叉、冲突或脱节等问题，如环境影响评价、总量核查、执法部门等各职能部门各执一端；在环境问题的解决上，存在短期性和暂时性的缺陷，缺乏贯穿始终的“过程式管理”，以及对环境治理效果和生态修复结果的后继监督和追加评价。

1. 体制建设。

在环境保护和生态修复的体制方面，我国建立了由环境保护部门统一监督管理、有关部门分工负责的横向环境保护协调机制和由各级政府和各级部门分级负责的纵向管理体制。由于环境治理在实践当中可能遇到地方保护主义、部门利益至上、基层环境执法力量薄弱等诸多难题，因此国家采取了多方面的改革措施。从 2006 年起，国家环境保护总局设立了五大区域环境保护督察中心，加强中央对地方环境保护工作监管力度和效率，2006 年国家环境保护总局和监察部出台的《环境保护违法违纪行为处分暂行规定》，更是为加强环境保护督察和监管提供了制度保障。2016 年 9 月《关于省以下环保机构监测监察执法垂直管理制度改革试点工作的指导意见》的出台实施，更是强化了地方各级党委和政府环境保护主体责任，强化了地方环保部门职责，凸显了环境治理中的党政"领舞"作用。并且，根据《海洋环境保护法》《国务院关于落实科学发展观加强环境保护的决定》《节能减排综合性工作方案》等政策要求，确立了某些领域之间、部级之间、区域之间的污染防治和协调机制。

2. 机制建设。

在环境保护和生态修复的机制方面，主要是打破过去分散型、碎片式环境管理的缺陷，加强和完善了环境要素和环境系统的综合性治理，制定了中国环境保护的宏观决策体系。

第一，政府机制。我国逐步建立了环境与发展综合决策机制，建立多方参与的政策制定机制，必要时实行生态环保"一票否决制"，推进环境影响评价编制机构与审批部门的脱钩，建立真正具有独立法律地位的环评机构。政府明确采纳与环评项目专家的准入门槛和责任制度，立足环境保护的不同部门和管理机关之间的核心工作，又加强它们之间的协作共治，初步建立环境保护的长效机制，不断完善环境保护的权力监督、政协监督、政党监督、行政监督、社会舆论监督的协商共治机制。政府通过提高环境违法成本，加强环境执法能力建设，完善政绩考核指标体系，颁布《环境保护违法违纪行为处分暂行规定》，系统规定环境监管的各环节、各流程的法律责任，强化环境保护责任追究机制。政府通过制定《节能减排综合性工作方案》《中国应对气候变化国家方案》等政策法令，形成节约能源、节约资源、保护生态和减少污染物排放等措施的综合预防和管控的系统性机制。①

第二，市场机制。随着中国特色社会主义市场经济制度改革渐趋深入，以政府引导、市场主导、科技创新为推动力的环境保护和生态修复机制正在初步形成，政府、企业和社会多元化参与的生态修复投资和生态补偿机制正在形成，凸显环境保护和生态修复的社会正义。按照“谁开发谁保护，谁破坏谁恢复，谁污染谁付费”的原则，充分发挥环境财税市场机制作用，不断推行“绿色资本”市场，逐步完善“绿色信贷”制度和对环境补偿的排污收费政策，建立涵括环境税、资源税、生态补偿、低碳补贴等市场机制，逐步推进资源有偿使用的环境产权制度、自然资源和环境物品的市场交易制度，推进生态文明建设市场化。比如，党的十八大报告提出“积极开展节能量、水权、碳排放权、排污权交易试点工作”，探索和完善水权交易制度，积极开展排污权有偿使用和交易试点，建立健全排污权交易市场；开展碳排放交易试点，建立自愿减排机制，推进碳排放交易市场建设，着手研究推进发电权交易等。《中共中央　国务院关于加快推进生态文明建设的意见》强调：“推行市场化机制。加快推行合同能源管理、节能低碳产品和有机产品认证、能效标识管理等机制。推进

① 关于中国生态修复的法制机制建设部分参考常纪文：《中国环境法治的历史、现状与走向——中国环境法治30年之评析》，载于《昆明理工大学学报》（社科（法学）版）2008年第1期，第1～9页。

节能发电调度，优先调度可再生能源发电资源，按机组能耗和污染物排放水平依次调用化石类能源发电资源。建立节能量、碳排放权交易制度，深化交易试点，推动建立全国碳排放权交易市场。加快水权交易试点，培育和规范水权市场。全面推进矿业权市场建设。扩大排污权有偿使用和交易试点范围，发展排污权交易市场。积极推进环境污染第三方治理，引入社会力量投入环境污染治理。”

第三，社会机制。随着公众在现代国家治理中的地位凸显，我国颁布了《环境影响评价法》《公众参与环境影响评价暂行办法》《环境信访办法》《环境信息公开办法（试行）》等一系列法律法规。政府通过政府公报、政府网站、新闻发布会、报刊、广播、电视等多样化形式，拓宽了公民获取各种环境信息的渠道，健全环境信息公开机制；政府大力推行电子政务、受理信息公开申请、环境公益诉讼等机制，进一步完善生态文明建设听证评价机制和群众舆论监督机制，初步形成了调动公众积极参与环境保护和生态修复的协商民主机制。《中共中央　国务院关于加快推进生态文明建设的意见》专门强调：“鼓励公众积极参与。完善公众参与制度，及时准确披露各类环境信息，扩大公开范围，保障公众知情权，维护公众环境权益。健全举报、听证、舆论和公众监督等制度，构建全民参与的社会行动体系。建立环境公益诉讼制度，对污染环境、破坏生态的行为，有关组织可提起公益诉讼。在建设项目立项、实施、后评价等环节，有序增强公众参与程度。引导生态文明建设领域各类社会组织健康有序发展，发挥民间组织和志愿者的积极作用。”

（三）管理制度大力发展

由于生态修复属于一个较新的生态环境保护领域，也缺乏综合性、专门性的生态修复法律，因此存在着诸多需要解决和完善的地方。第一，环境污染和生态修复的管理和监督被分散到农业、林业、水利、环保、水务、税收、财政等不同部门，容易产生相互推诿、各行其政的“囚徒困境”问题。第二，受行政区划的影响，生态补偿、生态修复等具体制度和政策体系之间存在条块分割、“以邻为壑”的碎片化现象，缺乏有效的组织协调和整体治理。第三，生态修复和补偿治理体制中，过于依赖政府主导和行政手段，市场调节与社会参与机制不健全，生态修复资源配置不够合理，缺乏对市场与社会的有效激励。第四，环境治理、生态修复和生态补偿的社会监管和评估机制不健全，缺乏独立的第三方监管和评估机构以及稳定的人才队伍，也缺乏对生态修复和补偿效应的全方位评估，往往着眼于经济效益，而忽略环境效益和社会效应。第五，生态修复和生态补偿的资金投入、资源布局存在来源渠道不足、布局不平衡的现象，缺乏完备的生态修复和补偿的保障体系。①

中国政府总结和把握已有生态修复制度方面存在的问题和缺陷，立足生态修复的理论研究进展，针对生态修复实践中不断暴露的突出问题，逐步推进生态修复制度建设，建构和完善我国的生态修复制度体系，包括环境资源产权制度、生态修复规划制度、生态修复补偿制度、生态修复审批制度、生态修复公众参与制度、生态修复资金保障制度、生态修复验收制度、生态修复激励制度、生态修复法律责任追究制度等基础内容。这里简单介绍一下环境资源产权制度、生态修复补偿制度、生态修复法律责任追究制度、生态修复公众参与制度等制度建设进展。

1. 环境资源产权制度。

自然资源和环境是人类赖以生存和发展的物质基础，21 世纪人类面临的人口危机、资源危机、粮食危机、生态多样性危机等重重危机更深刻凸显其对人类经济社会发展的重要意义，而改

① 汪秀琼、吴小节：《中国生态补偿制度与政策体系的建设路径——基于路线图方法》，载于《中南大学学报》（社会科学版）2014 年第 6 期，第 108 ~ 113 页。

革开放近四十年之后的中国同样面临着严峻的环境污染和生态困境，威胁中国经济社会未来的持续稳定发展。构建和完善有中国特色的自然资源和环境产权制度，是中国进一步深化改革，建设资源节约型、环境友好型社会的重要举措，也是建设生态文明和绿色发展的内在组成部分。

环境资源产权制度，是将产权制度理论拓展到环境资源领域，对环境资源产权关系进行界定、配置、行使和保护的制度化，主要包括环境资源产权界定和配置制度、环境资源产权交易制度和环境资源产权保护制度。环境资源产权界定和配置制度指的是，根据效率和公平的原则，对环境资源产权的各种权力进行较为明确的界定和安排，主要包括环境资源所有权、环境资源使用权、环境资源收益权三种权力归谁所有、如何分配及具体的执行方式。环境资源产权交易制度指的是，环境资源产权交易中的一些具体规则和程序。环境资源产权保护制度指的是，通过法律法规等体系对环境资源产权的取得、使用、交易等进行有效保护，从而有效保护各种环境资源产权主体的利益以及环境资源产权制度作用的发挥。[①]

中国资源型企业的成本，一般都只包括资源的直接开采成本，尚未体现矿业权有偿取得成本、环境治理和生态恢复成本，形成不完全的企业成本。目前，中国大多数矿业企业的矿业权是无偿获取的。据不完全统计，在 15 万个矿业企业中，通过市场机制有偿取得矿业权的仅有 2 万个，其余 13 万个矿业企业则通过行政划拨的无偿方式获得。就环境治理和生态恢复成本而言，绝大多数矿业企业没有将矿区环境治理和闭坑后的生态恢复等投入纳入生产成本。例如，全国因露天开矿等累计压占土地 586 万公顷，损害森林 106 万公顷，损害草地 26 万公顷，但治理费用

① 左正强、郭亮：《环境资源产权制度：一个基本框架》，载于《生态经济》2013 年第 4 期，第 150 ~ 153 页。

并非纳入其成本之中。[①]

当前，虽然我国初步构建了与社会主义市场经济相适应的环境资源产权制度框架，但是各种环境污染、资源浪费、公有资产权益受侵害和资产流失等问题，日益暴露出我国自然资源和环境产权制度存在的诸多缺陷：产权界定不明晰、环境产权设置较为落后、收益权分配不公、产权交易不规范等问题，引发生态破坏、环境纠纷、国有资产流失等严重后果。我国现行的很多自然资源法规对资源有偿使用做出了规定，但是，尽管环境资源用益产权市场化具备了一定的法律环境，然而产权市场发展极不均衡与不成熟。比如，《土地管理法》第2条、第54条、第55条和《城市房地产管理法》第7条至第21条，《矿产资源法》第五条，《水法》第七条，对土地使用权出让、矿产资源开发、水资源利用的原则、方式等方面做出细致的规定，但是，要么缺乏实施细则，要么价格偏低而无法反映资源稀缺的程度，导致价格机制无法得到良好发挥，环境资源过度利用开发，经济发展难以持续。

党的十七大报告指出了矿产资源产权制度改革的方向，即资源的科学高效开采与集约环保利用已经成为中国矿产资源产权制度改革所要解决的首要问题。党的十八届三中全会提出要“紧紧围绕建设美丽中国深化生态文明体制改革，加快建立生态文明制度”，明确提出要对水流、森林、山岭、草原、荒地、滩涂等自然生态空间进行统一确权登记，要建设基于环境容量管理的归属清晰、权责明确、监管有效的自然资源资产产权制度，控制污染物排放，有效增进生态环境资源的破坏者和受益者的利益协调，为民众提升环境质量，实现生态环境保护和生态文明新时代。

---

① 李太淼：《构建和完善有中国特色的自然资源和环境产权制度》，载于《中州学刊》2009年第4期，第49~54页。

明晰产权，完善排污权交易制度和二氧化碳排放权交易制度，将自然资源资产化和环境成本内部化，是实现生态文明的关键举措之一。2011 年 11 月 14 日，国家发改委召开了国家碳排放交易试点工作启动会议，北京、上海、天津、重庆、深圳、广东和湖北被确定为首批碳排放交易试点省市，并提出要全面启动基于国家碳排放总量控制下的碳排放交易。党的十八届三中全会再次强调要推行碳排放交易制度。为使市场在资源配置中起决定性作用，环保部已经着手在重点区域全面推行大气排污许可证制度，排放二氧化硫、氮氧化物、工业烟粉尘、挥发性有机物的重点企业应在 2014 年底前向环保部申领排污许可证。

2017 年 1 月 16 日国务院发布《关于全民所有自然资源资产有偿使用制度改革的指导意见》（国发〔2016〕82 号），指出“全民所有自然资源是宪法和法律规定属于国家所有的各类自然资源，主要包括国有土地资源、水资源、矿产资源、国有森林资源、国有草原资源、海域海岛资源等。自然资源资产有偿使用制度是生态文明制度体系的一项核心制度。改革开放以来，我国全民所有自然资源资产有偿使用制度逐步建立，在促进自然资源保护和合理利用、维护所有者权益方面发挥了积极作用，但由于有偿使用制度不完善、监管力度不足，还存在市场配置资源的决定性作用发挥不充分、所有权人不到位、所有权人权益不落实等突出问题。”该通知对全国所有自然资源资产有偿使用做出了规定，阐明了六大领域的重点任务（见图 3－2），提出了预期目标“到 2020 年，基本建立产权明晰、权能丰富、规则完善、监管有效、权益落实的全民所有自然资源资产有偿使用制度，使全民所有自然资源资产使用权体系更加完善，市场配置资源的决定性作用和政府的服务监管作用充分发挥，所有者和使用者权益得到切实维护，自然资源保护和合理利用水平显著提升，实现自然资源开发利用和保护的生态、经济、社会效益相统一。”

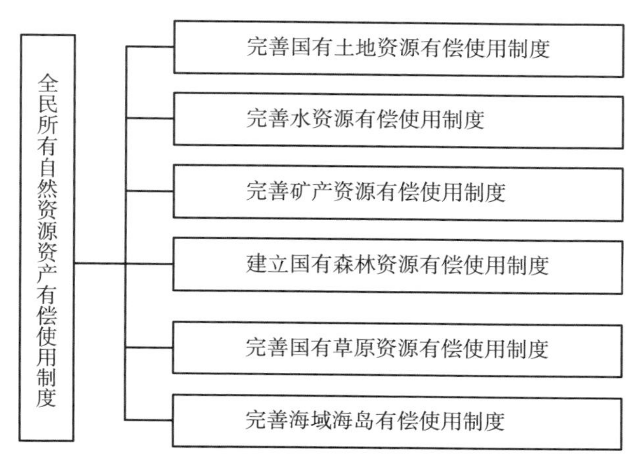

图 3－2　全民所有自然资源资产有偿使用制度改革的六大流域重点任务

资料来源：《关于全民所有自然资源资产有偿使用制度改革的指导意见》（国发〔2016〕82 号）。

2. 生态修复补偿制度。

生态补偿制度（mechanism of eco-compensation）是为实现生态补偿目标，根据生态系统服务价值、生态保护成本、发展机会成本，综合运用政府、法律和市场手段，调节生态保护利益相关者之间利益关系的公共制度，具体来说，对损害生态环境的行为或产品进行收费，对保护生态环境的行为或产品进行补偿或奖励，对因生态环境破坏和环境保护而受到损害的人群进行补偿。基于“破坏者付费”和“收益者付费”两大环境经济原则，生态修复补偿制度作为一种利益调节机制，能够实现经济活动的环境外部成本内化，有效激励区域性生态保护和环境污染防治的工作推进，在生态环境利用、保护和建设过程中有效维护和改善生态系统服务。

当前，生态补偿已成为环境资源管理领域研究的热点问题，中国政府已将生态补偿制度体系建设作为推进“生态文明”建设的重要战略举措。《新环境法》第三十一条规定："国家建立、健全生态保护补偿制度。国家加大对生态保护地区的财政转移支付力度。有关地方人民政府应当落实生态保护补偿资金，确保其用于生态保护补偿。国家指导受益地区和生态保护地区人民政府通过协商或者按照市场规则进行生态保护补偿。"党的十八届三中全会通过的《中共中央关于全面深化改革若干重大问题的决定》指出"实行资源有偿使用制度和生态补偿制度，建立谁受益、谁补偿原则，完善对重点生态功能区的生态补偿机制，推动地区间横向生态补偿制度的建立"。

在中国生态环境保护与管理中，生态补偿主要具有四个层面的含义：①对生态环境本身的补偿，如国家环境保护总局 2001 年颁发的《关于在西部大开发中加强建设项目环境保护管理的若干意见》（环发〔2001〕4 号）规定，对重要生态用地要求"占一补一"；②生态环境补偿费的概念——利用经济手段对破坏生态环境的行为予以控制，将经济活动的外部成本内部化；③对个人与区域保护生态环境或放弃发展机会的行为予以补偿，相当于绩效奖励或赔偿；④对具有重大生态价值的区域或对象进行保护性投入等，包括重要类型（如森林）和重要区域（如西部）的生态补偿等。[①]

我国一些资源法规对生态修复和补偿做出了相应的规定（见表 3－1）。譬如，《中华人民共和国矿产资源法》规定"矿产资源开发必须按国家有关规定缴纳资源税和资源补偿费"，并明确要求矿产资源开发应该保护环境、帮助当地人民改善生产生活方式，对废弃矿区进行复垦和恢复。《中华人民共和国水法》则规定了水资源的有偿使用制度和水资源费的征收制度，各地也根据基本法的基本原则制定了与本地区相应的水资源费管理条例。

① 万军、张惠远、王金南、葛察忠、高树婷、饶胜：《中国生态补偿政策评估与框架初探》，载于《环境科学研究》2005 年第 2 期，第 1～8 页。

1998 年颁布的《森林法》、2000 年颁布实施的《中华人民共和国森林法实施条例》为森林资源生态效益的经济补偿提供了法律保障，国务院颁布的《关于进一步加强造林绿化工作的通知》(1993)、《关于“九五”时期和今年农村工作的主要任务和政策措施》(1996) 和《关于加快林业发展的决定》(2003) 都明确指出要建立森林生态效益补偿基金。

表 3－1　　生态补偿的类型、内容与方式

补偿类型	补偿内容	补偿方式
区域间的生态环境污染	区域间的环境破坏、污染的转移	多边协议下的区域购买区域或双边协议下的补偿区域间的市场交易
环境生态系统服务补偿	地方行政辖区内的生态系统补偿	地方政府协调公共财政转移支付市场交易
生态功能区补偿	防风固沙、植树造林	中央、地方公共补偿 NGO 捐赠 私人企业参与

资料来源：汪秀琼、吴小节：《中国生态补偿制度与政策体系的建设路径——基于路线图方法》，载于《中南大学学报》（社会科学版）2014 年第 6 期，第 108 ~ 113 页。

在不断探索生态保护补偿和环境损害赔偿制度的过程中，各级政府和企业已经形成了“谁污染谁赔偿，谁受益谁补偿，谁主管谁负责”的思想观念。当前中国生态补偿体制主要依托政府手段，政府是中国最主要的生态补偿主体，除《矿山地质环境治理恢复保证金管理办法》外，几乎所有生态修复（补偿）项目资金都直接或间接来自各级政府的财政资金。生态补偿的主要途径是财政转移支付制度和专项基金。

一是财政转移支付是最主要的生态补偿途径。财政部制定的《2003 年政府预算收支科目》表明，从支付比例上看，与生态环境保护相关的支出项目约 30 项，其中具有显著生态补偿特色的支出项目，如退耕还林、沙漠化防治、治沙贷款贴息占支出项目的 1/3 强；从支付力度上看，到 2002 年底，中央财政对西部地区的财政转移支付达到了 3 000 亿元，退耕还林、天然林保护、“三北”等重要防护林建设、京津风沙源治理、退耕还草等重点工程完成中央投资 409.95 亿元。各省或地区也尝试采取灵活的财政转移支付政策，激励生态环境保护和建设。2004 年浙江省提出《浙江省生态建设财政激励机制暂行办法》将生态建设作为财政补偿和激励的重点，广东省编制《广东省环境保护规划》将生态补偿作为促进协调发展的重要举措，都试图将生态补偿、政府绩效和生态建设有机联系起来，建立经济、生态、社会发展的良性互动。

二是专项基金是政府各部门开展生态补偿的主要形式。国土、林业、水利、农业、环保等部门都建立了环境保护和生态修复的专项资金，为农村新能源建设、生态公益林补偿、水土保持和农田保护等项目提供资金补贴和技术扶助。譬如农业部制定《农村沼气建设国债项目管理办法（试行）》（1999）；林业部制定了森林生态效益补偿基金，水利部联合财政部门制定了《小型农田水利和水土保持补助费管理规定》（1998）。[1]

从内容来说，生态补偿制度与政策体系建设主要包括区域生态环境补偿机制、生态环境质量保障基金制度和生态环境污染责任险等制度与政策体系。未来生态补偿制度建设的方向是建构一个政府引导、全面推进、运转高效、保障有力的环境保护政策体系，既要切合我国国情，又要具备持续发展能力。2016 年 5 月 13 日颁布的《国务院办公厅关于健全生态保护补偿机制的意见》明确了近景规划的任务目标：“到 2020 年，实

---

① 万军、张惠远、王金南、葛察忠、高树婷、饶胜：《中国生态补偿政策评估与框架初探》，载于《环境科学研究》2005 年第 2 期，第 1~8 页。

现森林、草原、湿地、荒漠、海洋、水流、耕地等重点领域和禁止开发区域、重点生态功能区等重要区域生态保护补偿全覆盖，补偿水平与经济社会发展状况相适应，跨地区、跨流域补偿试点示范取得明显进展，多元化补偿机制初步建立，基本建立符合我国国情的生态保护补偿制度体系，促进形成绿色生产方式和生活方式。”①

3. 生态环境损害责任追究制度。

1997 年我国修订的《刑法》明确规定了重大环境污染事故，非法倾倒、堆放、处置进口的固体废物罪和环境监管失职罪。2011 年 5 月实行《刑法修正案（八）》对重大环境污染事故的法律后果作出了明确规定：“违反国家规定，排放、倾倒或者处置有放射性的废物、含传染病病原体的废物、有毒物质或者其他有害物质，严重污染环境的，处三年以下有期徒刑或者拘役，并处或者单处罚金；后果特别严重的，处三年以上七年以下有期徒刑，并处罚金。”最高人民法院和最高人民检察院也联合制定《最高人民法院、最高人民检察院关于办理环境污染刑事案件适用法律若干问题的解释》（2013 年 6 月施行）。

传统的生态环境损害赔偿制度侧重于经济利益损害和人身健康损害，忽略生态环境损害，侧重于即时损害，忽略了潜在损害。然而，生态环境问题具有隐蔽性和长期性，生态环境损害具有累积性和潜伏性，当损害累积达到一定程度显现出来的时候，往往会导致局部或整体的生态系统损害。与此同时，我国现行党政干部任职具有短期性和流动性的特征，使破解政府生态环境保护失职、失责及责任追究成为难题。完善和落实生态环境损害和修复责任追究制度，明确生态环境责任追究主体、追究对象、责任承担形式，完善配套制度假设，对于深化生态文明制度改革具

① 《国务院办公厅关于健全生态保护补偿机制的意见》，中华人民共和国政府网站，http：//www. gov. cn/zhengce/content/2016 -05/13/content_5073049. htm。

有重要意义。

由于政府官员存在异地调动、提拔降级、辞职退休等政治生活变动状况，在 GDP 考核指挥棒的指引下，在任期间忙于形象工程和政绩工程，不惜以牺牲土地、矿产、水资源等自然资源为代价谋求快速发展，集中关注经济发展而忽略生态环境后果，重视短期经济收益而忽略生态效益，遗留严重的环境污染和生态破坏问题。尽管大量环境生态问题源于企业污染排放、环境技术落后、社会公众生态意识不足等众多原因，但也与政府不作为、失职失责、甚至与企业相互打掩护等行为密切相关。“政府在环境保护方面不作为、干预执法及决策失误是造成环境顽疾久治不愈的主要根源……政府不履行环境责任以及履行环境责任不到位，已成为制约我国环保事业发展的严重阻碍。”[①]

党的十八大以来，习近平总书记针对生态文明建设提出了一系列新思想新论断新要求，多次强调要健全生态环境保护责任追究制度，以坚决的态度和果断的措施遏制对生态环境的破坏。为了破解政府生态环境保护失职、失责及其追究的实践难题，我国逐步确立了政府生态责任终身追究制。2013 年 5 月 24 日习近平主持中共中央政治局第六次集体学习时指出，只有实行最严格的制度、最严密的法治，才能为生态文明建设提供可靠保障，要牢固树立生态红线的观念，要建立责任追究制度，要完善经济社会发展考核评价体系，把资源消耗、环境损害、生态效益等体现生态文明建设状况的指标纳入经济社会发展评价体系。中共十八届三中全会又明确提出要建立生态环境损害责任终身追究制。2014 年《国务院办公厅关于加强环境监管执法的通知》提出，有关领导和责任人在任期间，发生重特

① 郄建荣：《环保部：政府不作为是环境顽疾主要根源》，载于《法制日报》2011 年 11 月 15 日。

大突发环境事件，任期内环境质量明显恶化，不顾生态环境盲目决策、造成严重后果的，将实施生态环境损害责任终身追究。2015 年 8 月，中共中央办公厅、国务院办公厅印发了《党政领导干部生态环境损害责任追究办法（试行）》，对党政领导干部生态环境损害责任追究的主体、情形、方式、程序等作出了明确具体的规定，再次确认了生态环境损害责任追究原则。2015 年 10 月中共中央、国务院印发的《生态文明体制改革总体方案》明确要求，严格实行生态环境损害赔偿制度和建立生态环境损害责任终身追究制。

政府生态责任终身追究制的兴起是建设责任政府和生态型政府的必然要求。政府生态责任终身追究制是一种具有震慑性和警示性的事后惩处机制，通过“终身追究”强化了“惩处”力度、深度和广度，使政府生态责任人的头上始终悬着“达摩克利斯之剑”，更加关注生态治理的战略规划与长远前景，更加增强政府预防生态环境问题发生的自觉性和警惕性，从而倒逼政府进一步增强生态责任心，增强生态治理行为的科学化、民主化和规范化，进一步提升政府生态治理能力与水平，有利于进一步增强政府的生态责任心、生态公信力、生态公平性，有利于进一步增强公众对政府在生态环境保护领域中的信任度。[①]

2015 年 7 月 1 日下午主持召开中央全面深化改革领导小组第十四次会议，除了通过了《党政领导干部生态环境损害责任追究办法（试行）》以外，会议还审议通过了《环境保护督察方案（试行）》《生态环境监测网络建设方案》《关于开展领导干部自然资源资产离任审计的试点方案》《关于推动国有文化企业把社会效益放在首位、实现社会效益和经济效益相统一的

---

① 黄爱宝：《政府生态责任终身追究制的释读与构建》，载于《江苏行政学院学报》2016 年第 1 期，第 108 ~ 113 页。

指导意见》。因此，政府生态责任终身追究制的有效实行，一方面，要求各级领导干部牢固树立尊重自然、顺应自然、保护自然的生态文明理念，增强保护生态环境、发展生态环境的责任意识和担当意识，牢固树立生态环境责任底线理念，严格执行生态环境和资源保护方面的法律法规，主动履行好环境保护、生态建设、资源管理、产业转型升级等职责。另一方面，还需要利用好环境监察制度和领导干部自然资源资产离任审计制度等配套的制度抓手，建立健全生态环境和资源损害责任追究的沟通协作机制，构建环保、公安、纪检、检察、法院、司法等多部门参与，涵括环境污染犯罪、损害鉴定评估、环境监管、行政执法等过程的多部门协作机制，强调对造成生态环境损害负有责任的领导干部，不论是否已调离、提拔或者退休，都必须严肃追责。

4. 生态修复公众参与制度。

地球是人类共同的家园，然而，20 世纪六七十年代以来席卷全世界的生态危机和环境污染，已然危及人类的生存与发展，威胁公众的生活质量。当前，生态环境已经成为不可或缺的公共产品，生态民生成为民生的重要内容，环境权成为每一个公民理当拥有的权利。1972 年联合国人类环境会议通过的《人类环境宣言》指出："人类有权在一种能够过尊严的和福利的生活环境中，享有自由、平等和充足的生活条件的基本权利，并且负有保证和改善这一代和世世代代的环境的庄严责任。"

公众参与环境保护于 20 世纪 60 年代由美国学者约瑟夫·萨克斯在环境权理论中首次提出，1970 年美国总统签署的《国家环境政策法案》被誉为环境法领域的"大宪章"，提出环境影响评价过程将征求公众意见，把进行公众评议作为编制环境影响报告书的一个必经程序和内容，标志着公众参与成为环境保护的重要内容。1972 年联合国发布的《人类环境宣言》、

1980 年发布的《世界自然资源保护大纲》、1982 年发布的《内罗毕宣言》等国际环境规范行为文件都强调了公众参与生态环境保护的重要性。

我国从 20 世纪 70 年代开始重视环境保护，20 世纪 80 年代开始关注公众参与环境保护等问题，1994 年发布《中国 21 世纪议程》，强调公众参与方式和参与程度将决定可持续发展目标的实现进程[①]，后来出台或修订的很多关于生态环境保护的法律法规，如《环境保护法》《中华人民共和国环境影响评价法》《环境保护公共参与办法》等，都强调了公众参与生态文明建设的重要性、地位和作用。2014 年新修订的《环境保护法》第五章中明确规定了各级环保部门分类公开环境信息的等级责任，明确了企业的环境信息公开责任，明确了公众参与环境保护的责任与义务，第五条明确“环境保护坚持保护优先、预防为主、综合治理、公众参与、损害担责的原则”；第六条则专门指出“公民应当增强环境保护意识，采取低碳、节俭的生活方式，自觉履行环境保护义务”；第五十三条指出，“公民、法人和其他组织依法享有获取环境信息、参与和监督环境保护的权利。”《中华人民共和国环境影响评价法》（2002 年通过，2016 年修订）第五条规定：“国家鼓励有关单位、专家和公众以适当方式参与环境影响评价”。2006 年国家环保总局印发《环境影响评价公众参与暂行办法》，第四条“国家鼓励公众参与环境影响评价活动”，对公众参与环境影响评价的内容、形式、技术性规范作了明确规定。《环境保护公共参与办法》在公众参与原则和参与方式以及各方主体权利、义务和责任等方面做了明确的规定。

---

① 沙占华、牛文静：《公众参与生态文明建设的困境与出路》，载于《辽宁行政学院学报》2016 年第 6 期，第 86 ~ 91 页。

专栏5：新《环境保护法》关于环境保护公众参与的规定

第五条　环境保护坚持保护优先、预防为主、综合治理、公众参与、损害担责的原则。

第六条　一切单位和个人都有保护环境的义务。

地方各级人民政府应当对本行政区域的环境质量负责。

企业事业单位和其他生产经营者应当防止、减少环境污染和生态破坏，对所造成的损害依法承担责任。

公民应当增强环境保护意识，采取低碳、节俭的生活方式，自觉履行环境保护义务。

第三十八条　公民应当遵守环境保护法律法规，配合实施环境保护措施，按照规定对生活废弃物进行分类放置，减少日常生活对环境造成的损害。

第五十三条　公民、法人和其他组织依法享有获取环境信息、参与和监督环境保护的权利。

各级人民政府环境保护主管部门和其他负有环境保护监督管理职责的部门，应当依法公开环境信息、完善公众参与程序，为公民、法人和其他组织参与和监督环境保护提供便利。

尊重自然、顺应自然、保护自然，维护人类的生存权和发展权，是每一个现代公民的基本权利。生态文明建设关系到人民福祉，是一项复杂而庞大的系统工程，尽管政府是环境保护的主导性力量，但公众参与环境保护，可以有效矫正环境保护中的政府失灵和市场失灵等根本问题，以减少环境保护的社会成本，提升环境公共政策的决策科学化水平和执行效率，加强对政府行为的有效监督，一定程度上遏制企业因追求利润最大化而破坏环境资源的行为。一如科尔曼所言，“只有广泛的民主参与形式才能够使公众争取到一个矢志于公众福祉与环境福祉的社会。这种参与尤能在本地基层发挥作用，因为公民对所在区域的生态条件最为了解，也最会作出反应。”① 2011 年民间环保组织“自然之友”发布的“2011 中国公众参与环保十大事件”中，“全民关注大气 PM2.5 污染问题”“公众要求渤海溢油事故责任方道歉”“公众奢侈性水消费调查”等事件，反映出专家和公众参与环境治理和环境决策的力度正在逐渐加强。

2014 年发布的《全国生态文明意识调查研究报告》显示，“以百分制计算，公众对生态文明的总体认同度、知晓度、践行度得分分别为 74.8 分、48.2 分、60.1 分，呈现出‘高认同、低认知、践行度不够’的特点。”② 为了鼓励公民参与环境保护和生态修复，提高公众参与生态文明建设的实效，我国政府近年来在加强环境信用体系建设、建立公众参与环保公关决策机制、完善生态环境监测网络等方面不断加大法律和政策支持。2011 年 1 月 10 日我国环境保护部出台《关于培育引导环保社会组织有序发展的指导意见》，降低环保社会组织的准入门槛，提供资金支持、专业培训与法律援助，拓展政府、企业与社会的交流渠道。2015 年 7 月 1 日中央全面深化改革领导小组第十四次会议审议通过了《环境保护督察方案（试行）》《生态环境监测网络建设方案》，旨在通过全面设点、全国联网、自动预警、依法追责，形成政府主导、部门协同、社会参与、公众监督的新格局，完善生态环境监测网络，为环境保护和生态修复提供科学依据。

---

① ［美］丹尼尔·A. 科尔曼著，梅俊杰译：《生态政治：建设一个绿色社会》，上海译文出版社 2006 年版，第 38 页。

② 《全国生态文明意识调查研究报告》，载于《中国环境报》2014 年 3 月 24 日（2）。

二、生态修复产业化迅猛发展

生态修复产业化，是指按照社会化大生产、市场化经营的方式来开展生态修复工程，把市场机制引入生态修复补偿制度，建立起生态修复投入与生态修复效益的良性循环机制，从而缓解生态建设与经济发展的矛盾，把自然环境变成生态生产力，把绿水青山变成金山银山，促进生态与经济良性循环发展，建成高效生态农业、环境友好型工业、现代绿色服务业的耦合网络。经过改革开放近四十年的高速增长，我国环境污染和生态恶化状况日渐严重，环境污染事件屡有发生，影响经济社会持续发展和社会稳定，伴随着公民环保意识觉醒和环境质量诉求上升、国家环境治理和生态修复的“重量级”政策陆续出台，我国生态修复的社会需求和市场需求大增，因此，虽然相对于西方发达国家而言，我国生态修复起步较晚，但近年来我国生态修复产业迎来了迅猛发展的良好契机。

（一）生态产业政策纷纷出台

近年来，国家密集制定和颁布了生态农业、生态工业、生态园区建设的政策文件，鼓励环保产业和生态修复行业的大力发展。

1. 密集推出生态农业政策，推行产出高效、产品安全、资源节约、环境友好的农业现代化道路。

为变革传统农业生产方式，中央经济工作会将粮食安全提升到国家战略高度，国家制定和发布了很多相关政策，中国生态农业发展的政策正不断完善。2010 年“中央一号文件”《中共中央　国务院关于统筹城乡发展力度　进一步夯实农业农村发展基础的若干意见》，强调“加强农业面源污染治理，发展循环农业和生态农业”。2012 年“中央一号文件”《关于加快推进农业科技创新持续增强农产品供给保障能力的若干意见》，提出要推进农业清洁生产和农业农村污染治理问题。2013 年“中央一号文件”《关于加快发展现代农业，进一步增强农村发展活力的若干意见》，提出“加强农村生态建设、环境保护和综合整治，努力建设美丽乡村，发展乡村旅游与休闲农业。”2014 年“中央一号文件”《关于全面深化农村改革加快推进农业现代化的若干意见》，提出要建立农业可持续发展机制，“要以解决好地怎么种为导向加快构建新型农业经营体系，以解决好地少水缺的资源环境约束为导向深入推进农业发展方式转变，以满足吃得好吃得安全为导向大力发展优质安全农产品，努力走出一条生产技术先进、经营规模适度、市场竞争力强、生态环境可持续的中国特色新型农业现代化道路。”2015 年“中央一号文件”《关于加大改革创新力度加快农业现代化建设的若干意见》，强调要实施农业环境突出问题治理总体规划和农业可持续发展规划，建立健全农业生态环境保护责任制，推动新型工业化、信息化、城镇化和农业现代化同步发展，提高农业竞争力和可持续发展能力。党的十八届五中全会通过的《中共中央关于制定国民经济和社会发展第十三个五年规划的建议》，牢固树立和深入贯彻落实创新、协调、绿色、开放、共享的发展理念，大力推进农业现代化。2016 年“中央一号文件”《关于落实发展新理念　加快农业现代化实现全面小康目标的若干意见》指出，推进农业供给侧结构性改革，加快转变农业发展方式，走产出高效、产品安全、资源节约、环境友好的农业现代化道路，推动新型城镇化与新农村建设双轮驱动、互促共进，让广大农民平等参与现代化进程、共同分享现代化成果，推动农业可持续发展，必须确立发展绿色农业就是保护生态的观念，加快形成资源利用高效、生态系统稳定、产地环境良好、产品质量安全的农业发展新格局。2017 年“中央一号文件”《关于深入推进农业供给侧结构性改革　加快培育农业农村发展新动能的若干意见》，提出要加强科技创新引领，“促进农业农村发展由过度依赖资源消耗、主要满足量的需求，向追求绿色生态可持续、更加注重满足质的需求转变。”其他相关部门也印发了许多配套制度措施，比如2016年财政部、农业部联合印发了《建立以绿色生态为导向的农业补贴制度改革方案》，首次提出到2020年，基本建成以绿色生态为导向、促进农业资源合理利用与生态环境保护的农业补贴政策体系和激励约束机制，进一步提高农业补贴政策的精准性、指向性和实效性。

在国家政策引领和产业发展过程中，中国生态农业发展模式与技术正不断提升，从早期单一技术与模式的示范，逐步发展到多种技术的集成，再发展到多种新技术、新成果的综合应用和多种技术与模式的系统化示范。2002年农业部根据不同地域、不同地形特点，遴选出北方“四位一体”生态模式及配套技术等具有代表性的十大类型生态农业模式和配套技术。生态农业发展示范大范围正不断扩大，从生态农业建设示范县逐渐扩大到生态农业建设示范市，再到现代生态循环农业发展试点省建设，逐步探索现代生态循环农业制度设计和长效机制的规律和经验。生态农业作为一种新型的农业发展方式，未来需要从以下几个方面着手：一是加大低投入、高产出的农业生态技术开发，减少污染，降低投入，使用低毒高效的农药、化肥、可降解膜和节水灌溉设备，进行育种技术、饲料研发和农产品深加工；二是开展循环经济，实现农业废弃物循环利用，加大土壤修复和检测；三是推动生态农业的优化设计与农业生态工程的规范化，促使生态农业加快发展；四是通过生态农业带动区域性景观生态建设，促进整个区域的生态环境可持续发展。

2. 生态工业发展受到高度重视，生态工业园区政策重磅出台。

国家高度关注生态工业发展，推动生态工业园区法制化建设逐步完善。2003年国家环保部首次推出《生态工业示范园区规划指南（试行）》，同年出台《国家生态工业示范园区申报、命名和管理规定》。2006年国家环保总局首次发布生态工业园区标准，包括三项标准，即《综合类生态工业园区标准（试行）》《行业类生态工业园区标准（试行）》和《静脉产业类生态工业园区标准（试行）》。《综合类生态工业园区标准（试行）》规定了国家级和省级综合类生态工业园区验收的基本条件和指标，由经济发展、物质减量与循环、污染控制和园区管理四部分组成，共21个指标。《行业类生态工业园区标准（试行）》规定了行业类生态工业园区验收的基本条件和指标，由经济发展、物质减量与循环、污染控制和园区管理四部分组成，共19个指标。《静脉产业类生态工业园区标准（试行）》规定了静脉产业类生态工业园区验收的基本条件和指标，由经济发展、资源循环与利用、污染控制和园区管理四部分组成，共20个指标。2009年实施《综合类生态工业园区标准》根据生态工业园区目前的发展现状和未来的发展趋势，制定了综合类生态工业园区验收的基本条件和指标值。后又相继印发《关于开展国家生态工业示范园区建设工作的通知》（环发〔2007〕51号）、《国家生态工业示范园区管理办法（试行）》（环发〔2007〕188号）。

《关于加强国家生态工业示范园区建设的指导意见》（环发〔2011〕143号），指出要在“十二五”期间，着力建设50家特色鲜明、成效显著的国家生态工业示范园区，目前已经批复的国家生态工业示范园区共47家。为推动工业领域生态文明建设，加强工业生态示范园区建设的绩效评估，规范国家生态工业示范园区的建设和运行，环保部2015年底印发了《国家生态工业示范园区标准》，2016年又印发了《国家生态文明建设示范区管理规程（试行）》和《国家生态文明建设示范县、市指标（试行）》，进一步作出了具体规范（见表3-2）。

表 3－2　　国家生态工业示范园区评价指标

分类	序号	指标	单位	要求	备注
经济发展	1	高新技术企业工业总产值占园区工业总产值比例	%	≥30	4 项指标至少选择 1 项达标
	2	人均工业增加值	万元/人	≥15	
	3	园区工业增加值三年年均增长率	%	≥15	
	4	资源再生利用产业增加值占园区工业增加值比例	%	≥30	
产业共生	5	建设规划实施后新增购建生态工业链项目数量	个	≥6	必选
	6	工业固体废物综合利用率[1]	%	≥70	2 项指标至少选择 1 项达标
	7	再生资源循环利用率[2]	%	≥80	
资源节约	8	单位工业用地面积工业增加值	亿元/平方公里	≥9	2 项指标至少选择 1 项达标
	9	单位工业用地面积工业增加值三年年均增长率	%	≥6	
	10	综合能耗弹性系数	—	当园区工业增加值建设期年均增长率 > 0，≤0.6 当园区工业增加值建设期年均增长率 <0，≥0.6	必选
	11	单位工业增加值综合能耗[1]	吨标煤/万元	≤0.5	2 项指标至少选择 1 项达标
	12	可再生能源使用比例	%	≥9	

续表

分类	序号	指标	单位	要求	备注
资源节约	13	新鲜水耗弹性系数	—	当园区工业增加值建设期年均增长率＞0，≤0.55 当园区工业增加值建设期年均增长率＜0，≥0.55	必选
	14	单位工业增加值新鲜水耗[1]	立方米/万元	≤8	3 项指标至少选择 1 项达标
	15	工业用水重复利用率	%	≥75	
	16	再生水（中水）回用率	%	缺水城市达到 20% 以上京津冀区域达到 30% 以上其他地区达到 10% 以上	
环境保护	17	工业园区重点污染源稳定排放达标情况	%	达标	必选
	18	工业园区国家重点污染物排放总量控制指标及地方特征污染物排放总量控制指标完成情况	—	全部完成	必选
	19	工业园区内企事业单位发生特别重大、重大特大环境事件数量	—	0	必选

续表

分类	序号	指标	单位	要求	备注
环境保护	20	环境管理能力完善度	%	100	必选
	21	工业园区重点企业清洁生产审核实施率	%	100	必选
	22	污水集中处理设施	—	具备	必选
	23	园区环境风险防空体系建设完善度	%	100	必选
	24	工业固体废物（含危险废物）处理利用率	%	100	必选
	25	主要污染物排放弹性系数	—	当园区工业增加值建设期年均增长率>0，≤0.3 当园区工业增加值建设期年均增长率<0，≥0.3	必选
	26	单位工业增加值二氧化碳排放量年均削减率[1]	%	≥3	必选
	27	单位工业增加值废水排放量[1]	吨/万元	≤7	2 项指标至少选择 1 项达标
	28	单位工业增加值固废产生量[1]	吨/万元	≤0.1	
	29	绿化覆盖率	%	≥15	必选
信息公开	30	重点企业环境信息公开率	%	100	必选
	31	生态工业信息平台完善程度	%	100	必选
	32	生态工业主题宣传活动	次/年	≥2	必选

注：1. 园区中某一工业行业产值占园区工业总产值比例大于70%时，该指标的指标值为达到该行业清洁生产评价指标体系一级水平或公认国际先进水平。

2. 第4项指标无法达标的园区不选择此指标作为考核指标。

资料来源：国家环保部2015年12月24日发布的《国家生态工业示范园区标准》。

（二）生态修复产业进展喜人

环境治理可以划分为三个阶段，第一个阶段是污染治理和节能减排，第二个阶段是环境生态修复，实现生态系统的结构与功能的持续发展，第三个阶段是实现环境生态修复与社会人文修复的整体生态建设。近年来，国家陆续推出了新环保法、环保 PPP 模式、第三方治理、环境监管垂直管理等一系列政策措施，从多个方面吸引社会力量共同改善环境质量、参与生态修复，我国生态修复和环保产业迎来了春天，获得了喜人进展。生态修复产业的发展方向，是实现生态农业、生态工业与生态服务业等行业跨界整合，使得环保产业最终成为我国最重要和最有前景的支柱产业之一。

1. 生态修复产业增速发展。

环保税法颁布后，逐渐显出政策对生态修复产业的促进作用，在生态修复技术发展方面，环境监测设备以及多参数监测系统的研发、生产不断加大，产品质量逐步提升；在生态修复服务方面，第三方委托运营服务专业化水平正在提高，保证系统运行可靠，数据及时、准确、有效。官方数据显示，“十一五”以来，环保产业年均增速超过 15%，进入了快速发展阶段。从环境污染治理投资总额来看，我国在 2001 ~ 2010 年间因出台“污染物总量控制”政策而实现了生态修复产业的高速增长，2013 年后颁布了一系列“环境质量改善目标”政策，环保产业有望在“十三五”期间步入快速发展新阶段，我国环保行业投资复合增速可达 11% ~21%，环保投入占 GDP 的比重到 2020 年有望升至 2% ~3%。截至 2016 年 9 月，土壤修复行业从业单位增加到 2 000 ~ 3 000 家，从业人数从 2000 年的不到 1 000 人增长到近 1.2 万人，数目均有所增长。同时，近两年，中央共下达专项基金 120 亿元左右，用于土壤调查、监管、治理修复等方面，并带动了一大批社会资金。中央财政用于土壤修复防治的资金也从

2014 年的 20 亿元增加到 2016 年的 68. 75 亿元。在环保产业中，土壤地下水修复方面的科研、技术、装备、要素等已经成为重点发展领域。截至 2017 年 3 月，包括碧水源、国祯环保、东方园林、启迪桑德在内的多家环保上市企业，已连续斩获逾 300 亿元 PPP 大单，其中涵盖黑臭水体治理、餐厨垃圾处理、生态修复等环境治理产业链。在全球环保产业结构中，美国、西欧和日本占比超过 85%，随着我国环保投入增加和市场空间逐步释放，未来我国也有望诞生出“千亿级”规模的世界级环保企业。而且，随着环境综合治理思路的确立，环保企业将以环境质量改善为出发点，不断提升自身的生态修复综合服务能力，由单一服务型的“装备制造商”向“环境综合服务商”转型。

自 2015 年“水十条”落地并全面执行至今，城镇污水厂处理、提标改造正释放巨大的市场空间，除了城市污水处理市场相对趋于饱和以外，工业废水处理、流域治理以及农村污水治理等生态修复市场仍存在巨大缺口。随着环保指导思想向“质量化”转变，污水排放指标趋严，膜法水处理行业将保持 20% 以上高速增长，年产值有望从 2015 年的 850 亿元，增长至“十三五”末的约 2 000 亿元。土壤修复产业方面，2016 年 5 月国务院印发《土壤污染防治行动计划》，土壤污染防治工作开始提速，土壤修复产业也逐渐步入快车道。2016 年节能环保企业业绩抢眼，亿元项目频繁出现：聚光科技签署 12. 54 亿元联合中标综合治理工程“黄山市黄山区浦溪河（城区段）综合治理工程 PPP 项目”，启迪桑德中标 19. 6 亿元内蒙古“通辽市科尔沁区城乡环卫一体化项目”，棕榈股份签 30 亿元 PPP 项目意向《奉化市阳光海湾“特色小镇”项目投资合作意向协议书》，盛运环保与枣庄市政府签署 17. 6 亿元 BOT 项目“枣庄市循环经济产业园及城乡垃圾收运一体化项目投资协议”，项目之多不胜枚举。

2. 地方生态修复产业蓬勃发展。

近年来，在国家政策的强有力推动下，越来越多的地区高度重视发展生态修复产业，并根据自身地域特色和发展要求，探索各具特色的环保产业并将之打造成新兴的支柱产业。江苏宜兴，通过自身产业集群创新的特色，成为国内重要的环保产业基地，从自发式的草根经济发展到年产值 500 亿元、拥有 1 500 多家制造企业和 3 000 多家配套企业。

山东是造纸、石化等领域的工业大省，以环保技术和产品为抓手，实行国内最严格的环境标准，通过环境污染治理和生态修复倒逼地方生态修复产业和环保产业发展。据统计，山东成为“十五”和“十一五”期间全国最大的环保需求市场，“十二五”期间重点环保工程规划投资高达 1 356 亿元，山东环保产业年产值从 2010 年前后的数百亿元，快速增长至 2015 年的 5 580 亿元，到 2020 年有望突破 1 万亿元大关。

借助于国家生态政策的推动，在生态修复产业中“湘军”崛起，湖南紧锣密鼓地出台了环保产业发展的具体政策措施。2015 年，湖南出台了《湖南省人民政府关于加快环保产业发展的意见》《湖南省加快环保产业发展实施细则》，提出 2015 ~ 2020 年，湖南全省环保产业增加值要年均增长 20%，明确了产业发展路径和政策支撑。目前，环保产业成为湖南省七大战略性新兴产业中仅次于先进装备制造业和新材料产业的新兴产业，2007 年长株潭城市群获批为全国两型社会建设综合配套改革试验区，节能环保产业成为建设两型社会的技术支撑。

陕西省近两年密集发布《关于加快发展环保产业的若干规定》《陕西环保产业发展规划》等一系列政策，环保产业出现了井喷式发展。2014 年底，陕西环保产业集团成立，推行“大集团引领、大项目支撑、群体化推进、园区化承载”的发展战略，带动社会资本参与环境治理和生态保护。截至 2015 年底，陕西省从事环保产业的企事业单位 500 多家，从业人员 3 万多人，实现年产值约 900 亿元，且每年还在以 20% 以上的速度快速增长。

近 5 年，重庆环保相关企业数量增长最快，新增 415 家，环境服务业的发展也进入历史最快阶段，年均增加约 45.6 家企业。重庆整合万亿元国有资产，成立“八大投融资平台”，环保投入已连续 10 年超过当年地区生产总值的 2%。《重庆市环境保护产业发展报告（2016）》正式发布，以 2015 年为目标年，对环境保护产品、环境保护服务、节能产品、节能服务、资源综合（循环）利用等五大行业领域的 1 013 家企业开展环保产业基本情况调查，成为国内率先对当地环保产业摸底调查的地区之一。

3. 生态修复产业发展前景。

2016 年 9 月，国家发改委、环境保护部印发了《关于培育环境治理和生态保护市场主体的意见》，提出三大目标：一是绿色环保产业产值年均增长 15% 以上，到 2020 年超过 2.8 万亿元；二是培育 50 家以上产值过百亿的环保企业；三是到 2020 年，环境治理市场全面开放，基本建立环境信用体系。环保部、科技部联合发布《国家环境保护“十三五”科技发展规划纲要》，显示环保技术市场的潜力巨大，环保行业的科技创新已成大势。

随着我国生态修复技术发展，生态修复和环保产业的技术、工程、产品性价比逐渐展现出其竞争力，开始拓展海外市场。2013 年我国提出“一带一路”的国家战略，2015 年国务院授权国家发改委、商务部等部委发布《推动共建丝绸之路经济带和 21 世纪海上丝绸之路的愿景与行动》，环保产业作为我国新兴战略产业的主体，积极探索海外市场，成为“一带一路”的积极参与者，向沿线国家输送中国环境技术、工程和先进的生态、绿色理念。重庆三峰环境实施走出去战略，签约了印度、泰国等“一带一路”国家的垃圾焚烧项目，实现了国产焚烧技术输出。中冶国际工程集团有限公司作为工程总承包商承接了越南的污水处理项目，非洲莫桑比克、阿尔及利亚的供水项目以及多个工业项目中包含的环保项目。2011 年北控水务基于政府间合作，在马来西亚获得吉隆坡 Pantai Ⅱ 污水处理厂项目，并于 2016 年完成竣工验收。2014 年，北控水务中标新加坡樟宜Ⅱ新生水厂 DBOO

（设计—建设—拥有—运营）项目，目前已交付使用，并获得了2016 全球水峰会最佳水务交易大奖。在固废领域，中国光大国际有限公司在焚烧炉排、烟气净化、渗滤液处理及自动化控制等方面形成了自主知识产权的核心技术，同时全部实现关键核心设备的中国制造，并取得欧盟 CE 认证。2016 年 1 月，光大国际与中国电建集团、越南 UDIC 投资公司、越南河内市环卫公司签署了越南河内日处理能力 2 000 吨的南山垃圾发电项目合作协议。7 月，光大国际中标越南芹苴市垃圾发电项目，将在越南打造第一座无害化、减量化、资源化的垃圾发电项目。

三、生态修复地方创新层出不穷

由于环境问题具有区域性和地方性的特点，一些地方按照《立法法》的规定，结合本地区实际制定了一些地方性环境法规和规章，包括综合性环境立法与专门和单行的环境立法。一方面弥补了国家立法之不足，另一方面通过局部性、地方性的环境保护和生态修复的突破、实践、示范，推动了我国环境法的整体创新。比如淮南市制定了我国第一个专门规范采煤塌陷区生态修复的地方性法规《淮南市采煤塌陷区治理条例》，为我国采煤塌陷区的生态修复实践提供了良好的法律制度保障，并广泛影响了各地方矿山地质环境恢复治理的法规政策。黑龙江率先制定的《黑龙江湿地保护条例》堪称全国湿地保护的典范，并直接推动了全国性的《湿地保护管理规定》（2013）的出台。《湖南省湘江保护条例》是综合性法规的地方创新典范，对跨行政区域、按生态系统或自然资源属性进行统一性的生态保护和修复进行了积极探索。另外，还有《上海市环境保护条例》《湖南省环境保护条例》《重庆市环境保护行政处罚程序规定》《天津市大气污染防治条例》《上海市突发公共事件总体应急预案》《新疆塔里木河流域水资源管理条例》以及《巴音郭楞蒙古自治州博斯腾湖流域水环境保护及污染防治条例》等民族自治地方制定的一些环境资源自治条例、单行条例。据统计，目前我国已经具有超过 1 600 件的地方性环境保护法规和规章。①

（一）环境公益诉讼的法治创新

尽管我国环境保护和生态修复的制度建设进程加快，但近年来我国发生的“松花江苯污染”事件、“阳宗海砷污染”事件等重大环境公害事件，反映了现行的环境行政执法存在诸多不足：一是环境行政机关没有强制执行权力，不能及时制止侵害环境的违法行为；二是行政罚款金额较小，不能起到制止违法生产行为和震慑潜在违法生产者的目的；三是环境行政执法具有地域性，对管辖区域外的违法者束手无策；四是对于给环境造成的重大损失，无法通过行政程序要求违法者赔偿、修复环境，实践中往往是财政埋单，不符合“谁污染谁治理”的原则；五是环境行政机关受制于地方政府，存在地方保护主义，有的环境行政机关甚至是违法者的保护伞。②

因此，如何创新环境司法机制，是加强生态环境保护和生态文明建设面对的崭新挑战。《民事诉讼法》第 55 条正式确立了我国的公益诉讼制度，新《环境保护法》以及最高人民法院出台的《关于审理环境公益诉讼案件适用法律若干问题的解释》，为建立环境公益诉讼制度，制止污染、破坏生态环境的侵权行为，及时修复受损退化的生态环境，提供了强有力的法律支撑。云南省昆明中院对环境公益诉讼制度的地方探索，创新和推进了我国环境公益诉讼制度建设。

---

① 常纪文：《中国环境法治的历史、现状与走向——中国环境法治 30 年之评析》，载于《昆明理工大学学报》（社科（法学）版）2008 年第 1 期，第 1 ~ 9 页。

② 本部分内容参考袁学红：《构建我国环境公益诉讼生态修复机制实证研究——以昆明中院的实践为视角》，载于《法律适用》2016 年第 2 期，第 7 ~ 11 页。

专栏6：昆明中院对环境公益诉讼的探索实践

2008年12月11日，昆明中院以水环境保护为切入点成立了环境保护审判庭，实行涉环境保护的民事、刑事、行政审判及环境公益诉讼执行工作"四合一"审执模式，并以"公众环境权"和"公共信托"理论为指导，创造性地与昆明市人民检察院联合制定《关于办理环境民事公益诉讼案件若干问题的意见（试行)》，为审理环境民事公益诉讼案件打下制度基础。

（一）确定了公益诉讼人的主体资格

昆明中院认为，将提起环境民事公益诉讼的人定位为公益诉讼人更符合环境民事公益诉讼的特征，规定了环境行政执法机关、环保组织可以公益诉讼人身份提起环境民事公益诉讼，检察机关在必要时也可以以公益诉讼人身份提起环境民事公益诉讼。

（二）明确了检察机关的诉讼职能

昆明中院规定了检察机关可以督促、支持环境行政执法机关、环保组织起诉，规定了检察机关出庭支持起诉的操作程序、支持起诉的内容，以及证据利益归属于公益诉讼人。

（三）完善了环境公益诉讼证据规则

证据问题是环境公益诉讼的难点问题。昆明中院规定了举证责任的一般分配原则，即环境民事公益诉讼案件的损害事实、损害后果由公益诉讼人承担举证责任，侵权行为与损害后果之间的因果关系由被告承担举证责任；同时规定了申请鉴定的责任、鉴定机构的选择，解决了环境案件中申请鉴定主体不明、鉴定机构缺位、鉴定结论的证据效力等问题。

（四）建立了环境公益诉讼禁止令制度

昆明中院参照最高人民法院《关于对诉前停止侵犯专利权行为适用法律问题的若干规定》以及司法实践中有关人身保护令的制度创新，紧扣环境民事公益诉讼所特有的及时制止环境侵权行为的目的，创造性地规定了环保禁止令制度，避免诉讼期间侵权行为继续损害环境。为保证禁止令的顺利执行，昆明中院还制定《关于在环境民事公益诉讼中适用禁止令的若干意见》，与公安机关联合制定《关于公安机关协助人民法院执行禁止令的若干意见》，创造性地规定了禁止令由人民法院颁布，由公安机关协助执行。

（五）规范了环境公益诉讼费用承担

昆明中院认为，环境民事公益诉讼中侵权行为侵害的法益是“公众环境权”，环境民事公益诉讼的诉讼利益应当归属于公众（社会），诉讼成本也应由社会承担。在昆明中院与市环保局的共同推动下，昆明市政府于2010年10月25日公布了《昆明市环境公益诉讼救济资金管理暂行办法》，解决了公益诉讼的诉讼成本及诉讼利益归属的问题。

（六）公开审理环境公益诉讼案件

2010年，昆明中院受理了昆明市环保局起诉并由昆明市检察院支持起诉的，被告昆明三农农牧有限公司、昆明羊甫联合牧业有限公司污染环境民事公益案件。该案虽然经过行政处罚，但罚款并不能解决地下水的治理问题。为此，昆明市检察院向昆明市环保局发出了《督促起诉意见书》，督促昆明市环保局就二被告侵害社会环境公共利益的侵权行为提起环境民事公益诉讼，同时昆明市检察院作为支持起诉人出庭支持起诉。本案经昆明中院审理后，判决二被告向“昆明市环境公益诉讼救济专项资金”支付治理费人民币417.21万元。该案整个庭审及宣判过程均通过新华网进行了网络直播，受到了新闻媒体的广泛关注。《人民日报》连续做了3篇报道，《中国环境报》做了2篇报道，人民法院报、都市时报、云南电视台、昆明电视台、中国法院网、新华网等媒体均做了大量报道。

2011年，昆明中院受理了由云南省安宁市国土资源局起诉被告班某等6人非法采矿，破坏环境的公益诉讼案件。该案经昆明中院组织调解，各方当事人达成了调解协议，6个被告人向昆明市环境公益诉讼救济资金专户支付443 512元。之后，昆明中院又审理了4起环境民事公益诉讼案件，让污染环境者付出了沉重代价，增大了污染者的违法成本，有力地震慑了潜在的污染者。

资料来源：袁学红：《构建我国环境公益诉讼生态修复机制实证研究——以昆明中院的实践为视角》，载于《法律适用》，2016年第2期，第7～11页。

（二）生态修复补偿的机制创新

我国最早的生态补偿实践开始于20世纪80年代，云南省对磷矿开采征收覆土植被及其他生态环境破坏恢复费用。20世纪90年代中期生态补偿实践进入高峰，广西、福建等14个省区145个县市开始试点。1993年征收范围扩大到矿产开发、土地开发、旅游开发、自然资源、药用植物和电力开发六大类，征收方式主要有按项目投资总额征收、按产品销售总额征收、按产品单位产量征收、按生态破坏的占地面积征收、综合性收费和押金制度六种。

比较典型的制度创新，体现在生态环境治理备用金制度、资源生态补偿费制度和资源可持续发展基金等方面。①生态环境治理备用金制度，为浙江省于1998年制定的《浙江省矿产资源管理条例》中首创，2002 年江苏省出台了《矿山环境恢复治理保证金收缴金及使用管理暂行办法》，主要针对露天开采石材石料及其他矿产资源的企业征收保证金，安徽省 2003 年也出台了类似的暂行办法。②资源生态补偿费制度，最早是江苏省于 1989 年环保部门开始对全省集体和个体煤矿征收煤炭生产生态环境补偿款，用于被开采矿山的环境整治和自然景观修复，征收标准为销售收入的 2% ~4%；福建省则从 1999 年开始由煤炭公司对全部煤炭企业代收煤炭生产生态环境补偿费，征收标准为 0.5 元/吨，出省的为 5 元/吨；广西壮族自治区于 1992 年由矿产经销部门对乡镇集体和个体煤矿代收煤炭生产环境补偿款，征收标准为 6%，其中 75% 用于矿山环境污染治理补助资金，25% 用于管理、示范工程、科研和污染纠纷处理等开支。③资源可持续发展基金，则是山西省于 2007 年首创，对山西省从事原煤开采的单位和个人征收可持续发展费用，计算公式为"基金征收额 = 适用煤种征收标准 × 矿井核定产能规模调节系数 × 原煤产量"，截止到 2007 年底，山西省已征收煤炭可持续发展基金 101.2 亿元，用于企业无法解决的区域生态环境治理、资源型城市和重点煤炭接替产业发展以及因采煤引起的其他社会性问题。[①]

专栏 7：浙江省首创生态环境治理备用金制度

浙江省 1998 年在《浙江省矿产资源管理条例》的制定过程中，确立了矿山生态环境治理备用金制度，在全国属于首创。

---

① 关于生态修复补偿制度的地方创新内容摘自陈冰波：《主体功能区生态补偿》，社会科学文献出版社 2009 年版，第 313 ~315 页。

2000 年 10 月起实施的《管理条例》规定，采矿人员在领取采矿证的同时，与国土资源部门签订矿山生态环境治理责任书，并分期缴纳治理备用金，治理备用金应当不低于治理费用。备用金大部门按照每平方米 6～8 元的标准收取，浙江省到 2005 年已累计收取矿山生态环境治理备用金 2.99 亿元，征收面达到 100%。

区分两个途径，来解决废弃矿山的生态治理问题。第一，运用“谁得益，谁治理”的机制，处理受益者明确的一部分废弃矿山，解决其生态环境的整治和复绿问题。第二，由政府出面组织和治理受益人不明确或无法确认的废弃矿山。其治理资金主要来源有：①从省、市、县（市、区）采矿权出让所得中加大使用比例；②从矿山生态环境治理的新增土地收费中安排一部分；③从政府有关部门的涉矿行政事业受益中拿出一部分；④统计财政补贴一部分。

资料来源：陈冰波：《主体功能区生态补偿》，社会科学文献出版社 2009 年版，第 313～314 页。

（三）矿山修复的标准创新

土壤修复是生态修复的三大战役之一，因为土壤污染具有累积性、不均匀性和长期存在性等特点，可谓“天长地久”。土壤污染修复包括加强土壤污染源监管、强化工业污染源监管、加强涉重金属行业污染防控、严防矿产资源开发和工业固体废物污染土壤等内容，矿山地区修复则是土壤修复的重中之重。随着经济的蓬勃发展，矿藏大量开采在带来高速经济增长的同时，也产生了空气污染、水体酸化、土壤质量下降、自然景观破坏等环境生态问题，威胁人民生命健康和区域经济社会可持续发展。2016 年 7 月 1 日国土资源部、工业和信息化部、财政部、环境保护部、国家能源局联合发布了《关于加强矿山地质环境恢复和综合治理的指导意见》，明确提出严防矿产资源开发污染土壤，加强涉重金属污染防控，加强矿山地质环境保护，加快矿山地质环境恢复和综合治理。截至 2015 年，全国共投入治理资金超过 900 亿元，治理矿山地质环境面积超过 80 万公顷，一批资源枯竭型城市的矿山地质环境得到有效恢复。当前我国土壤修复和矿山修复面临的主要挑战或难题之一，是标准规范不健全，土壤污染调查评估、风险管控、治理修复等方面还缺乏可操作的标准和技术规范。

湖州市近年来积极探索矿产开发与环境保护协调发展的新路子，全域推进绿色矿山建设，绿色矿山建成率达 84%。2017 年 3 月 20 日，浙江省湖州市出台《绿色矿山建设规范》，标志着我国首个地方绿色矿山建设标准发布实施。《规范》明确了绿色矿山建设的基本要求以及资源环境、企业管理、认定与监管要求。《规范》规定，绿色矿山是指在矿产资源开发全过程中既严格实施科学有序的开采，又将对矿区及周边环境的扰动控制在环境可承受范围内，使矿产资源开发利用与生态环境保护相协调的矿山，具有开采方式科学化、资源利用高效化、生产工艺环保化、矿山环境生态化、企业社区和谐化的特点。

《规范》要求，在资源利用方面，绿色矿山的矿产资源开采回采率不低于矿产资源开发利用方案指标，综合利用率达到 95% 以上，固体废弃物处置率达到 100%；矿区应建有截排水系统，地表径流水经沉淀处理后达标排放；生产废水实行循环利用，实现零排放。在环境保护、生态修复方面，矿山粉尘达标排放，矿山粉尘浓度小于等于 1 毫克/立方米，矿区大气环境、矿区和矿界周围噪声排放要符合有关国家标准要求；开采区、加工区、运输系统、办公区、生活区和码头实现洁化、绿化、美化，绿化覆盖率达到可覆盖区域面积的 80% 以上；闭坑验收时，边坡治理率达到 100%。

四、生态修复工程全面推进

改革开放以来，我国经济建设和发展的步伐不断加快，加剧了资源过度开发利用和生态环境破坏，严重影响经济社会的可持续发展，我国政府相继出台一系列政策措施，把生态保护和建设列为一项长期战略任务，坚持“保护优先和自然修复为主，加大生态保护和建设力度，从源头上扭转生态环境恶化趋势”的基本原则，开展了一系列重大的生态保护与环境治理工程，旨在推进生态保护、修复和重建，构建国家生态安全屏障。

（一）各部委纷纷推出生态修复项目

2017 年 1 月国务院印发《全国国土规划纲要（2016～2030 年）》提出，坚持保护优先、自然恢复为主的方针，以资源环境承载能力为基础，综合考虑不同地区的生态功能、开发程度和资源环境问题，加快转变国土开发利用方式，全面提高国土开发质量和效率，落实区域发展总体战略、主体功能区战略和三大战略，有针对性地实施国土保护、维护和修复，切实加强环境分区管治，统筹推进形成国土集聚开发、分类保护与综合整治“三位一体”总体格局，加强国土空间用途管制，建立国土空间开发保护制度，提升国土空间治理能力。构建以青藏高原生态屏障、黄土高原—川滇生态屏障、东北森林带、北方防沙带和南方丘陵山地带（即“两屏三带”）以及大江大河重要水系为骨架，以其他国家重点生态功能区为支撑，以点状分布的国家禁止开发区域为重要组成部分的陆域生态安全格局；统筹海洋生态保护与开发利用，构建以海岸带、海岛链和各类保护区为支撑的“一带一链多点”海洋生态安全格局，构建陆海国土生态安全格局。以资源环境承载力评价为基础，依据主体功能定位，按照环境质量、人居生态、自然生态、水资源和耕地资源5大类资源环境主题，区分保护、维护、修复3个级别，将陆域国土划分为16类保护地区，实施全域分类保护，依据开发强度实施国土分级保护，构建“五类三级”国土全域保护格局。

针对大气污染、土壤污染、水体污染、森林草原退化等环境生态问题，我国政府和国务院下属各部委纷纷开展了许多重要、重大的环境保护和生态修复工程。2013年9月国务院出台《大气污染防治行动计划》后，国家发改委围绕5个方面积极开展大气污染防治工作：一是狠抓节能减排；二是推进能源的清洁化，优化能源结构；三是优化产业结构和布局；四是完善经济政策；五是推进重点工程的实施。国家发改委重点工程推进主要包括重点行业大气污染治理和清洁生产技术改造工程、燃煤锅炉节能环保提升工程等。

根据水利部编写的《2015年全国水利发展统计公报》，我国积极推进水土保持、江河湖泊治理、水资源配置等生态修复工程，取得显著成效。如积极推进水土保持工程，截至2015年底，全国水土流失综合治理面积达115.58万km^2，累计封禁治理保有面积达80万km^2，建成生态清洁型小流域640条。全年在建江河治理工程5 730处，其中：堤防建设600处，大江大河及重要支流治理803处，中小河流治理4 029处，行蓄洪区安全建设及其他项目298处。水库及枢纽工程建设方面，全年在建枢纽工程296座，在建项目累计完成投资1 635.9亿元，项目投资完成率55.6%。全年水土保持及生态工程在建规模366.0亿元，累计完成投资277.8亿元。全国新增水土流失综合治理面积5.4万km^2，其中：国家水土保持重点工程新增水土流失治理面积1.6万km^2。全年新增封育保护面积1.9万km^2。2015年水资源配置工程建设进展顺利：安徽淮水北调工程主体基本完工；贵州黔中水利枢纽工程下闸蓄水，夹岩水利枢纽及黔西北调水工程“三通一平治一期工程全部完工；陕西引汉济渭三河口水利枢纽工程实现截流，黄金峡水利枢纽工程开工建设；青海引大济湟调水总干渠隧洞工程全线贯通并试通水成功；甘肃引洮供水一期工程全线正式通水试运行；甘肃引洮供水二期、湖北鄂北水资源配置、海南南渡江引水和河北引黄入冀补淀等工程相继开工建设。2016 年我国已先后开工甘肃红崖山水库加高扩建、黑河黄藏寺水利枢纽、青海引大济湟西干渠灌区等 20 项重大水利工程。目前，国务院确定的 172 项重大水利工程已开工建设 105 项，在建规模超过 8 000 亿元。其中，牛栏江滇池补水、河南河口村水库等 6 项基本建成；江西浯溪口水利枢纽、安徽淮水北调等 8 项主体基本完工，开始发挥工程效益。2016 年全国已完成高效节水灌溉面积 2 180 多万亩，占年度建设任务的 109%；累计完成水利工程中央投资计划 2 045. 3 亿元，投资完成率 91. 7%，其中重大水利工程投资完成率 92. 2%、其他水利工程投资完成率 91. 2%。投资结构进一步优化，投资重点向重大工程、民生水利、中西部地区倾斜，主要支持了重大水利工程、农村饮水安全巩固提升、病险水库水闸除险加固、中小河流治理、中小型水库建设、小型农田水利、水土保持等项目。

2017 年 1 月，农业部印发《农业资源与生态环境保护工程“十三五”规划》指出，“十二五”以来，党中央、国务院高度重视农业资源保护和生态环境建设，不断加大投入力度，实施了高标准农田建设、旱作节水农业、退牧还草、京津风沙源治理等一系列重大工程，取得积极进展。一是耕地保护基础不断夯实。建成东北黑土地高标准农田面积近 4 000 万亩，西北旱作节水农业示范区约 700 万亩，湖南重金属污染耕地修复与种植结构调整试点区 170 万亩，区域农业基础条件和耕地质量得到有效改善。二是草原保护与建设成效显著。2015 年，草原综合植被盖度为 54%，比 2011 年提高 3 个百分点；重点区域天然草原平均牲畜超载率 15. 2%，比 2011 年下降 12. 8 个百分点；累计落实草原承包面积 42. 5 亿亩，占草原总面积的 72%。草原生态持续恶化的势头得到了初步遏制，局部草原生态状况改善明显。三是水生生物资源养护与生态修复稳步推进。水生生物增殖放流全面开展，海洋牧场建设不断推进，海藻场和海草床建设初见成效，水生生物保护区体系基本建立。四是外来生物入侵防控体系初步构建。建设外来入侵生物防治示范区 20 个、天敌繁育基地 24 个、生物替代技术示范基地 3 个，形成了一批有效防治典型外来入侵生物的办法，推广示范一批综合防控技术。五是农业面源污染防治取得积极进展。建成全国农业面源污染国控监测网络，建设了 106 个国家级农作物病虫害绿色防控技术集成示范区，新创建了一批国家级畜禽养殖标准化示范场、规模化大型沼气工程和规模化生物天然气工程，在太湖、洱海、巢湖和三峡库区建设了一批流域农业面源污染综合治理示范区。

改革开放以来，我国相继启动了 17 个林业重点工程，2001 年国务院批准实施林业部六大工程，再造秀美山川，规划范围覆盖了全国 97% 以上的县，规划造林任务超过 11 亿亩，工程范围之广、规模之大、投资之巨为历史所罕见，是对我国林业建设工程进行系统整合，也是对林业生产力布局的一次战略性调整。①天然林资源保护工程，覆盖长江上游、黄河上中游地区和东北、内蒙古等重点国有林区的 17 个省区市的 734 个县和 167 个森工局，主要解决天然林的休养生息和恢复发展问题。2000 ~ 2010 年主要实现三大目标：一是切实保护好现有森林资源；二是加快森林资源培育步伐；三是妥善分流安置富余林业职工。②退耕还林工程，覆盖了中西部所有省区市及部分东部省区，这是涉及面最广、政策性最强、群众参与度最高的再造秀美山川的关键工程，主要解决重点地区的水土流失问题。工程规划在 2001 ~ 2010 年间，退耕还林 2.2 亿亩，宜林荒山荒地造林 2.6 亿亩。工程建成后，工程区将增加林草覆盖率 5 个百分点，水土流失控制面积 13 亿亩，防风固沙控制面积 15.4 亿亩。③京津风沙源治理工程，范围包括北京、天津、河北、山西、内蒙古 5 省区市的 75 个县，总面积为 46 万 km^2，主要解决首都周围地区的风沙危害问题。工程建成后，京津地区的生态将大为改观。④“三北”和长江中下游地区等重点防护林建设工程，具体包括“三北”防护林第四期工程，长江、沿海、珠江防护林二期工程和太行山、平原绿化二期工程，主要解决“三北”地区防沙治沙问题和其他地区各不相同的生态问题。⑤野生动植物保护及自然保护区建设工程，实施范围包括具有典型性代表性的自然生态系统、珍稀濒危野生动植物的天然分布区、生态脆弱地区和湿地地区等，主要解决物种保护、自然保护、湿地保护等问题。工程到 2010 年，使全国自然保护区总数达到 1 800 个，其中国家级 220 个，自然保护区面积占国土面积的比例达到 16.14%。⑥重点地区速生丰产用材林基地建设工程，覆盖我国 400 毫米等雨量线以东的 18 个省区的 886 个县、114 个林业局、场，主要解决木材供应问题，减轻木材需求对森林资源的压力。工程布局在 2001 ~ 2015 年间，分三期建立速生丰产用材林基地近 2 亿亩。工程建成后，提供的木材约占我国当时商品材消费量的 40%。①

（二）重大生态修复工程

习近平同志在中央政治局第六次集体学习时的讲话中强调：“要实施重大生态修复工程，增强生态产品生产能力。良好生态环境是任何社会持续发展的根本基础。人民群众对环境问题高度关注。环境保护和治理要以解决损害群众健康突出环境问题为重点，坚持预防为主、综合治理，强化水、大气、土壤等污染防治，着力推进重点流域和区域水污染防治，着力推进重点行业和

① 段世文：《中国林业六大工程》，载于《人民日报海外版》2002 年 8 月 12 日第 11 版。

重点区域大气污染治理。”[①] 我国主要的生态保护与建设工程包括天然林保护工程、退耕还林工程、退牧还草工程、荒漠化治理工程、水土流失及泥石流治理等。这里简单介绍一下天然林保护工程、退耕还林工程、荒漠化治理工程、京津风沙源治理工程的进展情况。

1. 天然林保护工程。

天然林，又称为自然林，是森林资源的主体，包括自然形成与人工促进天然更新或萌生所形成的森林。天然林蕴藏着丰富的生物多样性，是重要的基因库、物种库、潜在的后备资源，是陆地生态系统结构最复杂、生物量最大、功能最完善的资源，具有人工林所不可替代的巨大生态经济效益，对抵御旱涝灾害、遏制土地沙化、保护物种、维持生态平衡具有决定性作用。

我国天然林资源主要分布于大江大河源头、重要山脉核心地带、部分农业主产区周围等重点地区，构成我国长江、黄河、嫩江、松花江等流域的生态屏障，为我国水土保持、生物多样性保护、国家生态安全维系、经济社会持续发展发挥无可替代的作用。但是，从 20 世纪 50 年代以来，我国天然林严重破坏和退化已经成为困扰林业持续发展的瓶颈问题，主要存在原始森林面积骤减、森林质量下降和生物生产力降低、生物多样性受到威胁、森林结构不合理、生态服务功能降低或丧失、天然林经营技术粗放落后等严重问题。

为了遏制天然林继续退化的趋势，实现保育、经营、修复天然林资源的目标，国家林业局 1998 年 9 月开始试点推行“天然林资源保护工程”（简称“天保工程”），以从根本上遏制生态系统退化与环境恶化，保护生物多样性，促进社会、经济的可持续发展为宗旨；以对天然林的重新分类和区划，调整森林资源经营

① 《习近平谈治国理政》，外文出版社 2014 年版，第 209～210 页。

方向，促进天然林资源的保护、培育和发展为措施，以维护和改善生态与环境，满足社会和国民经济发展对林产品的需求为根本目的。2000 年 10 月，国务院正式批准《长江上游、黄河上中游地区天然林资源保护工程实施方案》和《东北、内蒙古等重点国有林区天然林资源保护工程实施方案》，全面启动国家天然林资源保护工程和政策，标志着我国天然林资源保护迈入一个崭新的历史发展阶段。

“天保工程”一期（2001～2010 年）规划建设期为 10 年，国家累计投资 1 000 多亿元，覆盖 17 个省（自治区、直辖市），涉及 734 个县、167 个森工局（县级林业局、林场），共计 901 个单位。经过 10 多年努力，森林资源持续增长，累计少砍木材 2.2 亿 m^3，森林面积净增 1.5 亿亩，森林覆盖率增加 3.7 个百分点，森林蓄积净增约 7.25 亿 m^3；主要林区和流域的生态环境状况明显好转，生物多样性得到有效保护，水土流失减轻；国有林区管理体制、经营机制改革得到积极推进，林业产业发展成效显著，林地直接产出率由 2003 年的每亩 84 元提高到 2010 年的每亩 198 元。

“天保工程”二期工程建设（2011～2020 年），在原有基础上增加丹江口库区的 11 个县（市、区），总投入资金达 2 440.2 亿元，其中中央投入 2 195.2 亿元，地方投入 245 亿元。其建设目标是：力争经过 10 年努力，管护森林面积 17.32 亿亩，新增森林面积 7 800 万亩、森林蓄积 11 亿 m^3、碳汇 4.16 亿吨，建设公益林 1.16 亿亩，国有中幼林抚育 2.63 亿亩，培育后备资源 4 890 万亩；工程区水土流失明显减少，生物多样性明显增加，同时为林区提供就业岗位 64.85 万个，基本解决就业转岗问题，实现林区社会和谐稳定。①

---

① 参照李文华主编：《中国当代生态学研究》，科学出版社 2013 年版，第 247～249 页。

2. 退耕还林工程[①]。

退耕还林是将水土流失严重，沙化、盐碱化、石漠化严重，和粮食产量低而不稳的耕地，有计划、有步骤地停止耕种，因地制宜地造林种草、恢复植被，从而减少水土流失，减轻风沙灾害，有效保护和改善该区域的生态环境状况。

新中国成立后由于经济落后、农业生产力低下，曾经一度盲目开荒种田、以林换粮，造成水土流失、沙进人退、生态恶化的严峻生态形势，引发党和政府的高度重视。1949 年有关文件曾提出退耕还林的要求，1952 年周恩来同志签发《关于发动群众继续开展防旱抗旱运动并大力推行水土保持工作的指示》，指出“首先营造山区丘陵和高原地带有计划地封山、造林、种草和禁开陡坡”。1957 年国务院第 24 次全体会议通过《中华人民共和国水土保持暂行纲要》，指出人少地多地区的原有陡坡耕地可以适当采取逐年停耕、造林种草的措施。但这一时期，由于温饱问题尚未解决，政府财力困难，退耕还林还只是停留在号召动员和零星实践的阶段。

改革开放以后，退耕还林从国家政策到地方实践探索都得到进一步深入。1984 年出台《中共中央　国务院关于深入扎实地开展绿化祖国运动的指示》，1985 年 1 月《中共中央　国务院关于进一步活跃农村经济的十项政策》规定“山区 25 度以上的坡耕地要有计划有步骤地退耕还林还牧，以发挥地利优势。”云南、四川、宁夏回族自治区等地实施了退耕还林项目的探索，为我国退耕还林工作积累了很多积极经验和失败教训。

20 世纪 90 年代之后，国家制定了一系列退耕还林的政策文件，退耕还林项目被列为一项国家战略。1991 年 6 月《中华人民共和国水土保持法》出台，1998 年长江、松花江流域爆发特大水灾之后，中共中央、国务院深刻意识到加快林草植被建设、

---

① 参照李文华主编：《中国当代生态学研究》，科学出版社 2013 年版，第 258 页。

改善生态状况是一项非常紧迫的战略任务。1998 年 8 月《国务院关于保护森林资源制止毁林开垦和乱占林地的通知》指出“各地要在清查的基础上，按照谁批准谁负责、谁破坏谁恢复的原则，对毁林开垦的林地，限期全部还林。”1998 年 8 月修订《中华人民共和国土地管理法》，第三十九条规定“禁止毁坏森林、草原开垦耕地，禁止围湖造田和侵占江河滩地。根据土地利用总体规划，对破坏生态环境开垦、围垦的土地，有计划有步骤地退耕还林、还牧、还湖。”同年 10 月中共中央、国务院制定《关于灾后重建、整治江湖、兴修水利的若干意见》，把“封山植树、退耕还林”放在灾后重建综合措施的首位，指出“积极推行封山育林，对过度开垦的土地，有步骤地退耕还林，加快林草植被的恢复建设，是改善生态环境、防治江河水患的重大措施。”2000 年中央二号文件和国务院西部地区开发会议将退耕还林列为西部大开发的重要内容，2001 年退耕还林工程正式列入《中华人民共和国国民经济和社会发展第十个五年计划纲要》，成为中国生态建设的又一历史性举措，实现了从毁林开荒到退耕还林的历史性转变。

这一时期可谓退耕还林的试点示范阶段。1999 年四川、陕西、甘肃三省开始进行退耕还林试点，国家林业局组织检查验收，共完成退耕还林还草 38.1 万 hm^2，宜林荒山荒地造林种草 6.6 万 hm^2。2001 年底全国先后有 20 个省（自治区、直辖市）和新疆生产建设兵团 224 个县进行了试点、展开，当年完成退耕还林还草 39.9 万 hm^2，宜林荒山荒地造林种草 48.6 万 hm^2。退耕还林由此实现了从理论探索到生产实践的历史性突破，主要呈现出三大重要转变：“①实现了由地方自力更生转变为中央全额补助；②实现了由局部零星分散治理转变为中西部地区规模集中治理；③实现了思想认识上由顾虑重重转变为争先恐后。”①

① 李文华主编：《中国当代生态学研究》，科学出版社 2013 年版，第 263 页。

21 世纪以来，我国退耕还林工程全面展开，走上制度化、规范化的道路。2002 年我国全面启动退耕还林工程。2002 年 4 与国务院发布《关于进一步完善退耕还林政策措施的若干意见》（国发〔2002〕10 号），安排 25 个省（自治区、直辖市）和新疆生产建设兵团退耕还林任务共 572.87 万 hm^2。2002 年底提出、2003 年正式施行我国第一个退耕还林专门法律《退耕还林条例》，国家安排 25 个省（自治区、直辖市）和新疆生产建设兵团退耕还林任务共 713.34 万 hm^2。2004 年国务院办公厅下发《关于完善退耕还林粮食补助办法的通知》（国办发〔2004〕34 号），2007 年国务院下发《关于完善退耕还林政策的通知》（国办发〔2007〕34 号），进一步提出了巩固和发展退耕还林成果的政策措施。到 2010 年，全国累计完成退耕还林工程建设任务 2 200 多万 hm^2，其中退耕地造林 800 万 hm^2，覆盖 25 个省（自治区、直辖市）和新疆生产建设兵团 3 200 万农户 1.24 亿农民，实际完成中央投资 1 692 亿元。

截至 2011 年，我国森林覆盖率已从 2003 年的 16.55% 增加到 20.36%。退耕还林项目的实施，改变了昔日水土流失、土壤侵蚀的状况，生态状况得到明显改善，促进了农村产业结构调整和农民增产增收，拓宽了林业发展空间，促进了现代林业发展，推动了社会转型，促进了生态文明建设，提升了中国政府的形象，对全球生态安全做出了巨大贡献。

3. 荒漠化治理工程。

由于气候变化和人类活动等因素，我国干旱区、半干旱区和干旱亚湿润地区的土地退化趋势严重，我国荒漠化和沙化具有面积大、分布广、危害重的特点，造成生态环境恶化、土地资源锐减和土地质量下降。2011 年公布的第四次全国荒漠化和沙化监测结果表明，全国荒漠化土地面积 262.37 万 km^2，占国土总面积达 27.33%，全国沙化土地面积为 173.11 万 km^2，占国土面积的 18.03%，全国具有明显沙化趋势的土地 31.1 万 km^2，占国土面积的3.24%，据估计全国每年因荒漠化造成的直接经济损失高达640多亿元。

我国从20世纪50年代开始农田防护林和防风固沙林建设，80年代起实施“三北”防护林体系建设工程，90年代实施全国防沙治沙工程，21世纪初开始启动退耕还林、天然林保护、京津风沙源治理、退牧还草等一系列重大生态防治工程。国家先后颁布实施《中华人民共和国防沙治沙法》《全国防沙治沙规划》《国务院关于进一步加强防沙治沙的决定》等重要文件，提出“优先保护，积极治理，适度开发，合理利用”的原则，把荒漠化治理工程作为生态文明建设的重要内容。

我国荒漠化治理将全国荒漠化地区划分为风沙灾害综合防治区、黄土高原重点水土流失治理区、北方退化天然草原恢复治理区、青藏高原荒漠化防治区4个区域，因地制宜，力争到2020年完善生态防护体系，使全国一半以上可治理的荒漠化土地得到治理，荒漠化地区生态状况得到较大改善；到21世纪中叶，基本整治适宜治理的荒漠化土地，基本恢复盐碱化、沙化、退化的草地生产力，建立起比较完善的荒漠化预防监测和保护体系、比较发达的沙产业体系和比较繁荣的生态文化体系。

为此我国先后启动了“三北”防护林建设工程（1978年）、全国防沙治沙工程（1991年）和京津沙源治理工程（2001年）等国家级三大防沙治沙工程，并根据全国不同沙化类型区等自然、气候特点和经济状况，开展典型区域性的荒漠化防治工程和开设一批防沙治沙综合示范区和示范点。

专栏8：三北防护林体系建设工程

党中央、国务院于1978年批准总体规划，并纳入国家建设计划，决定在我国西北、华北北部、东北西部地区建设三北防护林体系。根据国家计委《关于〈西北、华北、东北防护林体系建设计划任务书〉的复文》［计（1978）808号］的精神，确定工程建设范围东起黑龙江省的宾县，西至新疆的乌孜别里山口，北抵国界线，南沿天津、汾河、渭河、洮河下游、布尔汗达山、喀喇昆仑山，东西长4 480公里，南北宽560～1 460km，包括陕西、甘肃、宁夏、青海、新疆、山西、河北、北京、天津、内蒙古、辽宁、吉林、黑龙江13个省、自治区、直辖市的551个县、市、旗、区，总土地面积406.9万km^2，占国土总面积的42.4%。

工程从1978年开始，到2050年结束，分3个阶段（1978～2000年、2001～2010年、2011～2050年）8期工程进行，共需完成造林112万公顷，从而使三北地区的森林覆盖率由1978年的5.05%提高到14.95%，届时将从根本上改善三北地区的生态环境和生产生活条件。工程被誉为“世界生态工程之最”，1988年邓小平为工程题名“绿色长城”。

4. 京津风沙源治理工程。

2000年春天，我国的华北地区连续多次发生沙尘暴、浮尘天气。6月，国家决定启动京津风沙源治理工程，建设范围包括北京、天津、河北、山西、内蒙古五省区市的75个县（旗、市、区），总国土面积45.8万km^2，沙化土地面积10.18万km^2，总人口1 957万人，其中农牧业人口1 622万人。建设期原定为10年，2008年，经国务院批准，工程延期至2012年。

据国家林业局提供的数字：截至2011年底，工程累计完成林业建设任务1 035.8万亩；禁牧8 526万亩；草地治理5 594.32万亩；暖棚973.24万m^2；饲料机械11.4万台（套）；小流域治理14 126.37km^2；节水灌溉和水源工程16.54万处；生态移民17.8

万人，工程建设对区域可持续发展贡献率保持在24%以上，工程区人均GDP从1999年的4 687元增加到2010年的27 192.7元，年均增长17.3%，高于全国平均水平。京津风沙源治理工程实施10多年来，工程区生态环境好转，风沙天气和沙尘暴天气减少，沙化土地扩展趋势基本遏制，呈现出林草植被增长、农牧民收入增加、社会可持续发展能力增强和沙化土地减少的良好局面。根据我国第四次荒漠化和沙化监测结果：2009年与2004年相比，工程区固定沙地面积增加1.75%，半流动沙地面积减少10.67%，流动沙地面积减少30.68%。工程建设不仅改善了京津及周边地区生态环境，优化调整了农村牧区产业结构，而且提高了工程区生态文明程度，工程建设农牧民的生产、生活方式实现了从游牧散养到舍饲圈养、从毁林开荒到植树种草、从传统农业向设施农业的三大转变，爱绿、护绿、增绿的生态文明氛围日益高涨。

为进一步减少京津地区沙尘危害，不断提高工程区经济社会可持续发展能力，构建我国北方绿色生态屏障，2012年国务院常务会议讨论通过了《京津风沙源治理二期工程规划（2013～2022年）》。工程区范围由北京、天津、河北、山西、内蒙古5个省（区、市）的75个县（旗、市、区）扩大至包括陕西在内6个省（区、市）的138个县（旗、市、区），总投资达877.92亿元。建设目标包括：到2022年，一期工程建设成果得到有效巩固，工程区内可治理的沙化土地得到基本治理，总体上遏制沙化土地扩展趋势，生态环境明显改善，生态系统稳定性进一步增强，基本建成京津及华北北部地区的绿色生态屏障，京津地区沙尘天气明显减少，风沙危害进一步减轻。整个工程区经济结构继续优化，可持续发展能力稳步提高，林草资源得到合理有效利用，全面实现草畜平衡，草原畜牧业和特色优势产业向质量效益型转变取得重大进展；工程区农牧民收入稳定在全国农牧民平均水平以上，生产生活条件全面改善，走上生产发展、生活富裕、生态良好的发展道路。

五、中国生态修复成效显著[①]

我国是世界上生态系统退化最严重的国家之一，也是较早开始生态重建实践和研究的国家之一。我国从20世纪50年代开始退化环境的长期定位观测试验和综合整治工作；50年代末在华南地区退化坡地上开展荒山绿化、植被恢复工作；70年代进行三北地区防护林工程建设；80年代在长江中上游地区展开防护林工程建设和水土流失工程治理等生态恢复工程，1988年出台《土地复垦规定》，使矿山废弃地生态恢复工作纳入法制化轨道；90年代开展沿海防护建设研究，1992年加入《湿地公约》，2000年国家林业局等17部委共同颁布实施《中国湿地保护行动计划》，2001年启动全国野生动植物保护及自然保护区建设工程。[②]

“十二五”以来，党中央、国务院紧紧围绕统筹推进“五位一体”总体布局和协调推进“四个全面”战略布局，贯彻落实新发展理念，高度重视生态环境保护工作，把生态文明建设和环境保护摆上更加重要的战略位置，以改善环境质量为核心，以解决突出环境问题为重点，扎实推进环境保护工作，坚决向污染宣战，全力推进大气、水、土壤污染防治，持续加大生态环境保护力度，环境保护和生态修复取得积极进展，生态环境质量有所改善，生态功能保护体系初步形成，生物多样性保护工作取得突破，自然保护区综合管理能力不断强化，农村和土壤环境保护工作成效明显。

---

① 本节资料数据来源：《“十三五”生态环境保护规划》和《2016中国环境状况公报》。

② 李洪远、莫训强：《生态恢复的原理与实践》，化学工业出版社2016年版，第16～17页。

（一）生态环境质量有所改善

根据《2016 中国环境状况公报》，2016 年全国 338 个地级及以上城市，有 84 个城市环境空气质量达标，占全部城市数的 24.9%；254 个城市环境空气质量超标，占 75.1%。338 个地级及以上城市平均优良天数比例为 78.8%，比 2015 年上升 2.1 个百分点；平均超标天数比例为 21.2%。474 个城市（区、县）开展了降水监测，降水 pH 年均值低于 5.6 的酸雨城市比例为 19.8%，酸雨频率平均为 12.7%，酸雨类型总体仍为硫酸型，酸雨污染主要分布在长江以南—云贵高原以东地区。

水环境方面，全国地表水 1940 个评价、考核、排名断面（点位）中，Ⅰ类～Ⅲ类比例提高至 67.8%，劣Ⅴ类比例下降至 8.6%，大江大河干流水质明显改善。地级及以上城市 897 个在用集中式生活饮用水水源监测断面（点位）中，有 811 个全年均达标，占 90.4%。

海洋环境方面，春季和夏季，符合第一类海水水质标准的海域面积均占中国管辖海域面积的 95%；劣于第四类海水水质标准的海域面积分别为 42 430km^2 和 37 420km^2，与 2015 年同期相比，分别减少 9 310km^2 和 2 600km^2。

在噪声和辐射污染方面，309 个开展功能区声环境监测的地级及以上城市，昼间监测点次达标率为 92.2%，夜间监测点次达标率为 74%。全国环境电离辐射水平处于本底涨落范围内，环境电磁辐射水平低于国家规定的相应限值。

全国现有森林面积 2.08 亿公顷，森林覆盖率 21.63%；草原面积近 4 亿公顷，约占国土面积的 41.7%。全国共建立各种类型、不同级别的自然保护区 2 750 个，其中陆地面积约占全国陆地面积的 14.88%；国家级自然保护区 446 个，约占全国陆地面积的 9.97%。

（二）治污减排目标任务超额完成

近年来全力打响防治污染三大战役，深入实施《大气污染防治行动计划》，发布实施了《京津冀地区大气污染防治强化措施（2016～2017年）》，不断转换经济发展方式，推动能源结构优化调整，实施以电代煤、以气代煤，加快淘汰每小时10蒸吨级以下的燃煤锅炉。2015年，全国脱硫、脱硝机组容量占煤电总装机容量比例分别提高到99%、92%，完成煤电机组超低排放改造1.6亿千瓦。2016年全国燃煤机组累计完成超低排放改造4.4亿千瓦，占煤电总装机容量的47%。发布轻型汽车第六阶段排放标准、船舶发动机第一、二阶段排放标准。加强重污染天气监测预警评估体系建设，统一京津冀区域重污染天气预警分级标准，实施重污染天气区域应急联动。

全面落实《水污染防治行动计划》，与各省（区、市）政府签订水污染防治目标责任书，并建立相关工作协作机制。出台《长江经济带沿江取水口、排污口和应急水源布局规划》，开展沿江饮用水水源地环保执法专项行动，完成11省（市）26个地级及以上城市全部319个集中式饮用水水源保护区划定，考核重点流域和水污染防治"十二五"规划实施情况，规划考核断面达标率为75.4%。制定加强地下水污染防治工作方案，推进黑臭水体整治项目率高达黑臭水体总数的62.4%，启动水资源消耗总量和强度双控行动。

国务院印发《土壤污染防治行动计划》，统一开展全国土壤污染状况详查，明确25项拟出台配套政策措施。31个省（区、市）编制完成土壤污染防治工作方案，13个部门制定重点工作实施方案。出台《污染地块土壤环境管理办法》，推进土壤污染综合防治先行区建设，认真实施土壤污染防治与修复试点项目，加强重金属污染防控重点区域，推进农产品产地分级管理制度。推进生活垃圾焚烧处理设施建设，全国城市污水处理率提高到

92%，城市建成区生活垃圾无害化处理率达到94.1%。7.2万个村庄实施环境综合整治，1.2亿多农村人口直接受益。6.1万家规模化养殖场（小区）建成废弃物处理和资源化利用设施。“十二五”期间，全国单位国内生产总值能耗降低18.4%，全国化学需氧量和氨氮、二氧化硫、氮氧化物排放总量分别累计下降12.9%、13%、18%、18.6%，超额完成节能减排预定目标任务，为经济结构调整、环境改善、应对全球气候变化做出了重要贡献。

（三）生态保护与建设取得进展

天然林资源保护、退耕还林还草、退牧还草、防护林体系建设、河湖与湿地保护修复、防沙治沙、水土保持、石漠化治理、野生动植物保护及自然保护区建设等一批重大生态保护与修复工程稳步实施。重点国有林区天然林全部停止商业性采伐。全国受保护的湿地面积增加525.94万公顷，自然湿地保护率提高到46.8%。沙化土地治理10万km^2、水土流失治理26.6万km^2。完成全国生态环境十年变化（2000～2010年）调查评估，发布《中国生物多样性红色名录》。建立各级森林公园、湿地公园、沙漠公园4 300多个。16个省（区、市）开展生态省建设，1 000多个市（县、区）开展生态市（县、区）建设，114个市（县、区）获得国家生态建设示范区命名。国有林场改革方案及国有林区改革指导意见印发实施，6个省完成国有林场改革试点任务。矿山地质环境治理恢复成效明显，截至2015年底，全国完成矿山地质环境治理恢复面积约81万公顷，治理率为26.7%；国家矿山公园建设稳步推进，“十二五”期间批准建设11家，其中9家建成开园。

根据《2016中国环境状况公报》，2016年国家对生态保护和农村环境治理力度不断加大。国务院批准新建18个、调整5个国家级自然保护区，对446个国家级自然保护区人类活动开展遥感监测，对5个国家级自然保护区进行公开约谈，启动首批山水林田湖生态保护工程试点，重点生态功能区财政转移支付资金规模达到570亿元，补助范围涉及725个重点生态县域和全部国家级禁止开发区域。推动海洋生态修复，实施18个“蓝色海湾”项目和10处“生态岛礁”工程。中央财政安排资金60亿元，推动农村环境综合整治。

（四）环境预防体系不断健全

环境风险防控稳步推进，到2015年，50个危险废物、273个医疗废物集中处置设施基本建成，历史遗留的670万吨铬渣全部处置完毕，铅、汞、镉、铬、砷五种重金属污染物排放量比2007年下降27.7%，涉重金属突发环境事件数量大幅减少。科学应对天津港“8·12”特别重大火灾爆炸等事故环境影响。核设施安全水平持续提高，核技术利用管理日趋规范，辐射环境质量保持良好。

扎实推进供给侧结构性改革，积极构建绿色制造体系，加快淘汰落后产能，2016年华界钢铁过剩产能超过6 500万吨、煤炭产能超过2.9亿吨，出台能源生产和消费革命战略，非化石能源消费比重进一步上升，煤炭消费比重继续下降。深入推进京津冀、长三角、珠三角地区战略环评，2016年环境保护部对84个重大项目环评文件进行批复，涉及总投资9 108亿元，对11个部符合环境准入要求的项目不予审批，涉及总投资970亿元。31个省（区、市）、新疆生产建设兵团和420个地市级的环保部门与环境保护部实现环评审批信息每周联网报送，发布59项国家环境保护标准，现行有效的环境保护标准达1 732项。

（五）生态环境保护制度不断完善

一方面，深化生态环境保护领域改革，推进制度创新和试点工作。2015年党中央、国务院印发《中共中央关于制定国民经济和社会发展第十三个五年规划的建议》，提出实行最严格的户籍保护制度，印发《关于加快推进生态文明建设的意见》和《生态文明体制改革总体方案》，共同形成了深化生态文明体制改革的战略部署和制度构架，出台党政领导干部生态环境损害责任追究等配套文件，打好生态文明建设和体制改革的“组合拳”。2016 年中共中央办公厅、国务院办公厅印发《关于省以下环保机构监测监察执法垂直管理制度改革试点工作的指导意见》，河北、重庆率先实施垂直管理制度改革试点。中央全面深化改革领导小组审议通过《关于划定并严守生态保护红线的若干意见》，31 个省（区、市）均已启动生态保护红线划定工作。国务院办公厅印发《控制污染物排放许可制实施方案》，全面完成 1 436 个国控环境空气质量监测站事权上收任务，建成由 2 767 个监测断面组成的国家地表水监测网，初步建成国家土壤环境监测网。印发《培育发展农业面源污染治理、农村污水垃圾处理市场主体方案》《“十三五”环境影响评价改革实施方案》《关于构建绿色金融体系的指导意见》等法律法规，出台《生态环境损害鉴定评估技术指导指南总纲》等技术规范，在吉林等 7 省市开展生态环境损害赔偿制度改革试点。

另一方面，不断强化环境执法监管和风险应对。其一，环境保护法、大气污染防治法、环境保护税法、环境影响评价法、海洋环境保护法、放射性废物安全管理条例、环境空气质量标准等法律完成制修订，修订《最高人民法院　最高人民检察院关于办理环境污染刑事案件适用法律若干问题的解释》，生态环境损害责任追究办法等文件陆续出台，生态保护补偿机制进一步健全。其二，深入开展环境保护法实施年活动和环境保护综合督察。2016 年环境保护部对环境质量恶化趋势明显的 8 个市政府主要负责同志进行公开约谈，环境执法力度明显加大，各级环境保护部门下达行政处罚决定 12.4 万余份，罚款 66.3 亿元，比 2015 年分别增长 28% 和 56%，全国实施按日连续处罚、查封扣押、限产停产、移送行政拘留、移送涉嫌环境污染犯罪案件共 22 730 件，同比增长 93%。加快建立实时在线环境监测系统，建成有 352 个监控中心、10 257 个国家重点监控企业组成的污染源监控体系。修订《国家危险废物名录》，开展打击涉危险非废物环境违法犯罪行为专项行动。环境保护部直接调度处置突发环境事件 60 起，有力维护环境安全和群众合法权益。严格核与辐射安全监管，圆满完成第四、五次朝核试验辐射环境应急任务。全社会生态环境法治观念和意识不断加强。

专栏 9：环保部部长陈吉宁就“加强生态环境保护”回答中外记者提问

2017 年 3 月 9 日，在十二届全国人大五次会议在北京举行的记者会上，环保部部长陈吉宁就“加强生态环境保护”回答中外记者提问，指出：为落实新环保法，环保部做了多项工作。

第一，依法落实地方政府责任，包括开展中央环保督察，去年各省级环保部门对 205 个市（区、县）政府开展了综合督查。

第二，落实企业的环保主体责任。环保部挂牌督办 27 起重点环境违法案件，组织查处取缔“十小”企业 2 465 家。

第三，制定实施配套文件。环保部单独或会同有关部门和司法机关出台配套文件 35 件。

第四，运用好刑事和民事等多种法律手段。去年全国移送涉嫌环境污染犯罪案件共 6 064 件，比 2015 年增长 37%。推行环境公益诉讼，去年共有 40 多件公益诉讼案件。

第五，提高环境监管执法能力。包括推动环境监察执法体制改革；加强能力建设；加强公安机关打击环境污染犯罪专业力量建设。

第六，推动法律法规修订。去年，核安全法和水污染防治法修订已经全国人大常委会一审，配合开展大家都关心的土壤污染防治法起草工作。[1]

① 《环保部部长陈吉宁就“加强生态环境保护”回答中外记者提问》，法制网，2017 年 3 月 10 日，http://www.er-china.com/index.php?m=content&c=index&a=show&catid=15&id=86628。

第四章

中国生态修复的实践探索

尊重自然格局，依托现有山水脉络、气象条件等，合理布局城镇各类空间，尽量减少对自然的干扰和损害。保护自然景观，传承历史文化，提倡城镇形态多样性，保持特色风貌，防止“千城一面”。

——《中共中央　国务院关于加快推进生态文明建设的意见》

坚持把节约优先、保护优先、自然恢复为主作为基本方针。在资源开发与节约中，把节约放在优先位置，以最少的资源消耗支撑经济社会持续发展；在环境保护与发展中，把保护放在优先位置，在发展中保护、在保护中发展；在生态建设与修复中，以自然恢复为主，与人工修复相结合。

——《中共中央　国务院关于加快推进生态文明建设的意见》

坚持改革创新。鼓励试验区因地制宜，结合本地区实际大胆探索，全方位开展生态文明体制改革创新试验，允许试错、包容失败、及时纠错，注重总结经验。

——中共中央办公厅、国务院办公厅印发《关于设立统一规范的国家生态文明试验区的意见》

人类对地球资源的加速开发与利用，使得自然生态系统的退化日益严重，生态修复已然引起全球性的关注和重视。中国是世界上自然生态系统退化乃至丧失极其严重的地区之一，环境治理和生态修复甚为迫切。党的十八大把生态文明建设纳入中国特色社会主义事业"五位一体"总体布局，党中央、国务院就加快推进生态文明建设作出一系列决策部署，先后印发了《关于加快推进生态文明建设的意见》和《生态文明体制改革总体方案》。党的十八届五中全会提出，设立统一规范的国家生态文明试验区，重在开展生态文明体制改革综合试验，规范各类试点示范，为完善生态文明制度体系探索路径、积累经验。2013 年 12 月，国家发展改革委联合财政部、国土资源部、水利部、农业部、国家林业局制定了《国家生态文明先行示范区建设方案（试行）》，2016 年 1 月，环境保护部制定了《国家生态文明建设示范区管理规程（试行）》和《国家生态文明建设示范县、市指标（试行）》，鼓励和指导各地以国家生态文明建设示范区为载体，以市、县为重点，全面践行"绿水青山就是金山银山"理念，积极推进绿色发展，不断提升区域生态文明建设水平；尊重地方首创精神，鼓励试验区根据实际情况自主提出、对其他区域具有借鉴意义、试验完善后可推广到全国的相关制度，以及对生态文明建设先进理念的探索实践等。2016 年 8 月，中共中央办公厅、国务院办公厅印发了《关于设立统一规范的国家生态文明试验区的意见》及《国家生态文明试验区（福建）实施方案》，鼓励开展生态文明体制改革综合试验，规范各类试点示范，为完善生态文明制度体系探索路径、积累经验。当前，中国已经在河流生态修复、草原生态修复、矿区污染生态修复、功能区生态修复等方面采取了一系列重大举措，进行了多样化的创新性探索，累积了丰富的地方经验和中国经验，对于凝聚改革合力、增添绿色发展动能、探索生态文明建设有效模式，具有十分重要的意义。

一、浙江：创新生态补偿制度，塑造“绿”“富”共赢的区域生态修复典范

浙江省地处中国东南沿海长江三角洲南翼，东临东海，南接福建，西与安徽、江西相连，北与上海、江苏接壤。浙江是吴越文化、江南文化的发源地，是中国古代文明的发祥地之一，是典型的山水江南，被誉为“丝绸之府”“鱼米之乡”。浙江与江苏、安徽、上海共同构成的长江三角洲城市群已成为国际六大世界级城市群之一。改革开放以来，浙江一直是中国经济最活跃的省份之一，在充分发挥国有经济主导作用的前提下，以民营经济的发展带动经济的起飞，形成了具有鲜明特色的“浙江经济”。

但是，伴随着经济的飞速发展，浙江省出现了很多环境生态问题，对经济社会持续发展造成不利影响。根据《1998 年浙江省环境状况公报》的环境监测表明：大气污染正由煤烟型污染向煤烟型污染和汽车尾气污染并重发展；全省酸雨比较严重，总出现频率已达 56%，据 23 个省控市、县统计，降水 pH 年均值全部低于 5.60；部分支流和流经城镇的局部河段污染渐趋严重，杭嘉湖地区地下水超采严重，造成该地区地面沉降；杭州湾和中南部渔业用水区及部分盐业用水区域未达标，海水主要超标指标是无机氮、活性磷酸盐、汞、化学需氧量（COD）和石油类，其中无机氮、无机磷超标严重，受其影响，近岸海水已无一类海水，超四类海水比例过半；汞超标率较高，局部海域化学需氧量（COD）和石油类超标。受污染影响，浙江近岸海域富营养化程度严重，赤潮频发，沿岸水体病原菌及条件致病菌数量上升明显，海域生物种类多样性下降，饵料生物数量降低，水质对海域生物尤其对幼体构成较大压力。

资源有限，环境无价，绿水青山是重要的生态屏障。在中

国，浙江率先从“成长阵痛”中惊醒，是第一个在省域范围内由政府提出完善生态补偿机制意见的省份。浙江省于 21 世纪之初开始探索生态补偿制度，并于 2005 年在全国各省市自治区中率先出台了省级层面的生态补偿条例，成为我国生态补偿制度建设的“先行者”，为我国从建立健全生态补偿制度来推进区域生态修复事业提供了宝贵而有益的经验。在 2016 年 G20 杭州峰会开幕式上的主旨演讲中，习近平总书记说：“在新的起点上，我们将坚定不移推进绿色发展，谋求更佳质量效益。我多次说过，绿水青山就是金山银山，保护环境就是保护生产力，改善环境就是发展生产力。这个朴素的道理正得到越来越多人们的认同。而我对这样的一个判断和认识正是在浙江提出来的。”

（一）浙江探索生态补偿制度的重要举措

2002 年 12 月，时任省委书记习近平在主持浙江省委十一届二次全体（扩大）会议时提出，要积极实施可持续发展战略，以建设“绿色浙江”为目标，以建设生态省为主要载体，努力保持人口、资源、环境与经济社会的协调发展。2003 年 7 月，习近平明确提出要进一步发挥浙江的生态优势，创建生态省，打造“绿色浙江”，2003 年因此成为浙江全面启动生态省建设的重要一年。2004 年 3 月习近平在浙江日报“之江新语”专栏中提到：“我们既要 GDP，又要绿色 GDP。特别是浙江人多地少，如果走传统的经济发展的道路，环境的承载将不堪重负，经济的发展与人民群众生活质量的提高会适得其反。”2005 年 8 月 15 日，习近平到安吉天荒坪镇余村考察时说，我们过去讲，既要绿水青山，又要金山银山。其实，绿水青山就是金山银山。9 天之后，习近平以“哲欣”的笔名在浙江日报“之江新语”发表评论——“绿水青山也是金山银山”。2006 年 3 月 8 日，习近平在中国人民大学的一次演讲中集中阐述了“两座山”之间辩证统一的关系。

如何应对经济快速发展带来的环境污染和生态破坏？如何把生态环境优势转化为生态农业、生态工业、生态旅游等生态经济的优势，把绿水青山变成金山银山？浙江开始探索建立生态补偿机制，运用生态补偿这个经济手段实现“绿”“富”共赢，成为浙江省现代化建设和生态文明建设的目标追求。早在 2005 年，浙江就出台了《关于进一步完善生态补偿机制的若干意见》，到了 2008 年，浙江成为全国第一个实施省内全流域生态补偿的省份。浙江在健全生态补偿机制上展开了一系列探索和实践。自 2007 年以来，浙江全省环境质量实现转折性改善，持续保持稳中向好势头，生态环境状况指数居全国第二位。“十三五”期间，浙江将探索建立以水环境质量为基础的生态补偿制度，加大对江河源头地区和重要水源涵养区的补偿力度。

1. 省级以上生态公益林补偿标准领跑全国。

国务院办公厅日前印发《关于健全生态保护补偿机制的意见》，提出到 2020 年实现森林、草原、湿地、荒漠、海洋、水流、耕地等重点领域和禁止开发区域、重点生态功能区等重要区域生态保护补偿全覆盖，并强调要完善以政府购买服务为主的公益林管护机制推进森林领域生态保护补偿。浙江的补偿标准为全国省级最高，从 2004 年省级以上公益林最低补偿每亩 8 元，到 2015 年提高到每亩 30 元（26 元为损失性补偿标准（也就是补偿给林农），2. 5 元为护林员管护费用，1. 5 元为公共管护支出），1 400 多万林农从中受益。在金华磐安，当地累计下拨森林生态效益补偿资金 9 684. 52 万元，2. 4 万多户农户平均累计增收 3 311 元，有效促进了生态保护和林农增收。截至 2015 年底，浙江省级以上公益林面积已达 4 535. 68 万亩，其中 2015 年新增省级以上公益林 516. 89 万亩。

2. 全省实施耕地保护补偿机制。

浙江从 2009 年就已经开始探索耕地保护补偿机制，并于 2012 年启动省级试点。2016 年 3 月，浙江省国土资源厅、农业厅、财政厅联合出台《关于全面建立耕地保护补偿机制的通知》，规定各地将按照“谁保护，谁受益”的要求，给承担耕地保护任务和责任的村级集体经济组织和农户给予资金补助，村级集体经济组织耕地保护以奖代补资金要向永久基本农田示范区倾斜，目标是让农村集体经济组织和农户从保护耕地中获得长期的、稳定的经济收益。耕地保护补偿的范围是土地利用总体规划确定的永久基本农田和其他一般耕地，最低档补偿标准不得低于每年每亩 30 元。为全面落实耕地保护补偿机制，浙江省财政厅、省国土资源厅、省农业厅联合下达省级耕地保护补偿资金 6.1 亿元。此次下达全省 74 个县（市、区）（不含宁波市）的资金为农村村级集体经济组织耕地保护以奖代补资金，按基本农田和耕地保护任务、耕地保护责任目标考核结果等因素计算分配，主要用于农田基础设施修缮、耕地质量提升、耕地保护管理等。

3. 探索建立以水环境质量为基础的生态补偿制度。

作为市场化程度最高的省份之一，浙江着力更好发挥市场对生态资源配置的决定性作用，来推进生态补偿制度改革，一直走在全国前列。2006 年，浙江省财政安排两亿元，对钱塘江源头地区的 10 个市县实行省级财政生态补偿试点；2007 年，浙江对全省八大水系地区的 45 个市县实行了生态环保财力转移支付制度。目前浙江全省所有市县已实现了生态环保转移支付。2015 年，绍兴市在全省率先构建河流生态补偿机制，以进一步完善曹娥江水环境治理制度化体系架构。按照“多受益、多承担”的原则，绍兴全市财政每年将统筹安排不少于 2 000 万元曹娥江生态保护专项考核奖励资金。2007 ~ 2012 年，浙江省财政累计安排财力转移支付资金 66 亿元。浙江省提前消灭 6 500 公里垃圾河，计完成黑臭河治理验收 4 660 多 km。2014 年，浙江全省 145 个跨行政区域河流交接断面中，Ⅰ ~ Ⅲ 类水质断面 98 个，占 67.5%。2016 年，浙江省政府正式印发《浙江省水污染防治行动计划》，即浙江版“水十条”，这意味着铁腕治水将进入“新常态”。“十三五”期间，浙江将探索建立以水环境质量为基础的生态补偿制度，加大对江河源头地区和重要水源涵养区的补偿力度。

（二）浙江推进生态补偿制度的特色①

为实现保护生态环境、促进人与自然和谐的目标，建设“美丽浙江”和“生态浙江”，浙江积极探索生态补偿机制的制度安排、具体实施等问题，走在全国前列，具有鲜明的区域特色，作为区域实践和探索，浙江经验具有丰富而有益的借鉴意义。

1. 从“自下而上”探索到“自上而下”推动。

自浙江开展生态省建设工作以来，浙江省各地对生态补偿作了大量的“自下而上”探索。2003 年 12 月台州市政府办公室下发了《关于印发长潭水库饮用水源水质保护专项资金管理办法的通知》，设立长谭水库饮用水源保护专项资金 600 万元/年。浙江一些县（市、区）也对水源地区和库区乡镇以生态补偿的名义进行了财政补助，各地还积极地探索异地开发、水资源使用权交易、排污权交易等多形式的生态补偿方式，如嘉兴市秀洲区最早开始探索排污权有偿使用和交易制度，桐乡市最早研发和采用了刷卡排污技术。

上下互动是浙江省生态补偿机制建设的宝贵经验之一，浙江省生态补偿机制和生态文明制度建设是自下而上的制度创新与自上而下的制度驱动的有机结合。通过基层实践证明是好的制度，就全力推行；有待于完善的制度，就设法改进；证明是无效的制度，就坚决放弃。如 2002 年嘉兴市秀洲区开始探索排污权有偿使用和交易，推行水污染物初始排污指标有偿使用，经过各地 7

---

① 《“绿”“富”谋共赢——浙江探索生态补偿制度》，载于《光明日报》2016 年 6 月 22 日第 3 版。

年左右的探索总结，浙江省政府陆续出台了排污权有偿使用和交易试点的系列法规和政策性文件，相关部门也出台了一系列配套政策，在全省各地市全面推行。目前，全省排污权有偿使用和交易金额累计突破 50 亿元，排污权质押贷款 145 亿元。在基层自下而上探索的基础上，浙江省先后组织召开了专家、部分市县政府负责人和省级有关部门参加的座谈会，听取多方意见，最终形成了《关于进一步完善生态补偿机制的若干意见》，根据“受益补偿、损害赔偿；统筹协调、共同发展；循序渐进、先易后难；多方并举、合理推进”原则，同时提出了开展生态补偿的主要途径和措施、设置生态保护标准、加强生态补偿机制实施工作的领导和考核等方面作了深入研究，从自上而下进行推动，不断建立健全生态补偿机制。

2. 从省内区内补偿到省际区际补偿。

浙江省率先在省级层面正式实施生态补偿制度，从制度设计上加大对省内源头地区的补偿力度。浙江省出台的《关于进一步完善生态补偿机制的若干意见》提出要继续探索区域间生态补偿方式并支持欠发达地区加快发展。浙江省政府于 2006 年 4 月 2 日印发了《钱塘江源头地区生态环境保护省级财政专项补助暂行办法》，在钱塘江流域源头地区率先实行省级财政生态环保专项补助试点政策，从 2006 年开始每年安排 2 亿元，对钱塘江源头地 10 个县（市、区）依据生态公益林、大中型水库、产业结构调整和环保基础设施建设四大类因素进行考核，由当地根据自身生态环境保护重点安排使用。按照“谁保护，谁受益”“权责利统一”“突出重点，规范管理”和“试点先行，逐步推进”的原则，对钱塘江流域干流和流域面积 100 平方公里以上的一级支流源头所在的经济欠发达县（市、区）加大财政转移支付。2008 年 2 月，在总结完善钱塘江源头地区试点工作经验的基础上，浙江省政府办公室印发《浙江省生态环保财力转移支付试行办法》，决定对境内八大水系干流和流域面积 100 平方公里以上的一级支流源头和流域面积较大的市、县（市）实施生态环保财力转移支付政策，并以省对市县财政体制结算单位为计算、考核和分配转移支付资金的对象，成为全国第一个实施省内全流生态补偿的省份。

浙江生态补偿机制还从省内补偿扩展到跨省补偿，浙皖两省率先开展了跨省流域生态补偿试点工作。有“天下第一秀水”之称的千岛湖，不仅是浙江省的饮用水水源地，也是中国长三角区域的战略备用水源。针对跨越安徽和浙江两省的新安江，上下游如何履行好保护和治理的责任，浙皖两省在2005年就开始了对建立新安江流域生态补偿机制的商谈，并启动跨省流域生态补偿机制试点。浙皖两省环保部门实施环境监测，新安江流域水环境补偿资金为每年5亿元，其中，中央财政出3亿元，皖浙两省各出1亿元，以两省交界处水域为考核标准，上游安徽提供水质优于基本标准的，由下游浙江对安徽给予补偿，劣于基本标准的，由安徽对浙江给予补偿。自跨省流域生态补偿试点以来，新安江流域的水质得到了改善，2011～2013年新安江流域总体水质为优，跨省界街口断面水质达到地表水环境质量标准Ⅱ～Ⅲ类。

在多年实践的基础上，浙江省不断深化生态补偿机制：一是将单一的生态补偿机制拓展为生态补偿—损害赔偿相结合的科学制度，在基于跨界河流的水质监测结果确定补偿还是赔偿；二是将区域内的生态补偿拓展为区域间的生态补偿。浙江省生态补偿机制创新解决了生态补偿的责任主体问题，建立了生态补偿的长效机制，构建了“以公平竞争、协同合作、互通有无为主”的跨省流域生态补偿协商平台，打破了流域生态补偿“走不出省界”的困境，为其他地区开展跨省流域生态补偿工作提供了重要的经验。

3. 从依赖公共财政到多渠道筹集资金。

生态补偿资金来源及其可持续性，很大程度上决定了生态修复的综合效果和区域经济社会的可持续发展，除了公共财政的传统渠道之外，浙江省运用了多种市场化手段筹集生态补偿资金。一方面，浙江省逐步加大省级财政转移支付力度，发挥财政资金在生态补偿中的激励和引导作用。一是增加对森林生态建设的投入，从“九五”时期的每年2 000万元增加到2010年的1亿元，生态效益补偿金额从每亩3元提高到8元。二是设立重点生态功能区建设示范试点专项资金，通过建立与出境水质和森林覆盖率挂钩的生态补偿机制、与区域排放总量挂钩的财政奖惩机制、与当地工业税收保基数保增长挂钩的财政转移支付机制，对重点生态功能区进行财力支持。如德清县提高资源性收费中用于生态补偿的比重，建立了全县生态补偿基金，把这些生态补偿金纳入县财政专户管理，专门用于该县西部地区环保基础设施建设、生态公益林的补偿和管护、对河口水源的保护以及因保护西部环境而需关闭外迁企业的补偿等。另一方面，浙江省积极探索多元化筹资机制，通过财政资金的杠杆引导，吸引金融资本和社会资本广泛参与。截至2014年7月，浙江全省收到捐款17亿元。一些市县还探索了生态补偿的市场化运作机制，2000年11月义乌市一次性出资2亿元，向东阳市买断了每年5 000万 km^3 水资源的使用权，成为中国水权交易的第一例。水权交易模式对于优化水资源的配置、促进上游保护水质的积极性和下游对上游的生态补偿都有积极作用。

生态补偿机制鼓励了生态屏障地区生态保护的积极性，保障了整个区域的生态安全，实现了区域经济、社会、生态的全面协调可持续发展。正因如此，浙江省在生态建设的指标上处于全国领先的地位。通过建立生态补偿机制，促进经济增长方式的加快转变，走出一条经济生态化、生态经济化的可持续发展路子，这是绿色发展的必然选择。浙江省是中国生态补偿制度建设的先行者，为建立完善我国跨省界流域生态补偿机制提供了典型示范。完善生态补偿制度还需要进一步明确生态补偿主体和受偿主体、提高补偿标准并确立补偿依据、完善政府补偿和探索市场补偿和完善地方性法规。

（三）浙江生态治理的显著成效

浙江省将建立和完善生态补偿机制，看作是推进生态省建设的一项重要措施、社会主义市场经济条件下有效保护资源环境的重要途径和统筹区域协调发展的重要方面。除此之外，浙江省深入推进著名的“治污水、防洪水、排涝水、保供水、抓节水”的“五水共治”经济转型升级组合拳、全面实施大气污染防治行动计划、切实加大节能减排力度等措施，环境污染治理和生态修复的成效显著。

根据《2015 年浙江省环境状况公报》显示，全省单位 GDP 能耗降低 3.5%；废水排放总量、废水中化学需氧量、氨氮排放量、二氧化硫排放量主要污染物均超额完成年度和“十二五”减排目标任务。全省水资源量为 1 405.1 亿 km^3，较上年偏多 24.3%。截至目前，浙江不仅消灭 5 000 多公里黑臭河，还拥有近两万名省、市、县、乡级河长的“华丽阵容”，成为浙江治水的一道亮丽风景。根据 221 个省控监测断面统计，水质达到或优于地表水环境质量Ⅲ类标准的断面占 72.9%，全省列入劣五类削减行动计划的 7 个省控劣五类断面均实现消减目标；在八大水系、运河和河网中，江河干流总体水质基本良好，其中曹娥江、瓯江、飞云江、苕溪均达到或优于三类水质标准；钱塘江达到或优于三类水质断面占 87.2%。在饮用水方面，全省 99 个县级以上城市集中式饮用水水源地水质达标率为 89.4%，其中设区城市主要集中式饮用水水源地水质达标率为 92.8%。近岸海域水体富营养化由重度减轻为中度。与上年同比，全省一、二类海水比例上升 4.0 个百分点，三类海水比例上升 1.6 个百分点，近岸海域水体富营养化状态等级由重度减轻为中度，基本满足渔业用水要求。全省环境空气中 PM2.5 浓度持续下降，城市环境空气质量总体趋好。具体来说，11 个设区城市日空气质量（AQI）优良天数比例平均为 78.2%，约 285 天。其中舟山市环境空气质量达到国家二级标准。69 个县级以上城市日空气质量（AQI）优良天数比例平均为 85%，有 13 个县级以上城市空气质量达到国家二级标准。

浙江有很多湿地，总面积共计 1 665 万亩。2012 年 12 月，《浙江省湿地保护条例》（以下简称《条例》）正式施行。《条例》规定，浙江将建立湿地生态效益补偿制度，湿地保护管理经费和湿地生态效益补偿经费列入财政预算。目前，浙江湖州等地区已经开始探索湿地生态补偿制度，省林业厅对湿地生态补偿机制及补偿范围、补偿对象等开展多次深入调研，有望正式启动湿地生态补偿具体办法的制定工作。2016 年 4 月 12 日，浙江省出台治水利器——《浙江省水污染防治行动计划》（简称浙江“水十条”），明确提出水污染防治工作总体要求、重点任务和目标指标，为今后一个时期的水污染防治确定了任务书、时间表和路线图。《浙江省 2016 年大气污染防止实施计划》也已经出炉。

目前，浙江省认真贯彻执行新《环保法》等法律法规，不断加大污染防治力度，生态环境质量总体为优，生态环境状况指数位居全国前列，正立志“打造全国环境执法最严省份”，率先建成全国生态文明示范区和美丽中国先行区，“美丽浙江”的生态画卷令人在诗画江南的碧水清流中沉醉不已。美国资深中国问题专家罗伯特·劳伦斯·库恩拍摄了一部 6 集英文电视纪录片，对浙江的绿色发展之路赞誉有加：“在中国，绿色发展已经提到了一个新高度。在经济发达的浙江，这一理念已经在带动一些产业和地区发生着质变，不管在中国还是国外，都是一个值得关注的现象。……浙江在环境保护与经济发展之间的抉择，实际上也是整个中国社会境况的缩影。”

二、库布其：探索“科学化、市场化、产业化、公益化”一体化生态修复模式，打造沙漠修复的“中国名片”

荒漠化是一个世界性的生态环境问题。世界平均每年有5万~7万平方公里土地荒漠化。据联合国环境规划署（UNEP）统计，全球已经受到和预计会受到荒漠化影响的地区占全球土地面积的35%。荒漠和荒漠化土地在非洲占55%，北美和中美占19%，南美占10%，亚洲占34%，澳大利亚占75%，欧洲占2%。据第五次全国荒漠化监测结果显示，截至2014年，我国荒漠化土地面积261.16万km^2，占国土面积的27.20%；沙化土地面积172.12万km^2，占国土面积的17.93%；有明显沙化趋势的土地面积30.03万km^2，占国土面积的3.12%。实际有效治理的沙化土地面积20.37万km^2，占沙化土地面积的11.8%。

内蒙古库布其沙漠被誉为中国第七大沙漠，总面积1.86万km^2，横跨内蒙古鄂尔多斯市杭锦旗、达拉特旗和准格尔旗，曾是京津冀地区三大风沙源头之一，这里的沙尘在6级风的作用下，一夜之间就可以刮到天安门广场，被称为“悬在首都上空的一盆沙”。29年前，库布其沙漠寸草不生，风卷黄沙漫天狂舞，连年累月沙进人退，连飞鸟都望而止步，被称为“死亡之海”，流传着“沙里人苦，沙里人累，满天风沙无植被；库布其穷，库布其苦，库布其孩子无书读；沙漠里进，沙漠里出，没水没电没出路”的民谣。29年后的今天，这里却碧水蓝天、草木葱郁、鸥鸟翔集，穿沙公路纵横交错，牧民新村俨然是塞北江南。自20世纪80年代末期以来，库布其探索“市场化、产业化、公益化”一体化生态修复模式，走出了一条从“治沙”到“减贫”再到创造生态财富、应对气候变化的绿色发展道路。

（一）“科学化、市场化、产业化、公益化”一体化的生态修复模式创新

坚持绿色发展，牢筑生态安全屏障，要着力改善生态环境，不断推进荒漠化、石漠化、水土流失综合治理。沙漠治理是公认的世界性难题，当前中国荒漠化治理呈现整体遏制、持续缩减、功能增强的良好态势，成为全球沙漠治理的典范，内蒙古库布其正是中国沙漠治理的先锋和生态修复的典范。库布其人另辟蹊径，创造“科学化、市场化、产业化、公益化”一体化的生态修复模式，变一相情愿的“征服沙漠”为两全其美的“善待自然”，实现了生态环境和经济效益双赢，创造了令人瞩目的“库布其模式”，并受到了联合国防治荒漠化公约、环境规划署、扶贫等多个部门的关注。①

1. 科学化：以科技创新实现“靠沙漠吃沙漠”。

如何让沙漠变绿洲？种树能固沙也能脱贫。但是，到底种什么树，怎么种树？沙中可以种甘草，既能治沙又能用以制药。可是，怎么种，才能收获甘草？最初在库布其沙漠植树，种 10 棵树只能活 1 棵，如今是大面积复合种植既适合沙漠干燥环境又具有经济价值的“林、草、药材”，在沙漠里筑起了一道长 242km 的绿色生态屏障，使库布其由过去的沙尘源变成了“沙尘过滤网”——沙尘暴天气由过去的每年七八十次减少到现在的三五次，年降雨量也由 20 多年前的 70mm 增长到现在的 350mm。这要归功于库布其人运用科技创新支撑沙漠治理、实现生态经济“靠山吃山、靠水吃水、靠沙漠吃沙漠……”的理想愿景。

教科书里没有现成的答案，库布其人借鉴各国各地的成功经验和坚持不懈的独立探索，终于掌握了一整套独特的高效沙漠植

---

① 舒绍福：《库布其模式：绿色发展的“中国名片”》，载于《中国经济时报》2016 年 8 月 10 日。

树和林木养护技术。1988 年，在当地政府的支持下，亿利资源集团创建了全球第一所由企业创办的沙漠研究院，陆续研发了127 项生态种植与产业技术，培育了1 000 多个耐寒、耐旱、耐盐碱的生态品种，依靠科技支撑和持续投入，共治理库布其沙漠6 353km^2。譬如，创造了一种水冲沙柳种植法，并申请了专利。在种植沙柳时，首先在沙漠中打井并铺设供水管道；然后用水管在沙地中冲出一个孔洞，插入沙柳枝条，几秒钟就可种植一株，冲孔洞的水分可保树苗的成活率高达 80% ~90%；而后根据气候情况，利用供水管道，适当浇灌，大部分树苗的根系都可以达到地下水位，形成自我生长的丛林。库布其荒漠化防治如今已成为全球治沙“科技高地”：组建了“国际生态科学家联盟”，在以色列合作建设“生态经济技术研究中心”；引进、创新 100 多项沙漠种植技术，培育了沙柳、甘草等 20 多种免耕无灌溉耐寒耐旱经济植物；“采用水气法”种植沙柳、柠条，每亩成本降低1 800 多元，成活率由 20% 提高到 85% 以上，突破了沙漠植树的世界性难题。科学治沙之路引导着库布其治沙模式的成功，创造了令世界瞩目的“库布其奇迹”——通过 28 年的治理，库布其沙漠从“悬在首都上空的一盆沙”变为“沙尘过滤网”。

2. 市场化：形成可持续商业治沙模式。

征服浩瀚的沙漠，仅仅依靠由政府投入资金的输血式治沙，通常难以为继，生态修复的效果也得不到有效维持。在市场经济条件下，必须思考如何将治沙这样的公益事业与市场化、产业化进行有效结合，积极吸纳政府的政策支持、企业的产业投入以及民众的积极参与。“库布其模式”的成功在于充分挖掘沙漠的资源来发展沙漠特色产业，扭转了“烧钱”治沙的模式，通过市场行为和企业投资，整合多元力量共同推动沙漠事业，形成了可持续商业治沙模式，使企业拥有持续治沙的动力和财力，而政府的大力支持使得治沙事业拥有了动力和保障。

其一，库布其沙漠治理和生态修复的成功，充分得益于国家和政府在土地、税收、资金和政策上的大力支持和强有力保障。国家先后出台林权制度的改革政策，颁布了《防沙治沙法》；鄂尔多斯市、杭锦旗等地方政府出台的“谁经营，谁受益，长期不变，允许继承”政策，广泛引导个人和企业参与投资治沙绿化。这种政策的引导不仅调动了多元力量的参与，而且使原本纯公益治沙变成了以市场为杠杆的全民行动。其二，“库布其模式”成功的基础还在于引入了 PPP 合作模式。通过土地租赁、分享股权、发展旅游业、现代农业等方式，超过 10 万的农民和牧民受益于此。按照相关政策，企业与农牧民签订了合作协议，农牧民把自己闲置的“荒沙废地”转租给企业或以沙漠入股企业成为股东以沙漠荒地入股，以劳务有偿种树；企业用经济林和中药材做绿化，既能卖药材，又能把沙漠改造为有效的土地。这样一来，农民有收入，公司有钱赚，沙漠绿化也可以长期持续进行，企业治沙也转变为全民治沙，把单纯的生态工作变成了一种“政府引导、企业投资、老百姓参与”的防沙绿化共赢的发展机制。如今的库布其人，由过去的散居游牧、靠天吃饭转变为现在拥有新身份——股东，而农牧民市场化参与也称为“库布其模式”的特色之一。其三，沙漠中成长起来的亿利资源集团是治沙的最大功臣。29 年累计投入 30 多亿元人民币，实施了 5 000 多 km^2 的沙漠生态建设和保护工程，相当于全球荒漠化面积的 1/7 000，控制荒漠化面积 1.1 万平方公里。亿利资源集团同时还以多元化方式引进外企、国企和民企形成联合投资体共同参与生态经济发展，如先后引进了神华等大中型国有企业，泛海、汇源、万达等大中型民营企业，实现了沙漠生态经济反哺沙漠生态修复的良性循环。库布其创造的可持续商业治沙模式，是中国防沙治沙的一项重要成果，也为世界防沙治沙起到良好示范。

3. 产业化：构建立体复合生态修复产业链。

“库布其模式”在防沙绿化的同时，始终坚守经济治沙，构建“生态修复、生态牧业、生态健康、生态旅游、生态光伏、生态工业”的“六位一体”产业体系，不断健全完善立体复合生态修复产业链，从植树治沙、修路穿沙到用沙生财、变沙为宝，倾力打造沙漠绿色经济。“库布其模式”因地制宜、“就地取材”，通过技术创新、机制创新等方式，在大漠深处发展起沙漠绿色经济和循环经济，又以沙漠经济反哺沙漠治理，筑起一道道“绿色长城”，探索出了各具特色的产业化治沙之路，破解了荒漠化治理难题。

一方面，库布其在林间套种甘草等药材，发展天然健康产业，以“中药种植加工 + 医药商流”的形式发展沙漠天然药业，打造沙漠绿色经济。亿利资源集团建成了200多万亩以甘草为主的中药材基地，利用丰富的沙旱生植物资源，如甘草、锁阳、苁蓉等，建立育苗基地、药材基地、加工基地，采取“公司 + 基地（合作社）+ 农户”的合作模式，公司负责种苗供应、技术服务、订单收购“三到户”，农牧民负责提供土地和种植管护，形成种植、加工、市场和工贸一体的完整产业链，在内蒙古发展了中蒙药业，拓展了北京、西安、河南等地的商业医药，医药年销售收入过百亿元人民币。

另一方面，库布其走技术“筑绿”、经济“护绿”的道路，大力发展沙漠生态材料应用产业和沙漠再生能源（太阳能 + 生物能）产业。利用沙子和粉煤灰等工业废渣，通过技术创新，变沙为宝，研发生产技术领先的生态环保防火保温一体化墙体材料、生产石油压裂支撑剂、纳米色釉等高附加值产品。依托沙漠丰富的太阳能资源，总结出了“治沙 + 种草 + 养殖 + 发电 + 扶贫”五位一体的复合生态太阳能治沙新模式，建设了规模化的太阳能光伏发电和厂房屋顶发电项目；引进国外蓖麻种植新技术，发展高端生物能源；利用沙柳三年平茬的生长规律，创新研发了沙柳汽化和沙柳饲料等技术，使治沙、富民、产业互动发展。此外，还采取现代煤气化和沙漠沙柳等生物气化融合技术，发展500万吨/年级的生态复混肥；利用沙漠寒旱植物的技术优势，发展

“沙漠生态修复和城市高端绿化”等生态环境工程等。近年来，亿利资源集团先后建成达特拉循环经济工业园、库布其生态工业园、生态光伏基地、库布其国家沙漠公园旅游基地、200 万亩甘草等中草药基地等多个产业基地，被联合国确立为“全球沙漠生态经济示范区”。

4. 公益化：确立以生态效益引领经济效益的生态修复目标导向。

库布其沙漠治理秉持“先公益、后生意，先生态、后经济”的生态修复理念，创造了“科学化、市场化、产业化、公益化”的生态修复模式，探索出一条“治沙、生态、民生、经济”平衡驱动的可持续发展之路，为世界荒漠化防治树立了典范。针对众多牧民分散游牧在 10 000 多 km^2 的库布其沙漠腹地这一现实，库布其当地政府和企业为他们盖起了“牧民新村”，开始了集约化的生产和生活方式。

亿利资源集团及其生态修复和生态产业为库布其沙漠修复实现经济效益、社会效益和生态效益协调发展做出了重要贡献。其一，资产收益扶贫有保障，租赁约 3 000 名农牧民的 151 万亩荒弃沙漠，农牧民收入 5 亿多元，人均收入 16.6 万元，接受 93 万亩农牧民承包的沙漠入股，按 30% 的固定比例分红，同时建立健全了长效的公益财务安排，最初生产一吨盐提取 5 元育林基金治沙，现在捐资总资产 30% 的永续收益持续治沙，从而保障了沙漠生态公益事业的可持续发展。其二，全产业链扶贫创造就业机会，通过资产收益、就业带动、产业带动、易地扶贫搬迁等方式，创造了 107.5 万人次的绿色就业岗位。先后组建 232 个治沙民工联队，5 820 人成为生态建设工人，人均年收入 3.6 万元。1 303 户农牧民发展起家庭旅馆、餐饮、民族手工业、沙漠越野等服务业，户均年收入 10 万元，人均超过 3 万元；517 户农牧民实行标准化养殖和规模化种植，人均收入达到 2 万元。其三，助力“千名党员干部帮扶千户贫困户”精准扶贫行动。亿利资源集团向内蒙古杭锦旗全部国家级贫困户（1 219 户，3 058 人），每户无偿捐赠 10 只母畜，助力贫困户两年脱贫；企业还与地方政府共同出资为生活在库布其沙漠边缘的 197 户农牧民建设了“生态产业扶贫新村”，引导发展沙漠生态旅游和特色种养殖产业脱贫致富。其四，鄂尔多斯市杭锦旗独贵塔拉镇捐建的一所集幼儿园、小学、初中于一体的现代化寄宿制学校，在沙漠建起了一所硬件软件一流的国际化学校，并以数十万元的高年薪在全国选聘优秀教师，而且免费为师生提供三餐，让 1 200 多名沙漠腹地土生土长的学生在此接受硬件软件一流的学校教育。

（二）库布其沙漠生态修复成效斐然

1. 库布其沙漠生态修复促进经济、社会、生态的协调发展。

库布其人通过“政府政策性支持、企业产业化投资、农牧民市场化参与、生态持续化改善”，探索出了一条生态治沙与精准扶贫紧密结合的新路：既要“输血”强基础，又要“造血”惠民生、发展产业；既要充分利用好阳光、风能和治沙植物等生态自然修复，又要大力发展生物化工、沙漠旅游等生态旅游产业和“沙漠生态新经济”；既要实现“科技、产业、生态、富民”的协同，又要做到政府、企业、当地百姓的协同共治。累计绿化沙漠 6 353km，控制沙漠荒漠化 1. 2 万 km；沙尘天气天数从 70 天减少到 3 ~4 天，减少了 95%；雨水回归，气候改变，年降雨量从 70mm 上升到 350mm，增加 500%；生物多样性复苏，100 多种已经消失的野生动物重现沙区。库布其沙漠成为人类历史上第一个被成功治理的上万 km^2 的沙漠，创造了人类生态工程学上的奇迹。与此同时，受库布其沙漠这片不毛之地的影响，原先约 74 万人生活贫困，经过库布其生态修复，累计带动沙区 10 万名群众彻底摆脱了贫困，提供了 100 万人次的就业岗位，贫困人口年均收入从不到 400 元增长到目前 14 000 元，沙漠农牧民人均收入从 2 000 元到 3 万元，增长了 1 500%，创造了 4 634 亿元的生态财富，库布其沙漠从一片“死亡之海”变身为一座富饶文明的“经济绿洲”。库布其治沙模式立足“绿色循环”的发展理念，从防沙、治沙升级到用沙，大力发展沙漠生态新经济，最终成功地实现了“绿富同兴”，促推国家政策扶持、政府支持、企业与当地居民联手、科技创新与国际合作等共同发力，沙漠才有望再现绿洲。

2. 库布其治沙模式引领绿色“一带一路”，共享沙漠经济。

亿利资源集团的库布其治沙模式不仅成为国内沙漠生态修复的成功典范，从库布其沙漠走向内蒙古、新疆、西藏、贵州、河北、甘肃、湖北、北京等全国各地，承担了三北防护林、京津风沙源、北京冬奥会、南疆治沙治理苦咸水、西藏拉萨、青藏高原高寒地区生态修复等国家生态工程，而且为破解荒漠化、沙漠化的世界性难题提供了宝贵经验，获得了国际上的高度认可，先后荣获联合国“环境与发展奖”“全球治沙领导者奖”，2014 年库布其沙漠亿利生态治理区被联合国确认为“全球生态经济示范区”，正向沙特、澳大利亚、巴基斯坦等“一带一路”沿线国家和地区拓展。在 2015 年 12 月 1 日的巴黎气候大会上，联合国环境规划署和中国向世界共同发布了《中国库布其生态财富创造模式和成果报告》，聚焦这一中国提出的“治理沙漠、消除贫困和应对气候变化的典范案例”，指出“库布其沙漠生态财富创造模式”走出了一条立足中国、造福世界的沙漠综合治理道路，对于“一带一路”沿线国家和地区甚至全世界的生态环境改善、应对气候变化和消除贫困都具有非常重要的推广借鉴意义。2007 年至今，由联合国环境规划署、中国科技部、林业局、内蒙古自治区主办、亿利公益基金会承办的库布其国际沙漠论坛，已经在库布其举办了 5 届。2017 年 7 月底，第六届库布其国际沙漠论坛召开，以“绿色‘一带一路’：共享沙漠经济”为主题，共商人类生态文明建设大计，昭示着库布其模式已经走向“一带一路”，走向全球。“库布其模式”为生态修复和绿色发展提供了顶级样本，也成为继核电和高铁之后，中国走向世界的第三张名片。

三、太湖：积极探索流域生态修复长效机制

太湖，位于江苏和浙江两省的交界处，长江三角洲的南部，古称震泽、具区，又名五湖、笠泽，是中国第三大淡水湖，面积 2 400km^2，流域面积 36 895km^2，是上海和苏锡常、杭嘉湖地区最重要的水源，被列入《中国湿地保护行动计划》中国重要湿地名录。苏州、无锡、常州、嘉兴、湖州 5 个中心城市构成一条环太湖城市带，集供水、蓄洪、灌溉、养殖、旅游、纳污等多重功能于一体，环太湖流域优越的区位、密集的人口、高度发达的经济贡献了全国约 13% 的国内生产总值和 19% 的财政收入，因此拥有安全的水环境、优质的水资源和可靠的水供给具有非常重要的意义。

20 世纪 80 年代初，太湖水质良好，以Ⅱ类、中营养 ~ 中富营养水体为主。然而，近 20 年以来，太湖水质恶化趋势明显，水质级别下降了两个等级，由原来的Ⅱ类水为主到现在的以Ⅳ类水为主；富营养化程度上升，从以中营养和中富营养为主，上升到以富营养为主。2007 年太湖蓝藻事件的爆发，更是使得曾经的“梦里水乡”渐行渐远。2007 ~ 2009 年太湖水质为劣 V 类，处于中度富营养化水平；2010 ~ 2012 年太湖水质指标有所改善，但总氮、总磷超标严重，水质总体仍为劣 V 类。环境压力倒逼发展方式转变，也唤醒了人们的环保意识。近年来，太湖积极探索生态持续修复的长效机制，生态治理取得了明显的阶段成效，太湖富营养化程度减轻，流域水环境有所改善，城乡人居环境有了很大变化。

（一）太湖生态持续修复的路径探索

太湖是国家确定的“三河三湖”水污染防治重点，治理太湖是建设我国生态文明的“重中之重”。为了让太湖这颗“江南明珠”重现碧波美景，国家和太湖流域省市坚持“环保优先”方针，认真落实国家《太湖流域水环境综合治理总体方案》，把太湖治理作为转变发展方式、学习实践科学发展观的重点实事目标来抓，大胆探索“铁腕治污、科学治太”水污染治理的新思路、新举措，从制度、政策、技术、资金等多角度探索太湖生态持续修复的有效途径。

1. 确立省部际联席会议制度，为太湖治理夯实组织基础。

太湖流域范围涉及江苏省苏州、无锡、常州和镇江 4 市 30 个县（市、区），浙江省湖州、嘉兴、杭州 3 市 20 个县（市、区），上海市青浦区练塘镇、金泽镇和朱家角镇。如果把太湖流域视为人体的话，无论从其地理位置、轮廓还是战略功能上看，太湖就是上海和苏锡常、杭嘉湖 7 城市的“心脏”，纵横交错的河网，就是维系该地区生存、发展的各类“血管”。传统科层制下的“行政区行政”治水结构具有“各自为战”、低效不力的治理弊端，太湖流域治理作为一个系统工程，构建了各地方政府之间良好的制度环境、合理的组织安排以及完善的合作规则。

为了推动部门、地方之间的沟通与协作，有力促进太湖生态恢复，由国务院有关部门和两省一市组成了太湖流域水环境综合治理省部际联席会议制度（简称“省部际联席会议”）。两省一市也都成立了由省长或主管副省（市）长挂帅的太湖水污染防治委员会（领导小组），负责太湖治理的组织协调、检查指导和督促落实。江苏省则成立了太湖治理办公室，负责分解治理任务，指导协调、联络宣传和检查考核相关工作。为进一步认识太湖治理的科学规律，成立了太湖流域水环境综合治理专家咨询委员会、江苏省太湖水污染防治与蓝藻治理专家委员会等跨学科的科学研究及交流机制。

2. 严格法规标准，为太湖生态修复提供坚强的法律保障。

2011年，国家针对太湖治理工作专门出台了我国首部流域综合性行政法规《太湖流域管理条例》，明确了太湖流域管理应当遵循的原则，强化了太湖流域管理机构和地方人民政府以及相关部门的职责，重点对饮用水安全、水资源保护、水污染防治、防汛抗旱和水域岸线保护、保障机制和监督措施等作了规定。2010年国务院批复了《太湖流域水功能区划》，水功能区管理得到进一步加强。各地加大了地方立法和标准规范的制定，颁布实施了一系列专门法规和严格的规范标准，统筹推进流域水生态环境的整体保护、系统修复和综合治理。江苏省先后出台了《江苏省太湖流域水污染防治条例》《江苏省污水集中处理设施环境保护监督管理办法》《太湖流域湿地保护与恢复工程实施方案》《江苏省太湖流域水生态环境功能区划》《江苏省太湖流域主要水污染物排污权交易管理暂行办法》，并在对"十二五"治太方案评估基础上，编制完成"十三五"太湖治理行动方案、"263"专项行动太湖治理实施方案，制定实施太湖流域"十三五"总磷总氮总量控制方案；浙江省出台了《浙江省跨行政区域河流交接断面水质管理考核办法》《浙江省重点流域水污染防治专项规划实施情况考核办法》《浙江省城镇污水集中处理管理办法》；上海市出台了《上海市饮用水水源保护条例》，修订了《上海市排水管理条例》，这些法规的出台将太湖治理逐步推向法制化轨道。

3. 多技术路线合力推进生态修复工程，实现生态系统的自我修复。

太湖生态修复是太湖水环境综合治理方案的重要环节，太湖流域地区通过调水引流、控源截污、生态清淤、技术捞藻、水体修复等多技术路线，推进生态修复系统工程，为太湖流域提供生态系统的各种基本条件，提高生态系统的自我净化、自我修复能力。利用望虞河常熟枢纽60.3km长的河道，将长江活水引进太湖的“引江济太”工程提高了太湖水位，有效扩大太湖的环境容量，使得太湖水质得到明显改善。鉴于湖泊底泥是湖泊营养物质循环的中心环节和水土界面物质的积极交换带，运用生态清淤疏浚技术清除太湖底泥中富含高营养盐的表层沉积物质，清除湖体内污染源。在藻类暴发期，实施技术打捞，将藻类移出湖体与变废为宝两相结合，既减轻了湖体营养盐负荷，又形成了良性生态循环。利用水上种植法，在富营养化水域放养浮床陆生植物，控制过度养殖，建立渔业生态工程，建立环湖湿地保护带，达到净化水质、维护水资源更新和生态管理和水体修复的目标。根据流域水质特点和污染状况制定针对性的生态修复工程，如分别对夏庄浜、洛西河、凤沟河三条河流实施复合塔式生物滤池处理工艺、五级负荷削减治理工艺、生态景观修复工艺，使得工程出水中达到较好的COD（化学需氧量），SS（悬浮物）、氨氮、总氮、总磷的去除效果，为太湖流域河网地区水体污染控制及水质改善提供了科学经验。

4. 建立多元化筹资机制，为太湖治理生态持续修复提供有力保障。

“政府引导，地方为主，市场运作，社会参与”的多元化投融资机制以及水资源、环境资源的市场化配置，为太湖治理资金需求开辟了重要渠道，社会公众关注、民间力量参与和监督治太的氛围愈益浓厚。在中央财政资金引导下，地方投资和其他投融资渠道已成为投资主体。江苏省出台《关于金融支持太湖综合整治的指导意见》，要求全省金融机构全力支持太湖水污染治理项目，采取银团贷款、信托、收费权质押贷款、资产票据化、证券化等方式，为太湖治污提供多样化的金融产品。江苏省政府自2008年以来，每年省级财政拨付20亿元专项资金重点支持太湖控源截污和生态修复，省级环保引导资金、污染防治资金、节能和发展循环经济专项资金等都重点用于太湖流域水污染防治工作，并要求地方政府按照当年财政新增收入的10% ~20%进行配套。

5. 加强产业结构调整，完善太湖治理长效机制。

立足于湖泊生态环境修复具有明显的长期性、复杂性和艰巨性等特点，落实深化河长制等管理工作机制，扎实推进控源截污、污染治理和生态修复，推进产业结构调整，大力创建环保模范企业、环境友好企业和生态工业园区，开展重点行业治污提标改造，实施了饮用水安全项目、工业污染治理项目、城镇污水处理和垃圾处理处置项目、农业面源污染治理项目、生态保护与恢复工程、河网综合整治工程六大类治理项目。坚持把提升自然生态修复能力作为太湖治理的有效途径，统筹推进重点水污染物管控、优化产业布局、工业点源治理、治污设施建设、农业面源治理，重点推进湖泊自然岸线、湖湾和入湖河口生态修复，加强对流域内重要自然湿地保护，健全长效管理机制，强化太湖治理检查考核，积极探索在太湖流域率先建立系统完整的生态文明制度体系。开展多区域实施生态修复试验示范，逐步扩大生态修复范围，将局部零星的生态修复区组合成为具有一定规模和较强净化水体能力的生态修复区域。

（二）太湖生态修复的阶段成效

太湖治理是一个长期艰苦、复杂渐进的过程。以2007年太湖水危机事件为分水岭，太湖流域治理与生态恢复经历了两个阶段：第一阶段，20世纪90年代到2007年，主要组织实施了“九五”和“十五”两个国家重点流域，部分地区水质有所改善，但总体治污速度仍落后于环境污染和生态破坏速度，流域整体水质进一步下降；第二阶段，2007 ~2015年，组织实施了国家太湖流域综合治理总体方案和省实施方案，坚持铁腕治污、科学治太，克服流域洪涝灾害影响，深入开展水环境综合治理，流域整体水环境质量明显改善。

流域水质稳中趋好。2016 年，太湖湖体平均水质为Ⅳ类，继续处于轻度富营养状态；高锰酸盐、氨氮、总磷分别处于Ⅱ类、Ⅰ类和Ⅳ类，参考指标总氮连续 3 年保持Ⅴ类；国家考核的 9 个集中式饮用水源地水质全部达标，15 条主要入湖河流中有 12 条年均水质达到或好于Ⅲ类，同比增加 5 条，另外 3 条为Ⅳ类，连续 4 年消除Ⅴ类和劣Ⅴ类；流域 65 个重点断面水质达标率同比上升 15.5 个百分点。

应急防控扎实有效。各地各部门加强监测预警，持续开展现场巡查，及时处置异常情况。县级以上水源地保护区全面划定，以太湖为水源的城市“双源供水”和“自来水厂深度处理”得到进一步加强。开展应急清淤、蓝藻打捞、调水引流，落实枯水期防控措施，为实现全年“两个确保”奠定基础。新沟河、新孟河工程建设进展顺利。

综合治理成绩显著。围绕氮磷削减开展控源截污，完成年度淘汰落后产能和化解过剩产能计划，对涉及氮磷排放企业进行排查整治。新增污水管网 650km，新增污水处理能力 38.7 万吨/日，城市污水处理率达 95.3%，保持全国领先水平。禁养区畜禽养殖企业基本关闭或搬迁，化学肥料利用率和化学农药利用率分别较上年度提高 1 个百分点。南京、无锡、苏州将湿地纳入生态补偿范围，全年补偿资金 1.3 亿元。新一轮小流域治理深入推进，实施 6 个水质异常跨界断面达标整治。全年开展 24 轮专项执法，环境监管进一步加强。上年苏南地区服务业增加值占 GDP 比重达 52.6%，高新技术产业产值占规模以上工业总产值比重达 56.01%。

（三）太湖生态修复的未来方向

1991 年至今，太湖生态修复和水环境综合治理经历了“零点达标”行动、“十五”“十一五”“十二五”等阶段，取得了阶段性成果，积累了丰富有益的经验。生态修复从分散治理走向联合治理，从单项目治理走向综合治理，从短平快的运动式治理走向长期持续的系统治理，不仅体现在政府和行政高层在政策资源和信息资源上的统一调度和联合治理，也体现在农林渔业、生态、水利、环保等学科的跨界交流合作，政府界、司法界、社会公众、NGO（非政府）组织等多元利益主体的协商参与，如太湖治理就吸纳了各种 NGO 团体、地方环保组织和媒体机构加入，无锡环保法庭支持中华环保联合会对江阴企业开展的环境诉讼、无锡市政府尝试购买环保组织的公益服务等。

“十二五”期间太湖流域水环境治理体现出污染防治与生态修复并重的局面，近年来太湖水质改善明显，生态环境趋向好转，蓝藻发生强度也有所减弱，但随着太湖治理进入相持阶段，水环境持续改善的压力和难度增大，调结构促转型任务依然艰巨。与国家治太方案 2020 年目标比，流域总磷、总氮等指标还有一定差距，“网格化”监管还没有落实，需要强化责任，大胆改革创新。“十三五”期间，还需切实增强太湖治理的责任感和紧迫感，以水质改善为核心，以控磷降氮为主攻方向，人工修复与自然修复相结合，适当改善生境，以小流域整治为载体，创新蓝藻打捞处置模式，加大投入力度，突出精准治太；进一步完善生态修复试点、推广的长效管理机制，加强生态修复试验示范项目的后期管理和持续维护；扩大参与流域生态修复治理的行动者网络范围，进一步加大上下游间区域环境资源双向补偿力度，调动地方政府加快环境质量改善的积极性，健全长效管理机制，严格督察考核，推进太湖水质的持续改善。预计 2020 年能基本控制太湖蓝藻暴发和有效减轻富营养化，实现《总体方案》的治理目标：TN 1.2mg/L（其中东太湖 1.0mg/L）、TP 0.05mg/L，2030 年后或能基本消除太湖蓝藻暴发和消除富营养化，重现太湖的碧波美景。

四、北京门头沟：构建“自然、经济、人文”三位一体生态修复产业网络模式

作为国家首都，北京市着眼于构建“和谐宜居”之都，全面推进“绿色北京”战略，打造天蓝、地绿、水清、气洁的生态环境。门头沟区位于北京西南部，总面积 1 448.9km^2，山地面积占 98.5%，是典型的小城市、大郊区、纯山区的区域特征。门头沟区曾是京西重要的能源产地，历史上以煤炭、石灰、砂石为地区主导产业，为首都经济发展做出过巨大贡献，但由于过去长期大规模的资源开采和盗采砂石，门头沟区在 21 世纪初出现了地下水位下降、水土流失、地下水资源枯竭、生物栖息地破坏、废弃矿渣扬尘、山体景观破坏等一系列生态环境问题，生态破坏面积曾达 200km^2，占区域总面积的 14%，占当地山区面积 30% 以上的区域为泥石流、山洪易发区，生态系统严重退化，对人民生命安全造成直接威胁。2004 年该区空气质量二级及以上天数占全年天数的比例仅为 49%。永定河河床干涸，植被破坏严重，成为北京沙尘暴的重要沙尘源之一。

门头沟区素有“绿色生态氧吧”之称，是京西重要生态屏障，如今是北京市重点发展的 5 个生态涵养发展区之一，并居于首位。《北京城市总体规划（2004～2020 年）》将门头沟区确定为生态涵养发展区，按照区委区政府部署，门头沟区将全力打造“和谐宜居滨水山城，全域景区化百里画廊”，现被确立为国家生态修复科技综合示范基地。门头沟区在环境治理过程中依照市场化方向，成功地构建出一种“自然、经济、人文”三位一体生态修复产业网络模式，为我国生态修复产业化发展提供了典型示范。

（一）门头沟区"自然、经济、人文"三位一体生态修复产业网络模式

从技术层面角度出发，生态修复指的是在生态学原理下，以生物修复为基础，结合物理修复、化学修复、工程修复等技术措施，实现污染土壤、污染水体、污染大气的综合修复。但从修复效果角度出发，生态修复不仅要修复破坏的生态系统结构和功能，还要修复受损的区域经济社会持续发展能力，包括自然、经济和社会人文三个方面。由科技部和北京市科委牵头组织开展的门头沟国家生态修复示范基地建设，是一项生态修复产业化建设的系统工程。第一期工程主要完成各种生态修复技术的示范及应用研究，第二期工程着重开展生态修复技术的集成及产业化支撑体系建设，成功地构建了门头沟区"自然、经济、人文"三位一体生态修复产业网络模式，三大产业系统相互支撑，协调发展。①

1. 自然生态修复产业。

大力发展矿山生态修复技术，水保农业、节水农业和生技农业技术，及湿地生态修复技术，实施以煤矿开采区和采石场废弃地的修复示范为主的矿山生态修复示范工程，以山区缓坡和煤矸石山的修复示范为主的农田生态保育示范工程，和以永定河河道景观生态修复示范为主的湿地生态建设示范工程，构建包括矿山生态修复、农田生态保育和湿地生态建设三大体系的自然生态修复示范产业。

2. 经济生态修复产业。

依托北京城区内各大型超市和庞大的高端消费市场，培育针

① 石垚、王如松、黄锦楼、石鑫：《生态修复产业化模式研究——以北京门头沟国家生态修复示范基地为例》，载于《中国人口·资源与环境》2012 年第 4 期，第 60～66 页。

对门头沟区特点的自然生态修复技术交易市场，和孵化整合各相关自然生态修复技术及产品、服务供应行业，建立一个涵盖各类型生态修复技术和企业信息的数据信息管理系统，联合运用市场交易平台和产品虚拟信息平台，展示门头沟各类型生态修复技术产品和农业产品，实现生态修复的经济产出，针对全国乃至世界生态修复行业发展需求进行专业人才的培训与学术交流，最终构建出产品物流、市场交易、技术培训和建设咨询四大引导性产业体系。门头沟区生态修复产业经济效益可观，据中国科学院植物研究所有关专家预测，区内生态修复工程完工后，每年将为北京市提供生态经济价值达25亿元的生态服务，比修复前增加7亿元。

3. 人文生态修复产业。

为了超越传统的观光度假旅游产品的开发视域，充分发挥门头沟特有的自然景观、纯朴民风和保存完好的古村落及历史文化遗迹的优势，更好地满足北京城市人口亲近自然、回归田园、心灵洗礼、身体保健等精神需求，门头沟区构建了观光度假、乡村旅游、健康服务和人文关怀四大主导性旅游产业体系，为门头沟区实现产业转型、稳定区域经济发展提供了产业保障。

（二）门头沟区推动生态修复产业化发展的综合举措

门头沟区生态修复产业化的成功典范，既折射出政府的政策走向，也反映了社会的现实需要，更集中体现了生态修复技术集成化和区域产业化的发展方向。门头沟区生态修复产业化发展，获益于政府政策的支持、市场化的融资机制、生态文化的理念培育等多重社会文化资源，才使得拥有不同技术优势的生态修复企业通过资源、信息和市场的共享，最终实现对生态修复产业系统化发展。

1. 充分发挥科技和工程创新对生态修复产业发展的引领示范作用。

为让昔日 4 万 km^2 的采石矿场、6 万 km^2 旧河道、7 万 km^2 废弃矿坑能够再现新貌，门头沟区为推进生态修复产业发展，大力开展科学研究和技术工程实践创新，初步探索了一条生态修复与生态产业相结合的可持续发展道路。2005 年，在北京市科委的支持下，率先在北京各区县首先实施生态修复，创新性地开展生态修复一期项目，即北京市科技计划项目——“门头沟区生态修复总体规划及技术方案研究与科技示范工程”。先后与中科院、清华大学等国内 13 家科研机构和国内高等学府开展了“门头沟区生态修复总体规划”与技术方案，以及采煤废弃地、采砂废弃地、采石废弃地、道路边坡、生态现状调查等专题研究，在调研分析的基础上，对门头沟区生态资源进行科学评价，如《门头沟区共轭生态修复总体规划研究》《门头沟区水土保持生态修复技术研究与应用》《门头沟生态系统服务功能及其辐射效益研究》，积极会聚各方科研力量，自 2005 年起先后举办首届北京生态修复国内研讨会和多届生态修复国际论坛，对各类生态破坏类型的修复规划提供理论依据。引进国内外先进技术和模式，与市科委、中科院北京分院、北京科学技术研究院等机构合作共同建设“北京市生态修复科技试验区”“共建国家生态修复科技综合示范基地”“共建北京山区发展综合试验示范区”“生态修复科技产业示范区”等协议。通过创新研发、引进吸收、技术集成等方式，采用先进技术手段，重点对煤矿废弃地、采石废弃地、旧灰窑、砂石废弃地、公路边坡、湿地六大区域实施了生态修复试验工程，探索、引进了国际先进的生态修复技术路径和方案，通过技术和工程的整合创新，降低生态修复成本，达到了实现人工强制绿化向自然植被的自我繁衍的目的，“配浆、灌浆技术”项目荣获门头沟区科学技术进步一等奖，并获得“国家技术发明专利”。

2. 加强生态修复的政策法规制定。

北京市政府高度重视门头沟区环境保护和生态修复的战略意义，将门头沟区的生态修复任务融入了北京各类城市规划体系。《北京市总体规划（2004～2020年)》将门头沟划分为山前平原和西部山区两部分进行差异性规划，山前平原属于西部次区域，以改善生态环境，实现生态式发展为核心，西部山区属于山区次区域，以生态保护和改善为主，并加强绿化和生态修复，对受到采矿业破坏的地区，应开展相关生态修复工作。北京市《绿地系统规划》则把门头沟区定位为生态涵养区，注重结合当地地形地貌特点来规划门头沟区的绿地结构，构建“山里有城，城里有水，山水城市相互嵌合”的新城绿地规划布局。2007年北京制定《门头沟生态修复总体规划》，在空间和时间上对生态修复的分区、分期做出了规划，并对采煤、采石、采砂、道路工程造成的生态退化分别提出了专项规划。

北京市政府还加强了对门头沟区生态修复的资金投入，探索山区生态修复模式创新。2004年北京市已投资1.92亿元，支持山区发展生态涵养产业，率先在全国启动了山区生态林补偿机制，给管护人员月人均补偿400元，补偿资金由乡镇财政以直补方式发给护林员。2007年又启动林业“碳汇”工程，使山区农民上岗护林、绿化造林，实现山区农民由“靠山吃山”向“养山就业”的重大转变。与此同时，不断加大环保考核力度，严格执行生态环境保护问责追责制度，完善实施《门头沟区生态损害及环境污染责任追究实施细则（试行)》，健全和完善《门头沟区环境保护综合治理工作考核验收办法》，加强考核评价体系中资源消耗、环境损害、生态效益等环境保护相关指标的权重，完善环境保护区、镇（街)、村三级责任体系。2016年10月27日，门头沟区召开防治大气污染“利剑”专项行动动员部署会，区环保局部署《门头沟区大气污染防治2016年“利剑”专项行动工作方案》；区监察局解读《北京市党政领导干部生态环境损害责任追究实施细则（试行）》；区政府与军庄镇、王平镇、东辛房办事处、区住建委、区城管执法局分别签订《门头沟区人民政府清洁空气行动计划 2016 年工作措施及空气重污染应急目标责任书》。

3. 加快产业结构转型，大力发展生态农业和服务业。

门头沟区从事采矿业的人数最多曾达到 18 000 人，占农村劳动力的 45%，另外还有 1 000 人从事为矿业服务的产业。门头沟区因为长期的矿业开采，造成局部地区生态系统破坏，各种类型的废弃矿山严重影响了该区的生态环境质量。但是，资源型产业退出，矿区停采和废弃后，由于原来形成的产业链条也随之中断，将造成当地经济衰退和劳动力就业困难等问题，矿区农民的生活也面临极大的挑战，矿区产业结构转型迫在眉睫。门头沟区为加快影响生态保护和水源涵养的传统产业转型，严格控制并逐步淘汰矿产资源产业，积极引导环境友好型产业的发展。2004 ~ 2009 年间，门头沟区对不符合功能定位和影响环境的资源性开采行业进行清理整顿，大量的传统优势矿产资源产业相继关停并转，从根源上遏制生态破坏。

另一方面，门头沟区在“十一五”发展规划中确立了“生态立区”的发展战略，并提出“一城带四区”的发展思路，在《北京市城市总体规划（2004 ~ 2020 年）》中，对该区域的功能定位由“京西矿区”转变为“生态涵养发展区”。当前，门头沟区紧紧围绕首都生态涵养发展区和西部综合服务中心两大功能，通过产业结构战略调整，转变过去粗放型的经济发展模式，加快培育以旅游业为主导，生态农业、现代服务业、体育健身等多点支撑的高端产业体系，用可持续发展的生态产业链取代煤山“黑色产业链”的发展思路。为培育替代产业，门头沟重点发展五种生态友好型产业：一是都市型现代农业、观光旅游型、农业采摘型、生态修复型和纯旅游型农业，以及蜂蜜、玫瑰深加工、矿洞蘑菇等农副产品深加工；二是以旅游业为主导、多支撑的生态产业体系，推动乡村旅游业不断发展，建立农业观光园，扶持发展民俗旅游接待户、民俗旅游村；三是依托石龙经济开发区发展高新技术产业；四是发展文化创意产业，重点打造“京西古道”“古村落”等品牌；五是扶持生产性服务业，随着3条城市快速路的相继完工，门头沟区便利的交通条件可极大地促进生产性服务业的发展。门头沟区在生态修复、生态治理和生态保护中，适度发展生态友好型产业，妥善解决好山区群众的就业增收和生活能源问题，使之成为首都坚实的生态屏障，让因为开矿满目疮痍的山体恢复了勃勃生机。

（三）门头沟区生态修复效果

历经多年的环境治理和生态修复工作，门头沟区以生态修复工程为载体的“自然、经济、人文”三位一体生态修复产业网络体系，促进了区域生态环境面貌的整体提升，区域生态、经济、社会形成了联动效益，为区域未来持续发展奠定了较好的生态基础。

从2004年开始，门头沟区通过与清华大学、中国科学院等13个研究单位和芬兰、日本等外国专家的深入合作，先后完成了湿地生态修复、采石废弃地生态修复、石灰石废矿废弃地生态修复、砂石坑生态修复、边坡生态修复、矿坑生态修复六种生态修复。2005年初，根据北京城市总体规划，门头沟区开始加快由“资源枯竭型矿区”向“生态涵养发展区”的转型，大力实施和推进生态修复工程，进行了产业结构调整，全面推进高耗能、高污染产业退出工作，乡镇煤矿、采砂企业、非煤矿山逐渐关闭，累计关闭819家，并利用新技术、新材料，工程措施与生物措施相结合，持续对门头沟区废弃矿山土地进行了生态修复，废弃砂矿变成了坑地公园，裸露山地变成了山地公园，煤矿废弃地变成了山地果园，京西水碧天蓝，走出了一条生态涵养与经济发展良性互动的可持续发展之路。

根据北京市园林绿化局网站公布的统计年报，2010～2015年门头沟区城市绿化资源情况呈逐年改善势头。绿化覆盖面积由2010年721.74hm^{2}上升至2015年1 579.62hm^2，绿地面积由2010年693.11hm^{2}上升至2015年1 579.62hm^2。随着门头沟区生态建设持续推进，全区森林覆盖率达到37.3%，林木绿化率达到58.8%，全区城市人均公共绿地面积达到28km^2，超过全市平均水平，成为国家生态示范区。2015年投入6亿多元，对永定河门头沟段实施了一系列修复工程，在生态修复和综合整治的基础上进行景观建设。对永定河上游的河道展开的生态修复工程中，恢复、重建120万平方米湿地，修复治理永定河河道88km，清水河河道28km，构成了纵贯山区、绵延百里的绿色长廊。

北京市门头沟区生态修复取得了良好效果，城乡面貌焕然一新，初步实现了生态修复与改造环境、发展经济有机结合，基本完成了资源型经济向生态型经济的转变，以休闲旅游业为主导的新的生态产业体系基本形成，正在从昔日的老旧矿区朝着山水环绕、绿色宜居、功能完备、产业升级的现代化生态新区目标迈进。目前，门头沟区形成了蝴蝶园、樱桃园、玫瑰园等25个生态农业观光园区和14个市级民俗旅游村。在723个民俗旅游接待户的带动下，门头沟区万余名矿工变成“绿色工人”，走上了生态致富之路。“十三五”期间，门头沟将把生态文明建设放在更加突出的战略位置，扩大绿色生态空间和环境容量，启动绿海奥运公园、永定中央生态公园、石龙科技湿地公园和永定河郊野公园等项目，加快实施永定河龙泉湾二期生态修复工程，完成第三、四阶段中小河道治理、朱砂岭沟流域综合治理等工程。其生态修复的预期目标是森林覆盖率达44%以上、城乡污水处理率达89%，设计构建生态环境优美、园林景观提升、城市水系健康“三位一体”的城市大环境体系，突出生态涵养、旅游文化、科技创新三大功能有机共生、融合发展，打造“和谐宜居滨水山城，全域景区化百里画廊”，将成为首都的生态花园。

五、淮北：打造“生态修复—产业结构调整—城市转型”立体治理模式，力促资源型城市转型

淮北市位于安徽省北部，地处华东地区腹地，苏、鲁、豫、皖四省之交，被誉为运河故里、能源之都、中国酒乡，也是“长三角城市群”“宿淮蚌都市圈”“宿淮城市组群”成员城市。作为一座典型的煤炭资源型城市，淮北缘煤而建，因煤而兴，自1958年建矿以来，已生产8亿多吨原煤，煤炭产量居全国特大型煤炭产地的第5位，是华东地区4个特大型煤炭基地之一，为我国经济社会发展做出重要贡献。但与此同时，淮北在工业化和城市化的快速发展进程中，造成了地表大面积采煤塌陷，形成了独特的“四库、五湖、九河”的水网构架。据测算，塌陷地与正常耕地相比，有机质由0.95%降低至0.65%，含氮量由0.049%降低于0.048%，速效磷由6×10^{-6}降低为2×10^{-6}，速效钾由182×10^{-6}降低到177×10^{-6}。

随着资源枯竭、环境污染、土地塌陷、城市耕地减少、景观格局破碎、植被破坏等严重环境生态问题日益突出，工农业生产用地矛盾日益尖锐，对自然资源的过度开发利用引发了水资源、矿产资源、土地资源危机，直接制约了淮北市经济与社会的发展。“矿竭城衰”是资源型城市可持续发展的基础性障碍，如何摆脱传统的单一依靠资源开采和开发的粗放经济发展模式，发展替代产业和新兴产业，实现煤炭资源型城市转型，既关系到城市自身的现代化与可持续发展，也关系到整个社会的稳定和国民经济的健康发展。资源枯竭型城市转型需要破解产业动力、环境恢复、城乡统筹、可持续发展等诸多难题，淮北打造“生态修复—

产业结构调整—城市转型”三位一体治理模式，为我国的资源型城市生态修复与产业转型提供了重要借鉴。

（一）淮北“生态修复—产业结构调整—城市转型”环境治理模式

淮北市自2009年被列入资源枯竭型城市以来，围绕以采煤沉陷区治理为核心的生态修复，以依托煤、延伸煤、超越煤为核心的产业结构调整升级，以资源型城市转型和可持续发展为核心的山水生态城市建设，提出打造“精致淮北”，实现“产业精良、城市精美、文化精深、作风精细”的转型战略，初步探索出一条具有淮北特色的转型发展之路，实现了从“黑色煤城”到“皖北江南”，从“一煤独大”向“百花齐放”的跨越。

1. 倾力推进以采煤沉陷区治理为核心的生态修复。

淮北市生态环境修复的举措，包括露天废弃矿山的修复、采煤塌陷区治理、石质山造林。据统计，到2012年底，全市采煤塌陷土地近3 000万亩，目前仍然以每年约1万亩的速度递增；失地农民30余万人；400多个村庄因塌陷而遭到不同程度的破坏，已搬迁村庄290个；已形成近300平方公里的地下水降落漏斗区，出现多处岩溶塌陷。根据预测，到2020年，还会塌陷15万亩。煤矿塌陷地综合利用和土地复垦整理是一项造福子孙、利国利民的大事。从20世纪80年代中期开始，淮北市坚持以“复垦、造地、增粮、增收、改善农业生产条件”和提高人民生活水平为宗旨，以实现“占补平衡、毁补平衡”和经济效益、社会效益、生态效益为目标，探索采煤塌陷地的土地复垦方法，陆续开展不同规模的土地复垦整治工作。经过多年的实践和总结，采煤塌陷地复垦工作已取得明显成效，形成了6种复垦模式：多层煤回采深层塌陷区水产养殖复垦模式、浅层塌陷区复垦造地种植复垦模式、煤矸石充填塌陷坑造地用于基建迁村复垦模式、粉煤灰充填塌陷区复土营造人工林复垦模式、深浅交错尚未稳定塌陷区鱼鸭混养、果蔬间作复垦模式、利用大水面塌陷区发展网箱养鱼和兴建水上公园重建矿区生态环境的复垦模式。更为难能可贵的是，淮北市对煤矿塌陷区的规划与再利用，超越了生态技术层面，统筹于城市可持续发展战略之中。通过调整产业结构，提高土地利用效率，发展生态产业，使采煤塌陷地演变为社会、经济、环境协调发展的复合人工生态系统。

2. 强力促进以依托煤、延伸煤、超越煤为核心的产业结构调整升级。

自从2009年被列入资源枯竭型城市以来，淮北市委市政府未雨绸缪，依据自身的区位、资源禀赋特色和产业发展现状，将经济转型发展列为核心工作，将以依托煤、延伸煤、超越煤为核心的产业结构调整升级，作为转型破题之举，加快产业结构调整升级。一方面，依托煤炭基础产业，通过深化与淮北矿业、皖北煤电、淮海实业等企业战略合作，建设一批安全高效矿井，同时加大煤矸石发电厂建设，做强做大煤电产业。另一方面，发展以新型煤化工为重点的接续产业，拓展资源利用领域，延伸产业链条，推动甲醇、煤焦油、粗苯等下游产品的精深加工。预计到2020年，煤化工产业销售规模达千亿元，初步建成全国重要的新型煤化工产业基地和国家煤化工循环经济发展示范基地。另外，紧抓技术改造和自主创新等关键环节，提升发展替代产业和培育新兴产业，着眼抢占未来发展的制高点，打造经济转型的新亮点。淮北强力打造园区平台，借助凤凰山食品经济开发区、杜集经济开发区等专业特色园区，提升发展食品加工、机械制造、纺织服装等替代产业。以食品、矿山机械制造为代表的非煤产业多年保持高速增长，占据工业比重的半壁江山，食品工业异军突起，保持年均50%以上的增速，2011年产值突破160亿元，跻身全市第二大产业，2012年非煤产业产值占工业总产值的比重由5年前的26.6%上升到66.2%。大力发展精细化工、生物医药、节能环保等先导性、战略性新兴产业，2012年，全市高新技术产业实现总产值近 300 亿元，同比增长 51%；增加值为 83 亿元，同比增长 44%，增速均居全省第 1 位。

3. 全面推动以资源型城市转型和可持续发展为核心的山水生态城市建设。

2011 年 10 月国家发改委通过《淮北市资源枯竭城市转型规划》，随后得到安徽省政府批准实施。淮北市全面推动以资源型城市转型和可持续发展为核心的山水生态城市建设，不断推进生态转型，完善城市转型功能，倾力打造“皖北江南、文明淮北”的城市新形象。淮北山水资源丰富，在 285km^2 主城区用地范围内，山体、河流、湖泊面积占一半以上，具有建设山水生态城市的独特优势。淮北市坚持规划引领，邀请国内著名设计专家制定总体规划，包括“地上”的国民经济和城市规划和“地下”的沉陷区和土地规划。根据规划，通过 4 万亩沉陷区治理，形成 1 万亩绿地、1 万亩建设用地、1.5 万亩水面、0.5 万亩其他用地，加快建设南湖湿地公园、东湖景区等一批自然景观，形成环湖发展的城市形态。经过多年探索实践，淮北已形成了 6 种独具特色的土地复垦模式，包括深层塌陷区水产养殖模式、浅层塌陷区挖塘造地发展种植养殖模式等。同时还致力于园林城市建设，改善生态环境质量。截至 2012 年底，淮北城市绿化覆盖率达 44%，城市人均公共绿地面积 14.5km^2，位居全省前列。2012 年 3 月上旬，国家发改委公布了对第二批资源枯竭城市转型成效的评估结果，确定淮北市为“历史遗留问题初步解决、初具可持续发展能力的城市”，这意味着该市将在随后五年继续获得国家支持资源枯竭城市转型方面的优惠政策和中央财政 20 亿元以上资金支持。

（二）淮北市生态修复的特色经验

淮北市打造“生态修复—产业结构调整—城市转型”三位一体治理模式，实现从资源枯竭型城市向山水生态城市的成功转型，离不开政府导向、政策制定、资金投入等多方面联合发力。

1. 加快制定生态修复和城市转型政策。

政府出台了一系列加强工矿废弃地等生态修复和城市转型的相关政策，加强了制度和管理体系建设。2008 年编制完成了《淮北市资源城市转型与可持续发展规划》，2009 年淮北市成功举办国际生态城市建设论坛，后聘请中国科学院生态环境研究中心编制《淮北市生态城市建设规划》和《淮北闸河煤田中心塌陷区生态经济功能评估与生态系统修复规划》。为加强对矿山地质环境项目的实施管理，淮北市先后出台了《淮北市矿山地质环境治理项目管理暂行办法》《关于加强矿山地质环境治理项目实施管理的通知》，编制了《淮北市矿山地质环境保护规划》《淮北市地质灾害防治规划》，制定了《淮北市采煤沉陷区水资源利用与湿地修复规划》，成立了由分管市长任组长的淮北市矿山地质环境治理项目建设领导小组。为加强工矿废弃地土地复垦，市政府印发了《关于切实做好〈土地复垦条例〉贯彻实施工作的通知》，对土地复垦方案编制、土地复垦成本费用测算、土地损毁情况报告、复垦项目检查验收等方面进行规定，构建多部门齐抓共管的工作格局。为盘活存量建设用地，市政府印发了《关于成立工矿废弃地复垦利用（增减挂钩）工作领导小组的通知》《淮北市工矿废弃地复垦利用实施方案》，为淮北城市建设发展提供指标支持。同时，积极争取国家试点政策，对历史遗留的工矿废弃地进行复垦。2012 年 2 月 13 日获国务院批准《淮北市土地利用总体规划（2006～2020 年）》，标志着淮北市土地利用取得了突破性进展。截至 2013 年，淮北累计治理利用塌陷地超 10 万亩，搬迁安置居民 20 万余人，被授予“全国土地复垦示范区”称号。

2. 努力探索生态修复模式创新。

针对废弃采石山场、工矿废弃地、采矿塌陷区，淮北市探索建立了超前式治理、开发式治理和圩田式治理三种模式，提高生态治理效益，把地质灾害防治、生态环境修复、土地功能恢复等相结合，实现资源开发利用、土地恢复利用、环境恢复整治有机统一。淮北土地复垦工作取得显著成效，2011～2013 年，淮北共实施省级、市级投资土地整理复垦项目 12 个，总建设规模 17.23 万亩，争取国家、省级财政资金 2.1 亿元，新增耕地 5 885 亩。按照“宜农则农、宜渔则渔、宜建则建、宜水则水”的原则，淮北以转变农业增长方式为主线，重点发展特色高效农业，将全市 2/3 的农民纳入规模化、集群化、链条化的产业体系，在有效增加耕地面积基础上，达到了“田成方、路相通、沟相连、林成网、旱能灌、涝能排”标准，促进了农业增产、农民增收、农村发展。

3. 积极开展生态治理项目。

为加强矿山地质环境治理，修复被破坏的矿山生态环境，淮北市大力申报实施国家和省级矿山地质环境治理项目。自 2003 年至 2010 年底，全市共获得国家和省级批准项目 23 个，补助资金 31 410 万元。其中国家项目 16 个，补助资金 30 340 万元，省级项目 7 个，补助资金 1 070 万元，总治理面积达 4 万亩。2011 年 6 月验收 6 个国家和省级地质环境治理项目：皖北煤电集团矿山地质环境治理（刘桥二矿）项目、安徽省淮北市地质环境调查与监测项目、安徽省淮北市濉溪县房庄村矿山地质环境治理项目、淮北市沈庄煤矿矿山地质环境治理项目、任楼煤矿矿山地质环境治理项目、淮北市石台煤矿矿山地质环境治理项目，共增加基建用地 434.82 亩，恢复耕地 415.7 亩，开挖鱼塘 314 亩，矸石山治理约 270 亩等，产生了显著的经济、社会和生态效益。为了改善塌陷区生态环境，注重生态功能修复，促进城市可持续发展，淮北针对中湖、东湖和南湖等采煤塌陷地形成的大面积水域，加大了矿山地质环境规划和重点治理项目力度。2012～2013 年，淮北共实施国家、省级矿山地质环境治理项目 9 个，获批补助资金 3.79 亿元，治理总规模 4.7 万余亩。其中《淮北市资源枯竭城市矿山地质环境治理项目》一期工程基本完工，新增建设用地约3 940亩，形成水域用地2 300亩，绿化用地3 280亩，其他用地940亩。

4. 加快促进生态城市构建。

淮北市运用多元统筹的指导思想，综合协调和解决园区选址与环境安全、产业发展与就业需求、城乡统筹等问题，对煤矿塌陷地加强综合治理、变废为宝的同时，利用现代生态修复技术，重新修复、组合破碎的城市生态和景观，促进城市空间格局的多样化与合理化，城市可持续发展。根据生态破坏程度大小，对煤矿塌陷地展开不同模式的生态修复与重建。第一，在浅层稳定塌陷区，实施以城乡建设发展模式为主、生态旅游开发模式为辅，逐步形成水陆复合的休闲公园、工业景观公园、生态湿地等。第二，在不稳定塌陷、待塌陷区，实施近期生态旅游开发模式和远期城乡建设发展模式。第三，在深层稳定塌陷、待塌陷区，实施多元农业综合模式为主、生态旅游开发模式为辅，利用煤矿塌陷形成的湖泊、水域、干涸地经过修复，运用农业技术发展高产、高效、高质的水产养殖、果树种植、禽畜养殖树木栽植等生产、观光、体验结合型农业。秉承以人为本、生态优先的城市建设理念，淮北市主力挖掘汉文化、隋唐运河文化等文化生态旅游资源，主打华家湖旅游生态度假区、国购汽车文化园、煤炭及口子酒工业旅游、洪庄文化创意产业园、龙脊山和塔山休闲旅游、隋唐大运河遗址、临涣古城等旅游大项目，相继规划建设了南湖湿地公园、东湖湿地公园，让农村基础建设“接轨”城市，营造“三山环绕、六湖株连、城在山中、水在城中”的特色景观。

（三）淮北市生态治理的实际效果

从20世纪80年代起，淮北市就高度重视采煤塌陷区整合治理工作，采煤塌陷地的综合利用和土地复垦工程广泛实施后，取得了显著的成绩。自1995年起，淮北市经国家有关部门批准并经全面科学论证，已连续12年被国家列为土地复垦示范区。仅2003年，就成功申报8个国家、省级复垦项目，总治理面积达1 458.7hm^2，总投资超过1亿元，并建立土地复垦预备项目库和新增耕地储备库，目前入市级库项目47个，入省级库项目15个，计划2010年入库项目总治理面积将达到1.2万hm^2，目前示范项目已示范项目已涉及1县3区13个镇的135个行政村。到了2013年为止，累计治理采煤塌陷区大概有11万亩，累计治理投入8亿多元，新增垦地6.4万亩，新增建设用地大概2万余亩，鱼塘类养殖水面大概是2万亩，解决了10万失地农民的生产生活问题。通过土地综合整治，北湖南村已经成为淮北市村庄土地综合整治示范基地。短短两年时间，五沟镇搬迁自然庄25个，拆除旧房近1.5万间，建成3 021户两层庭院式新居，1.1余万人入住居民集中区，新增耕地2 752.69亩。

作为一座有着50多年历史的煤炭工业城市，淮北市全面推进城市转型，探索出一条资源与环境和谐、生态与产业融合、经济与社会共进的煤炭资源型城市科学发展之路，实现了从“脏乱差”到“净亮绿”的华丽转型，树立了“皖北江南、文明淮北”的城市新形象。改造采煤塌陷区，投资近5亿元修复沉陷区生态，相继建成了南湖湿地公园、乾隆湖水上公园、东湖湿地公园等独居一格的亲水风景区。截至2012年，全市城区绿地率超过45%，森林覆被率、林木绿化率分别达到17.12%和22.05%，“三山六湖九河”的园林城市格局已然形成。淮北现已经建设成为国家园林城市、全国卫生城市、全国平原绿化先进城市，连续三年蝉联创建国家文明城市先进城市，荣获首批全国文明城市称号。

经过多年生态修复与环境治理，淮北市紧紧围绕“城区园林化、广场绿地化、城郊生态化、山水一体化”的建设目标，认真做好水生态规划和湿地生态修复，大力开展生态城市建设，成功地将采煤塌陷造成的自然灾害变成了人人共享的“资源”，将昔日的采煤塌陷区开发成碧波浩渺的城中湖，将昔日的荒山野岭变成了绿化地树木葱茏，依托“三山、六湖、九河”的资源禀赋，昔日的资源枯竭型城市，正朝着山水生态城市缓缓走来。“青山南北开，六水绕城过，城在绿中建，人在花中行”的现代山水生态园林城市愿景正逐步变为现实。未来需要进一步优化产业结构，大力发展生态经济，制定统筹城乡绿化的总体规划，加快实施城区东部荒山绿化工程，加强湿地保护，建设生态走廊，营造生态城市绿色防护体系，打造“徽风皖韵、黄淮明珠、江北水乡”的秀丽蓝图。

第五章

中国生态修复的典型经验

加快推进生态文明建设是加快转变经济发展方式、提高发展质量和效益的内在要求，是坚持以人为本、促进社会和谐的必然选择，是全面建成小康社会、实现中华民族伟大复兴中国梦的时代抉择，是积极应对气候变化、维护全球生态安全的重大举措。要充分认识加快推进生态文明建设的极端重要性和紧迫性，切实增强责任感和使命感，牢固树立尊重自然、顺应自然、保护自然的理念，坚持绿水青山就是金山银山，动员全党、全社会积极行动、深入持久地推进生态文明建设，加快形成人与自然和谐发展的现代化建设新格局，开创社会主义生态文明新时代。

——《中共中央　国务院关于加快推进生态文明建设的意见》

必须把制度建设作为推进生态文明建设的重中之重，着力破解制约生态文明建设的体制机制障碍，深化生态文明体制改革，建立系统完整的制度体系，把生态文明建设纳入法治化、制度化轨道。

——《中共中央　国务院关于加快推进生态文明建设的意见》

改革开放近四十年来，中国经济社会发展的生态环境状况发生着阶段性变化，从高投入高消耗高污染的经济发展方式到创新驱动的绿色发展道路，中国环境保护和生态修复事业获得了长足进展，为经济社会转型期的发展中国家和全球环境治理与生态安全，提供了丰富有益的中国经验。瑞士联邦理工大学空间规划系高级规划师迭戈·萨尔梅龙日前接受新华社记者电话采访时指出，中国已经成为参与全球治理的重要一员，“中国政府对所担负的环境治理任务有明确认识，中国将在环境全球治理中发挥更大作用”①。

一、大力推进生态文明建设顶层设计

改革开放之初，依赖国土辽阔、资源丰富的自然禀赋，以及技术水平低落的现实状况，中国仿效西方国家的传统现代化模式，沿袭高投入高消耗高污染的经济发展方式，伴随着经济社会的快速发展，环境污染和生态破坏的问题逐渐显露，及至近年来中国 GDP 跃居世界第二，中国生态环境恶化的趋势更趋严重。习近平指出：“全面深化改革需要加强顶层设计和整体谋划，加强各项改革的关联性、系统性、可行性研究。我们讲胆子要大、步子要稳，其中步子要稳就是要统筹考虑、全面论证、科学决策。”② 为此，中央成立了全面深化改革领导小组，专门负责改革的总体设计、统筹协调、整体推进、督促落实，在其下又设立了经济体制和生态文明体制改革专项小组，统筹环境和发展的关系，探索中国绿色发展模式。中国政府敏锐把握中国生态环境状

① 专访：《中国将在环境全球治理中发挥更大作用》，新华网，2017 年 1 月 22 日，http：//news. xinhuanet. com/world/2017 -01/22/c_1120364197. htm。

② 《关于〈中共中央关于全面深化改革若干重大问题的决定〉的说明》，载于《人民日报》2013 年 11 月 16 日。

况的历史变化，及时调整和更新环境保护的国家战略，最终确立了生态文明建设的顶层设计，为中国建设美丽中国和生态文明明确了国家战略。

联合国环境与发展委员会 1987 年发布的研究报告《我们共同的未来》，是人类实施可持续发展战略和建构生态文明的纲领性文件。虽然当时我国经济社会发展衍生的环境生态问题还不太突出，但我国政府在 20 世纪 90 年代比较敏锐地捕捉到国际社会发展的绿色潮流，及时关注到经济、社会与环境协调发展的问题，相继通过了一系列环境保护的重要文件，譬如《中国 21 世纪议程——中国人口、资源、环境发展白皮书》（1994 年）、《全国生态环境保护纲要》（2000 年）、《可持续发展科技纲要》（2000 年）等。

1995 年 9 月，中共十四届五中全会将可持续发展战略纳入“九五”和 2010 年中长期国民经济和社会发展计划，明确提出“实现经济与社会相互协调和可持续发展”。2002 年中共十六大把建设生态良好的文明社会列为全面建设小康社会的四大目标之一；2003 年中共十六届三中全会提出了全面、协调、可持续的科学发展观，2003 年 6 月 25 日发布的《中央中共　国务院关于加快林业发展的决定》中提出，要“建设山川秀美的生态文明社会”，“生态文明”第一次写入党的文档；2006 年中共十六届六中全会提出了构建和谐社会、建设资源节约型社会和环境友好型社会的战略主张。2007 年党的十七大首次把建设生态文明写入党的报告，作为全面建设小康社会的新要求之一，明确要求：建设生态文明，基本形成节约能源资源和保护生态环境的产业结构、增长方式、消费模式，生态文明观念在全社会牢固树立。这是面对改革开放近四十年来经济社会发展与生态环境保护的尖锐矛盾，中国特色社会主义和中国共产党科学发展观的又一次重大理论创新。

2012 年，党的十八大报告进一步将生态文明提升至国家策略，列入中国特色社会主义“五位一体”的总布局，成为全面建成小康社会任务的重要组成部分，强调建设生态文明，是关系人民福祉、关乎民族未来的长远大计，并强调节约优先、保护优先和以生态恢复为主，采取绿色发展、循环经济发展和低碳发展的路径。2013 年十八届三中全会审议通过《中共中央关于全面深化改革若干重大问题的决定》，提出要加快生态文明制度建设。2015 年 3 月 24 日，中共中央政治局审议通过了《关于加快推进生态文明建设的意见》，指出“总体上看我国生态文明建设水平仍滞后于经济社会发展，资源约束趋紧，环境污染严重，生态系统退化，发展与人口资源环境之间的矛盾日益突出，已成为经济社会可持续发展的重大瓶颈制约”，从政治上高度定位“生态文明建设是中国特色社会主义事业的重要内容，关系人民福祉，关乎民族未来，事关‘两个一百年’奋斗目标和中华民族伟大复兴中国梦的实现。”① 2015 年 9 月 11 日中共中央政治局审议通过《生态文明体制改革总体方案》，依照“理念先行、顶层设计、填补空白、整合统一”的十六字特点，对中国生态文明建设从指导思想、基本原则、重点任务等方面予以全面指导，提出要加快建立系统完整的生态文明制度体系，明确了生态文明体制的“四梁八柱”，做出了高屋建瓴的顶层设计，设定了我国生态文明体制改革的目标，即到 2020 年，构建起由自然资源资产产权制度、国土空间开发保护制度、空间规划体系、资源总量管理和全面节约制度、资源有偿使用和生态补偿制度、环境治理体系、环境治理和生态保护市场体系、生态文明绩效评价考核和责任追究制度八项制度构成的产权清晰、多元参与、激励约束并重、系统完整的生态文明制度体系，推进生态文明领域国家治理体系和治理能力现代化，努力走向社会主义生态文明新时代。

① 《中共中央　国务院关于加快推进生态文明建设的意见》，2015 年 4 月 25 日。

二、不断完善环境治理体制机制

长期以来，党中央、国务院高度重视环境保护工作，将环境保护作为基本国策，不断加大环境治理的力度，调整完善环境保护管理体制机制。国家环保局在20世纪80年代组建，到90年代升格为正部级的环保总局，到2008年国务院机构改革组建环境保护部，环保部门的职能不断加强，权威性不断提高。我国从70年代起开始推进环保制度建设，针对改革开放以来不同历史发展阶段所面临的一些紧迫和突出的环境矛盾和生态难题，确立了门类较为齐全、涵盖事前预防、事中事后监管的具有中国特色的环境保护管理体制机制。

概括来说，环境保护和生态修复的政策机制、市场机制和社会机制在不断得到完善。在政策机制方面，主要是打破过去分散型、碎片式环境管理的缺陷，加强和完善了环境要素和环境系统的综合性治理，制定了中国环境保护的宏观决策体系。逐步建立了环境与发展综合决策机制，建立多方参与的政策制定机制，必要时实行生态环保“一票否决制”，推进环境影响评价编制机构与审批部门的脱钩，建立了真正具有独立法律地位的环评机构。在市场机制上，随着中国特色社会主义市场经济制度改革渐趋深入，以政府引导、市场主导、科技创新为推动力的环境保护和生态修复机制正在初步形成，政府、企业和社会多元化参与的生态修复投资和生态补偿机制正在形成，凸显环境保护和生态修复的社会正义。在社会机制上，随着公众在现代国家治理中的地位凸显，我国颁布了《环境影响评价法》《公众参与环境影响评价暂行办法》《环境信访办法》《环境信息公开办法（试行）》等一系列法律法规，健全环境信息公开机制；政府大力推行电子政务、受理信息公开申请、环境公益诉讼等机制，进一步完善生态文明建设听证评价机制和群众舆论监督机制，初步形成了调动公众积极参与环境保护和生态修复的协商民主机制。

十八届三中全会提出完善和发展中国特色社会主义制度，推进国家治理体系和治理能力现代化的总目标。完善环境保护治理及体制机制是国家治理体系建设的重要组成部分，十八届三中全会站在中国特色社会主义事业"五位一体"总体布局的战略高度，以全面深化改革为主线，对推进生态文明建设做出了全面安排和部署，明确提出了改革生态环境保护管理体制、健全生态环境保护体制机制等改革新举措，以前所未有的改革力度，从全局性、系统性、科学性出发，首次提出了自然生态空间统一确权登记、统一行使所有国土空间用途管制、建立统一监管所有污染物排放、独立进行环境监管和行政执法等体制改革新思路。具体来说，一方面，根据环境生态状况和国家经济社会发展的环境生态压力等因素的变化，优化调整环保部组织架构，组建水、土壤、大气等重要环境要素监管司局，完善环境监察体系，增强环境保护监管力量；另一方面，结合深化行政审批制度改革，重拳治理环保领域"红顶中介"问题，规范审批流程，减轻企业负担，促进环保事业的健康发展。坚持问题导向，不断创新环境治理理念和方式，优化环保部门职能配置，突出环境统一监管和执法，合理确定各级政府监管职责，形成职能完备、层级清晰、权责一致、运转高效的环保治理制度体系，是推进环保治理体系和治理能力现代化的前进方向。①

三、建立健全生态修复法律法规

建立健全环境保护和生态修复的法律法规，实行最严格的制

① 李松武：《进一步完善中国环境保护治理体制机制》，载于《行政科学论坛》2016 年第 2 期，第 6～7 页。

度和最严密的法治，是中国环境治理的重要特征。我国环境立法与西方环境立法一样，经历了从无到有、从局部到整体、从生态环境救济到可持续发展的环境立法过程。新中国成立之后环境资源立法经历了起步、艰难发展和快速发展阶段；改革开放以来，环境政策经过了从基本国策、可持续发展战略、科学发展观、生态文明的发展历程，基本形成了以环境经济政策、环境技术在政策、环境社会政策、环境行政政策、国际环境政策等为主体的环境政策体系。目前中国环境法已经构建起了以《宪法》中关于环境保护的规定为基础，以环境基本法和一系列生态保护与污染防治单行法为主干，以及数量庞大的各种行政法规、地方性法规和具有规范性的环境标准为支干的完整体系，环境法已经成为独立的法律部门。习近平在中央政治局第六次集体学习时的讲话中指出："只有实行最严格的制度、最严密的法治，才能为生态文明建设提供可靠保障。最重要的是要完善经济社会发展考核评价体系，把资源消耗、环境损害、生态效益等体现生态文明建设的指标纳入经济社会发展评价体系，使之成为推进生态文明建设的重要导向和约束。要建立责任追究制度，对那些不顾生态环境盲目决策、造成严重后果的人，必须追究其责任，而且应该终身追究。"①

"十一五"以来，我国先后发布了《国家重点生态功能保护区规划纲要》《全国生态功能区划》等一系列生态保护的政策文件。2013 年《中共中央关于全面深化改革若干重要问题的决定》指出，必须建立系统完整的生态文明制度体系，实行最严格的源头保护制度、损害赔偿制度、责任追究制度，完善环境治理和生态修复制度，用制度保护生态环境。1989 年《中华人民共和国环境保护法》正式施行，2014 年 4 月 24 日，十二届全国人大常委会第八次会议表决通过了被称为"史上最严厉

① 《习近平谈治国理政》，外文出版社 2014 年版，第 210 页。

的新法”——《环保法修订案》，融合了最先进最前沿的生态文明理念、原则和路径，于2015年1月1日施行，而落实环保法各项基本原则的各项配套细则也开始生效。新《环境保护法》第32条规定：“国家加强对大气、水、土壤等的保护，建立和完善相应的调查、监测、评估和修复制度。”这是我国环境保护法律规范中首次提及生态修复制度，对于我国加强生态修复工程建设具有非常重要的现实意义，有利于我国经济、社会、生态的协调发展。

尽管我国还缺乏国家层面的生态修复法规制度，但在土壤、森林、草原、湿地、水域、矿产资源等领域，与时俱进，出台了很多专门性和地方性的环境保护和生态修复法律法规。在土壤修复方面，2011年颁布《土地复垦条例》《土地复垦条例实施办法》，2013年实行《土地复垦质量控制标准》，从而使我国土地复垦方面的法律制度渐趋完备。2017年2月，《全国土地整治规划（2016~2020年）》正式颁布实施，明确了“十三五”期间土地整治的主要任务。在森林修复方面，1984年颁布《森林法》并沿用至今，2000年下发《关于2000年长江上游、黄河中上游地区退耕还林还草试点示范工作的通知》，标志着退耕还林政策在中国正式实施，2000年颁布《森林法实施条例》，2002年颁布《退耕还林条例》《森林植被恢复费征收使用管理暂行办法》，标志着中国退耕还林完成了公共政策法律化程序，出台我国第一个关于森林生态修复经费制度的规定。在草原修复方面，2002年修订的《草原法》补充了草原生态修复的内容，2002年颁布了《关于加强草原保护与建设的若干意见》，2004年发布《关于加强水土保持生态修复促进草原保护与建设的通知》，2011年颁布《关于2011年草原生态保护补助奖励机制政策实施的指导意见》《关于完善退木还草政策的意见》，进一步完善了退牧还草政策的各项重要举措。在水体修复方面，2008年通过《中华人民共和国水污染防治法》，2010年通过《中华人民共和国水土保持法》，2014 年印发《水利部关于深化水利改革的指导意见》、《关于加强河湖管理工作的指导意见》。在大气污染防治方面，全国人大常委会根据经济社会发展情况，加快制定了或修订了《大气污染防治法》《清洁生产促进法》《环境影响评价法》《可再生能源法》《节约能源法》《循环经济促进法》等与大气污染防治相关的各项法律，有效减少和控制了污染排放，防止大气污染。与此同时，各地方政府纷纷根据本区域生态环境的实际情况，纷纷制定出台了相关的地方性法规和配套技术标准。

严格环境监察执法制度是中国环境保护制度的重要特色。习近平强调“要牢固树立生态红线的观念。在生态环境保护问题上，就是要不能越雷池一步，否则就应该受到惩罚”[①]。党的十八届五中全会指出，要全面节约和高效利用资源，树立节约集约循环利用的资源观，建立健全用能权、用水权、排污权、碳排放权初始分配制度，推动形成勤俭节约的社会风尚；加大环境治理力度，以提高环境质量为核心，实行最严格的环境保护制度，深入实施大气、水、土壤污染防治行动计划，实行省以下环保机构监测监察执法垂直管理制度；筑牢生态安全屏障，坚持保护优先、自然恢复为主，实施山水林田湖生态保护和修复工程，开展大规模国土绿化行动，完善天然林保护制度，开展蓝色海湾整治行动。党的十八届五中全会和《国民经济和社会发展第十三个五年规划纲要》明确要求，要实施工业污染源全面达标排放计划。环境保护部于 2016 年印发《关于实施工业污染源全面达标排放计划的通知》，明确提出通过严格执法、提高违法成本倒逼企业守法，力争到 2020 年底，各类工业污染源持续保持达标排放，环境治理体系更加健全，环境守法成为常态。

---

① 《习近平在中共中央政治局第六次集体学习时的讲话》，载于《人民日报》2013 年 5 月 25 日。

四、鼓励生态修复地方性创新

中国环境治理的宝贵经验之一正是善于将自上而下的顶层设计与自下而上的地方探索创新有效结合起来。改革开放近四十年以来，以经济为中心的国家建设产生了严峻的环境生态后果，尽管国家高度重视环境保护，环境保护管理体制机制也初步形成，但具体的环境保护和生态修复在实践层面存在着两方面难题。一方面，改革开放以来快速的经济社会发展带来了很多严峻的生态环境难题，解决这些难题缺乏现成的国家级法律法规可以依照与遵循，由于中国环境治理属于环境污染和生态恶化的现实倒逼政府环境管理体制改革，因此很多地方政府根据区域生态环境状况和经济社会发展特点，率先制定或创新出水、土、气等领域生态修复和环境治理的政策法规和实践路径，为全国性政策法规的制定和出台提供了自下而上的经验和模本。另一方面，党中央、国务院出台的全国性生态保护政策法规，往往只具有一般性的宏观指导意义，各省（区、市）地方政府纷纷出台适合本省（区、市）的政策法规，以便更好贯彻和落实国家政策法规，谨防“一刀切”的弊端，体现政策法规的灵活性，也体现出地方政府环境政策和实践的创新性。一如习近平同志在山东考察时指出的：“要协调推进改革，注重改革的关联性和耦合行，把握全局，力争最大综合效益。要善于把自觉维护中央大政方针的统一性、严肃性和因地制宜、充分发挥主观能动性结合起来。”①

由于环境问题具有区域性和地方性的特点，一些地方按照《立法法》的规定，结合本地区实际制定了一些地方性环境法规和规章，包括综合性环境立法与专门和单行的环境立法。一方面

---

① 《习近平在山东考察时的讲话》，载于《人民日报》2013 年 11 月 29 日。

弥补了国家立法之不足；另一方面通过局部性、地方性的环境保护和生态修复的突破、实践、示范，推动了我国环境法的整体创新。比如淮南市制定了我国第一个专门规范采煤塌陷区生态修复的地方性法规《淮南市采煤塌陷区治理条例》，为我国采煤塌陷区的生态修复实践提供了良好的法律制度保障，并广泛影响了各地方矿山地质环境恢复治理的法规政策。黑龙江率先制定的《黑龙江湿地保护条例》堪称全国湿地保护的典范，并直接推动了全国性的《湿地保护管理规定》（2013）的出台。《湖南省湘江保护条例》是综合性法规的地方创新典范，对跨行政区域、按生态系统或自然资源属性进行统一性的生态保护和修复进行了积极探索。在新《环境保护法》以及最高人民法院出台的《关于审理环境公益诉讼案件适用法律若干问题的解释》等法规支持下，云南省昆明中院对环境公益诉讼制度的地方探索，创新和推进了我国环境公益诉讼制度建设。在生态修复补偿机制创新方面，很多地方政府做出了不少开创性的工作：云南省对于20世纪80年代最早开始生态补偿实践，对磷矿开采征收覆土植被及其他生态环境破坏恢复费用；浙江省于1998年制定《浙江省矿产资源管理条例》，首创生态环境治理备用金制度；江苏省于1989年首创环保资源生态补偿费制度，环保部门开始对全省集体和个体煤矿征收煤炭生产生态环境补偿款；山西省于2007年首创资源可持续发展基金制度，对山西省从事原煤开采的单位和个人征收可持续发展费用；2017年3月20日，浙江省湖州市出台《绿色矿山建设规范》，标志着我国首个地方绿色矿山建设标准发布实施。

经过改革开放近四十年的发展，中国进入整个区域性和流域性环境复合污染的阶段，需要不同省（区、市）推进多样性的环境治理探索。《中共中央　国务院关于加快推进生态文明建设的意见》强调指出了地方环保实践和生态文明制度创新的重要性：“抓紧制定生态文明体制改革总体方案，深入开展生态文明先行示范区建设，研究不同发展阶段、资源环境禀赋、主体功能定位地区生态文明建设的有效模式。各地区要抓住制约本地区生态文明建设的瓶颈，在生态文明制度创新方面积极实践，力争取得重大突破。及时总结有效做法和成功经验，完善政策措施，形成有效模式，加大推广力度。”

五、深化生态修复产业化进程

《中共中央关于全面深化改革若干重大问题的决定》指出：“经济体制改革是全面深化改革的重点，核心是处理好政府和市场的关系，使市场在资源配置中发挥决定性作用和更好发挥政府作用”。经过改革开放近四十年的高速增长，我国环境污染和生态恶化状况日渐严重，环境污染事件屡有发生，影响经济社会持续发展和社会稳定。相对于西方发达国家而言，我国生态修复起步较晚，但是伴随着公民环保意识觉醒和环境质量诉求上升、国家环境治理和生态修复的“重量级”政策制度陆续出台，近年来我国生态修复的社会需求和市场需求大增。国家或政府一直以来是我国最重要的生态修复主体，承担着生态修复巨大的人力和财力支出，近年来深化经济体制改革、推动生态修复产业化进程，把市场机制引入生态修复补偿制度，有利于构建生态修复投入与生态修复效益的良性循环机制，从而有效缓解了生态建设与经济发展的矛盾，促进生态与经济良性循环发展，有助于建成高效生态农业、环境友好型工业、现代绿色服务业的耦合网络。

近年来，国家密集制定和颁布了生态农业、生态工业、生态园区建设的政策文件，鼓励环保产业和生态修复行业的大力发展。2010～2017 年“中央一号文件”的主题都是强调全面深化农村概括，发展循环农业和生态农业，加快转变农业发展方式，走产出高效、产品安全、资源节约、环境友好的农业现代化道路。国家高度关注生态工业发展，相继引发一系列生态工业园区建设的管理办法、规程、标准，推动生态工业园区法制化建设逐步完善。近年来，国家陆续推出了新环保法、环保 PPP 模式、第三方治理、环境监管垂直管理等一系列政策措施，从多个方面吸引社会力量共同改善环境质量、参与生态修复，促使生态修复和环保产业迎来了春天，进展喜人。“十一五”以来，环保产业年均增速超过 15%，进入了快速发展阶段。从环境污染治理投资总额来看，我国在 2001～2010 年间因出台“污染物总量控制”政策而实现了生态修复产业的高速增长，2013 年后颁布了一系列“环境质量改善目标”政策，环保产业有望在“十三五”期间步入快速发展新阶段，我国环保行业投资复合增速可达 11%～21%，环保投入占 GDP 的比重到 2020 年有望升至 2%～3%。近年来，在国家政策的强有力推动下，江苏、湖南、重庆、山东、陕西等越来越多的省市和地区，高度重视发展生态修复产业，并根据自身地域特色和发展要求，出台本省（区、市）加快发展环保产业的相关政策，探索各具特色的环保产业并将之打造成新兴的支柱产业。

《中共中央　国务院关于加快推进生态文明建设的意见》强调要发展绿色产业：“大力发展节能环保产业，以推广节能环保产品拉动消费需求，以增强节能环保工程技术能力拉动投资增长，以完善政策机制释放市场潜在需求，推动节能环保技术、装备和服务水平显著提升，加快培育新的经济增长点。实施节能环保产业重大技术装备产业化工程，规划建设产业化示范基地，规范节能环保市场发展，多渠道引导社会资金投入，形成新的支柱产业。”环保部、科技部联合发布《国家环境保护“十三五”科技发展规划纲要》，显示环保技术市场的潜力巨大，环保行业的科技创新已成大势。随着我国生态修复技术发展，生态修复和环保产业的技术、工程、产品性价比逐渐展现出其国际竞争力，开始拓展海外市场。2013 年我国提出“一带一路”的国家战略，2015 年国务院授权国家发改委、商务部等部委发布《推动共建丝绸之路经济带和 21 世纪海上丝绸之路的愿景与行动》，环保产业作为我国新兴战略产业的主体，积极探索海外市场，成为“一带一路”的积极参与者，向沿线国家输送中国环境技术、工程和先进的生态文化和绿色理念。

六、积极参与全球环境治理

中国经济社会迅猛发展，创造出令世界瞩目的卓越成就，对全球经济政治格局的影响力也在逐步增强，中国政府认识到环境问题的全球性特征，积极参与全球环境治理，关注全球生态安全，为全球治理贡献中国力量和中国智慧。《中共中央 国务院关于加快推进生态文明建设的意见》明确提出：“广泛开展国际合作。统筹国内国际两个大局，以全球视野加快推进生态文明建设，树立负责任大国形象，把绿色发展转化为新的综合国力、综合影响力和国际竞争新优势。发扬包容互鉴、合作共赢的精神，加强与世界各国在生态文明领域的对话交流和务实合作，引进先进技术装备和管理经验，促进全球生态安全。加强南南合作，开展绿色援助，对其他发展中国家提供支持和帮助。”

一方面，中国政府紧紧把握全球气候变化的时代问题，积极参与各种国际环境保护公约和协定及国际合作交流活动。中国政府 1979 年中国加入联合国环境署的全球环境监测网，加入保护臭氧层的《维也纳公约》和《蒙特利尔议定书》，签署了旨在推动环境保护和可持续发展的《里约宣言》，2000 年中国作为缔约方签署《卡塔赫纳生物安全议定书》。当前，中国已缔结和参加的国际环境条约有 51 项，先后与美国、朝鲜、加拿大、印度、韩国、日本、蒙古国、俄罗斯、德国、澳大利亚、乌克兰、芬兰、挪威、丹麦、荷兰等国家签订了20多项环境保护双边协定或谅解备忘录。另一方面，根据国际环境治理要求，在国家的相关环境规划中增加和体现生态修复和环境治理的新内容，如2007年国家发改委编制《中国应对气候变化国家方案》，《国家环境保护“十一五”规划》新增了气候变化内容，首次以规划形式明确国家在环保节能行业的发展目标，《国家环境保护“十二五”规划》进一步强调了应对气候变化的重要性，国务院刊发《“十二五”控制温室气体排放工作方案》、审议通过了《国际生物多样性年中国行动方案》和《中国生物多样性保护战略与行动计划（2011～2030年）》等。

2013年初，联合国环境规划署（UNEP）在全球理事会上批准了我国关于推动绿色经济和生态文明的提案，充分说明生态文明理念得到了国际认可，绿色发展是全人类可持续发展的必由之路。2014年以来，中国在应对气候变化各个领域积极采取措施，取得显著成效。在2015年11月巴黎世界气候大会上，习近平同志强调中国一直是全球应对气候变化事业的积极参与者，目前已成为世界节能和利用新能源、可再生能源第一大国，承诺将把生态文明建设作为“十三五”规划重要内容，通过科技创新和体制机制创新，落实创新、协调、绿色、开放、共享的发展理念，共同探索未来全球治理模式、推动建设人类命运共同体，显示出中国作为发展中国家中的大国参与全球生态治理的责任担当。但是，中国政府一方面坚持积极应对气候变化事关中华民族和全人类的长远利益，事关我国经济社会发展全局；另一方面始终立足本国发展实际和真实的国际地位，强调要牢固树立生态文明理念，坚持节约能源和保护环境的基本国策，统筹国内与国际、当前与长远，减缓与适应并重。《中共中央　国务院关于加快推进生态文明建设的意见》强调，要“努力走一条符合中国国情的发展经济与应对气候变化双赢的可持续发展之路。坚持共同但有区别的责任原则、公平原则、各自能力原则，积极建设性地参与应对气候变化国际谈判，推动建立公平合理的全球应对气候变化格局。”2017 年 5 月 14～16 日，“一带一路”国际高峰论坛在北京召开，环境保护部发布了《“一带一路”生态环境保护合作规划》，生态环保合作将贯穿绿色“一带一路”建设，促进区域经济绿色转型和生态修复产业化国际合作。

第六章

中国特色的生态修复前景展望

“十三五”期间，生态环境保护机遇与挑战并存，既是负重前行、大有作为的关键期，也是实现质量改善的攻坚期、窗口期。要充分利用新机遇新条件，妥善应对各种风险和挑战，坚定推进生态环境保护，提高生态环境质量。

——《“十三五”生态环境保护规划》

“十三五”期间，生态环境保护面临重要的战略机遇。全面深化改革与全面依法治国深入推进，创新发展和绿色发展深入实施，生态文明建设体制机制逐步健全，为环境保护释放政策红利、法治红利和技术红利。经济转型升级、供给侧结构性改革加快化解重污染过剩产能、增加生态产品供给，污染物新增排放压力趋缓。公众生态环境保护意识日益增强，全社会保护生态环境的合力逐步形成。

——《“十三五”生态环境保护规划》

文化是民族的血脉与灵魂，是国家发展、民族振兴、文明进步的重要支撑。华夏五千年，孕育了博大精深的生态文化，凝缩为中华民族世代传承的生态智慧和文化瑰宝，是中华文化的重要组成部分。生态文明时代的开启，生态文化的崛起，象征着人类生态文明意识的觉醒和经济发展方式的历史性转型，是中国国情之必然，更是人类可持续发展的必由之路。

——《中国生态文化发展纲要》（2016～2020）

《人类环境宣言》明确指出："在发展中国家，环境问题大半是由于发展不足造成的。"因此，发展中国家面临的发展与环境的矛盾最终依然需要通过发展来解决。实现人与自然和谐发展的美丽中国和生态文明，是中华民族伟大复兴中国梦的重要组成部分，它寄托了当代中国人生存与发展的文明理想，而环境治理和生态修复为此提供了具有可操作性的路径和富有希望的前景。"十三五"时期，"我国资源约束趋紧，生态环境恶化趋势尚未得到根本扭转"，中国生态修复的理念普及、技术创新、制度建设尚存在许多问题亟待解决，需要着力探索中国特色的生态修复道路和模式。

一、中国生态修复的当代挑战

改革开放以来，作为世界主要国家中经济增长最快的国家，中国的国内生产总值（GDP）以每年近10%的速度增长，但与此同时，中国的环境恶化也在不断加速。进入21世纪之后，中国政府大力倡导科学发展观，十七大首次提出生态文明，十八大更是把生态文明建设提升到前所未有的政治高度，生态修复的重要性也愈益得到高度重视。但是，我国环境污染和生态破坏的状况较为严峻，加之污染治理和生态修复具有工程时空跨度大、修复对象复杂多样、修复模式单一、投入产出率相对低下、修复效果评估难等特点，因此，尽管中国在封山禁牧、退耕还林还草、天然林保护等领域的生态修复进程在不断推进，生态修复的理论研究和实践探索都进展喜人，但依然面临着生态修复的理想与现实之间的矛盾、生态修复政策力度大但制度体系不够完善、生态修复社会接受度和参与度不足、缺乏明确与合理的量化评价指标等难题。

（一）生态修复的理想与现实存在矛盾

中国政府近年来在环境保护和生态修复方面采取的措施和努力卓有成效，令人印象深刻和十分欣慰。但是，通过环境治理和生态修复达到经济效益、社会效益和生态效益统一发展的美好愿景，时常遭遇现实的打击，生态修复依然面临着生态修复的努力与生态破坏的力量、生态效益与经济效益、短期生态效益与长期可持续发展能力之间的复杂矛盾。

1. 生态修复的生态目标与经济社会目标的矛盾。

一方面，生态修复项目旨在保护生态环境、增加生态多样性，但在生态文明建设和生态修复项目的实际运行中，环境保护与经济增长的矛盾依然存在，经济增长的指挥棒对地方环境保护和生态修复造成了巨大的阻碍。譬如，中国政府投入数十亿美元来治理第三大淡水湖——太湖的水污染，但与此同时，数以百计的工厂向太湖排放污染物，导致藻类在太湖湖面大量繁殖，周边地区的百万居民发生水质性水荒，最终令生态修复的巨额投资和初见效果被大大地抵消。这样的例子在中国绝非孤例，让中国的生态修复之路更显漫长。另一方面，由于地域经济收入支柱有限性、国家生态补偿不到位等原因，生态修复地区会遭遇多重损失，长久以往不利于生态文明建设和经济社会的协调发展。因为生态修复项目主要集中在中国的边远贫穷地区，而地方政府的税收主要来源于森林采伐和放牧等基础产业，由于推广生态修复项目来治理和修复被污染、破坏的生态系统，但又没有发展新兴产业来补偿生态修复区的经济损失，推行禁采和禁牧政策最终使这些地区的经济严重缩水。比如，陕北天然林保护项目所实施的禁采、禁牧政策，限制了木材采伐和农民使用自己木材和植被资源的自由，项目区税收显著减少，又缺少必要的补偿措施，进一步导致区域性基础设施、初级教育、医疗保健及其他公益项目方面的投资减少，因而减少了对林业投资的积极性，并且影响了国有林场的可持续发展，给项目区居民带来了大约23亿元人民币的经济损失。①

更令人担心的是，由于对生态系统服务的提供者的生态补偿具有短期性和经费不足的特点，生态修复区域及其居民的可持续发展能力匮乏，生态修复的生态目标和经济社会目标出现了严重不平衡的现象。生态修复区域往往属于经济较为落后的地区，生态系统服务的提供者往往比使用者的经济状况更低，经济贫困与环境恶化二者产生恶性循环。如果生态修复政策不能明晰生态修复获益者和主体的责任与权利，如果生态修复项目不能持续改善生态修复区域的经济发展能力，如果不能为生态修复区域的当地居民提供持续的生态补偿和替代性生存项目，那么居民生计无法得以持续保障，对原有生存路径的依赖就无法得到根本改变。最后的结果是，一则由于生态系统补偿机制具有短期性和经费不足的特点，生态补偿结束后生态环境会再次退化，二则生态修复只实现了自然层面的部分目标，且远非长远目标，而没有实现其社会层面的目标，因为生态修复的目标是既要修复和重建良好的自然生态环境，又要实现经济社会的可持续发展。

2. 生态修复理想目标与生态系统恶化现实的矛盾②。

随着经济社会发展的环境生态约束日趋加大，国家大力推进封山禁牧、退耕还林还草、天然林保护以及其他生态修复政策和项目，全国范围内的绿色植被覆盖率迅速提高。这些生态修复项目的有效实施，对于减少水土流失、减轻洪涝灾害、加强生物多样性保护等方面产生了巨大贡献和长远影响。生态系统的稳定性来自不同物种之间的相互补偿，但不恰当的人工造林、树种选择

---

① 曹世雄：《生态修复项目对自然与社会的影响》，载于《中国人口·资源与环境》2012年第11期，第101～108页。

② 相关内容和数据参考曹世雄：《生态修复项目对自然与社会的影响》，载于《中国人口·资源与环境》2012年第11期，第101～108页。

等生态修复措施和管理不当等行为有可能与初衷相背，反而加剧了某些生态修复地区的环境危害和生态恶化。

比如，华北的不适当植树造林导致土壤湿度长期持续下降，不适当的品种选择无法与有限的水资源保持平衡，可能导致土壤深层水分耗竭；植树造林虽然可以保持更高的碳固定量，但是外来树种组成的人工林取代草地的这一趋势会对地表径流量产生消极影响；大面积的人工林地拦截地表径流，截断了河水溪流，导致对地下水和河流水供应减少，大范围的植树造林正在加剧中国北方一些地区的水资源缺乏；树木种植时成千上万的植树坑会破坏土壤表面结皮层，而且破坏后的地表在短期内无法被植物覆盖，这会引发更加严重的土壤侵蚀，半干旱地区大规模植树造林可能加剧沙尘暴和沙漠化危害。以三北防护林工程为例，由于人工造林需要消耗大量水分，三北防护林人工林地树木保存率只有15%。监测数据显示，在黄土高原北部干旱半干旱地区，每年人工造林耗散的水分比天然植被多50mm，相当于这些地区大约50%的降水量；在黄土高原南部，这一数值高达每年300mm，大约相当于30%的年降水。与草地和农田相比，人工林地的径流量平均下降了77%。如果三北地区森林覆盖率达到三北防护林工程所设定的14.4%的目标，将导致中国西部地区每年缺水1 100亿m^3。

改革开放近四十年来，中国在不断加大生态修复的工程力度，但令人困惑的是，中国的生态环境形势仍然在进一步恶化，其中荒漠化仍在以每年10 000km^2的速度扩张，水土流失面积在总量下降的同时每年新增面积也达到10 000km^2，许多重要生态功能区的生态功能正在遭到损害乃至丧失，中国生态环境形势开始从结构破坏向功能紊乱转变。作为改善生态环境、恢复植被的一项国家重大战略举措，退耕还林还草工程既能够减少水土流失、减少水患，也能够增加农民收入、改变粗放的生产方式、调整农业产业结构，实现经济社会的可持续发展，可谓意义深远。但在实践当中也暴露出一些不容忽视的问题。比如，退耕还林还草范围广面积大，对广大农民的切身利益影响较大，有时会导致林农矛盾突出；还会出现种苗不足、品种单一、树种结构不合理、经济林比例偏高等问题，难以实现生态恢复项目原先设定的生态目标。国务院曾规定，在陡坡耕地退耕还林中，生态林要占80%以上，经济林一般应少于20%，但在实施退耕还林还草工程的过程中，多数农民倾向于发展见效快的经济林，一些地区经济林栽植面积曾高达退耕还林面积的40%～50%。[①] 这些事实和数据提醒我们必须慎重地重新评价人工造林的树种和地点选择，进而促使我们反思生态修复工程的适当性和后果复杂性等问题。

（二）生态修复技术粗放与创新不足

尽管我国环境治理与生态修复产业发展迅速，但当前我国生态修复技术比较粗放，创新不足。国际上污染治理和生态修复技术采取原位修复和异位修复的比重正快速上升。欧盟土壤修复方面采用产土地挖掘—离场处理技术（挖掘—填埋技术），约占工程项目比重的1/3，日益完善的原位修复与异位修复技术正逐步取代传统修复方式，二者比重相当，地下水修复普遍采用异位物理或化学修复技术，占总量的37%。美国环保署2009～2011年财政年度超级基金修复报告表明，119个场地修复项目中67%采取异位修复技术，50%项目采取原位修复项目，多个项目采取符合修复技术，总体上原位修复技术比例接近70%。我国生态修复，尤其是场地修复，依然主要采取传统的异位阻隔填埋技术，或者挖掘与热脱附、固化稳定化、水泥窑处置相结合的技术处理方式。近十年我国快速发展了植物修复技术，因为其具有低成本

① 马定渭、邹冬生、戴思慧、钟晓红：《中国生态问题与退耕还林还草》，载于《湖南农业大学学报》（社会科学版）2006年第1期，第6～9页。

和无污染扩散等优点，在很多示范性工程中广泛使用了超富集植物对水域治理、重金属或有机污染物的吸附能力，但还存在修复效率与速率低下、修复对象单一等问题。国外已经十分广泛应用的异位化学氧化/还原、异位热脱附、异位土壤洗脱、多项抽提等技术，在我国仅仅得到部分应用，而原位修复及地下水仍处于还中试阶段，地下水监控自然衰减技术尚无完整案例。①

我国生态修复工程已经获得显著成效，当前生态修复的市场需求庞大，但是相应的生态修复技术还不够完善。譬如，我国实施了风蚀水蚀交错区生态治理、金沙江河谷生态植被恢复、干旱区受损生态环境恢复等修复工程，取得了一定的成效，但是在海岛湿地、土壤及地下水等场地修复等技术与法律体系还不够完善。当前生态修复存在许多亟待解决的技术难题：其一，我国许多生态修复技术研究成果还停留在实验室或小规模的模拟试验中，在复杂条件下的大规模实际应用的效果还需要进一步验证，如何加快科学研究向应用和商业化的转化？其二，如何把分子生物学、环境工程学、基因工程等理论和方法应用于生态修复技术中，交叉综合地运用各学科知识，有效实现生态修复技术的不断创新？其三，不同的修复技术在修复周期、成本及副作用方面存在差异，如何将现有技术进行有效的整合或发展出新的更为有效的修复技术？②

我国生态修复技术主要包括植物修复技术、微生物修复技术、化学修复技术等单一生态修复技术和复合生态修复技术。单一修复技术往往存在自身的缺陷，比如植物修复经济、安全但修复周期漫长，微生物修复经济、副作用小但容易造成有机体损失，化学修复效率高但耗资大、容易衍生二次污染。由于生态修

---

① 陈瑶：《我国生态修复的现状及国外生态修复的启示》，载于《生态经济》2016 年第 10 期，第 183 ~ 192 页。

② 王健胜、刘沛松、杨风岭、文祯中：《中国生态修复技术研究进展》，载于《安徽农业科学》2012 年第 20 期，第 10554 ~ 10556 页。

复是一个复杂的系统工程，因此以生物修复为基础，形成与物理修复、化学修复的优化组合，形成一种全新的复合生态修复技术，有利于达到高效、低耗、综合的污染修复效果。2015 年 11 月公布的《国家环境保护“十三五”科技发展规划》（征求意见稿）显示我国存在大量的生态修复市场需求，土壤地下水污染防治领域中央预计投入将达 30 亿元，占到中央环保科技预计总投入的 10%，但另一方面也呼唤实用、有效、经济、多样化、个性化和绿色可持续的修复技术。[①]

（三）生态修复的制度缺失和管理缺陷

改革开放以来，我国环境污染不断加重，尽管环境保护和生态治理的力度近些年来十分强有力，但环境形势整体上仍然十分严峻，大力开展环境修复刻不容缓。我国环境法律体系日渐完善，现有的环境法律体系可以分为国家专为保护环境制定的法律法规和非专为保护环境制定但适用于环境保护领域的法律法规。但由于立法起步较晚，环境问题暴露的范围和程度不够充分，因此《生态保护法》《土壤污染防治法》以及环境修复法规等环境立法还需要进一步完善，由此也导致生态修复在管理层面上出现混乱和无序等问题。具体体现在以下主要方面：

1. 生态修复的政策法规有待进一步具化、细化。

当前我国已经建立起较为完整的环境法体系，颁布了很多专门的生态修复政策和法规，但随着环境法规数量的增加，环境污染恶化状况并没有得到有效遏制，有些地区环境污染程度甚至不降反增。除了政府环境管理失灵的原因之外，环境保护和生态修复的法律法规本身缺乏完整性、有效性和正当性，环境法规和环

① 《土壤修复：技术发展能否满足产业需求?》，载于《中国环境报》2016 年 11 月 10 日，http：//www. er - china. com/index. php？ m = content&c = index&a = show&catid = 16&id = 86274。

境标准得不到有效执行，是重要原因。

第一，在生态修复立法制度方面，我国针对大气、水、土污染的生态修复出台了很多专门法律法规和规范性文件，但一个令人惊讶的事实是，目前竟然没有一部专门的环境生态修复法规，而我国现有环境保护法律体系具有较强的宣言式或框架性特点，条文规定较为分散、可操作性低、缺乏系统性、具体针对性不足。

已有的非专门环境法律在解决生态修复的实际环境问题方面存在缺陷或不足，而专门环境法律的覆盖面窄，比如针对以土地复垦为代表的土地生态环境恢复事项，针对湿地生态环境和水域生态环境的恢复事项，针对草场和森林生态环境的恢复事项。而《环境保护法》《排污费征收使用管理条例》等对环境修复的相关措施、责任承担主体、程序、公众参与等方面缺乏明确的规定；土壤质量标准、矿山修复标准等环境标准过低或者缺乏明确规定，因此不能很好地体现环境修复的目标和评价修复效果。譬如，现行的《森林法》中完全没有具体的、可适用的森林生态保护和修复的条款，即使该法中确立了森林效益补偿基金制度，也只是原则性的规定，直到目前为止，国务院仍没有出台有关森林生态效益补偿基金的管理办法。《草原法》实施至今快30年之久，仍没有全国性的实施条例或实施细则，只有各地方省市（自治区）制定的草原法实施细则，这给《草原法》的正确、统一实施带来很多负面影响。[①] 以土壤污染防治与修复为例，迄今为止，我国没有专门的《土壤污染防治法》，其他法律规范则更多侧重于土地利用、土地规划、土地管理、土地权属等问题，土壤污染防治与生态修复专门立法的缺位使得土壤没有被作为一个独立的环境要素得到有效保护。《关于保障工业企业场地再开发利用环境安全的通知》是唯一的具有操作性的文件，但是该通知仅

① 徐志群：《我国生态修复立法研究》，湘潭大学硕士论文，2015年，第27页。

仅是针对污染场地土壤修复，而污染场地土壤修复只是土壤污染生态修复中的一种情形，并未涵盖其他土壤污染，因此具有一定的局限性，不具备系统性。可喜的是，2016 年 5 月 28 日，国务院印发了《土壤污染防治行动计划》，简称“土十条”，2017 年 1 月 10 ~ 11 日全国环境保护工作会议在北京召开，环境保护部部长陈吉宁表示，2017 年将全面实施“土十条”，全面启动土壤污染状况详查，将全面启动土壤污染状况详查，开展建设用地土壤环境调查评估，加快土壤污染防治法立法。

在生态保护和生态修复补偿方面存在一些重要法规规范不到位等问题。矿区生态修复方面，虽然有《土地复垦条例》《矿山地质环境保护规定》，但没有检验矿区生态修复效果的具体化标准，更无维持生态修复效果、生态修复追责等方面的规定。《中华人民共和国矿产资源法》规定了“矿产资源开发必须按国家有关规定缴纳资源税和资源补偿费”，并明确要求矿产资源开发应该保护环境、帮助当地人民改善生产生活方式，对废弃矿区进行复垦和恢复，但在财政部和国土资源部联合发布的《矿产资源补偿费使用管理办法》（财建〔2001〕809 号）中却没有将矿区复垦和矿区人们生产生活补偿列入矿产资源费的使用项目。《中华人民共和国水法》规定了水资源的有偿使用制度和水资源费的征收制度，各地也制定了相应的水资源费管理条例，但大多没有将水资源保护补偿、水土保持纳入水资源费的使用项目。①

第二，在生态修复制度实施方面，现行环境法律体系在某种程度上缺乏其作为基本法的统领作用，有些条款规定没有能够实现立法目的与预防治理环境污染成果的理想结合，推行环境法律时部分地方存在有法不依、执法不严及执法力度不足的问题。

---

① 万军、张惠远、王金南、葛察忠、高树婷、饶胜：《中国生态补偿政策评估与框架初探》，载于《环境科学研究》2005 年第 2 期，第 1 ~8 页。

如《环境保护法》第59条，对造成环境严重污染的企事业单位作出了限期治理的规定。我国虽然有针对重点污染源监督、监测的一系列法律、行政、技术措施，但是由于人力、经济等方面的约束，实施起来不能经常监督和监测污染源，不能及时下达限期治理的决定，错过了对环境进行修复的最佳时间；限期治理不分项目大小，都由同级政府决定，得不到及时治理污染的效果。[①] 在自然资源有偿使用制度方面，2017年1月16日发布的《国务院关于全民所有自然资源资产有偿使用制度改革的指导意见》中指出："自然资源资产有偿使用制度是生态文明制度体系的一项核心制度。改革开放以来，我国全民所有自然资源资产有偿使用制度逐步建立，在促进自然资源保护和合理利用、维护所有者权益方面发挥了积极作用，但由于有偿使用制度不完善、监管力度不足，还存在市场配置资源的决定性作用发挥不充分、所有权人不到位、所有权人权益不落实等突出问题。"[②] 在公众参与环境保护方面，从《环境保护法》到《大气污染防治法》《海洋环境保护法》《水污染防治法》《环境噪声污染防治法》等环保法律、法规规章都作了相关规定，但这些规范条款都存在过于原则抽象、缺乏可操作性等缺陷，导致公众参与环境保护和生态修复往往局限于和侧重于事后参与、形式单一，法律救济颇显无力和不足。在公众参与的实践中，存在着参与机制与渠道不畅、环境政策和法律制定实施实际参与不足等问题，公众基本没有机会实际参与事关自己生存权的环境决策。近年来频频出现的地方性环境污染事件和公众环境民主运动，也反映出中国环境保护在某种程度上缺乏程序正义、地理性正义和社会正义。如何建立健

① 盘志凤、潘伟斌：《论构建我国环境修复法规体系的必要性与原则》，载于《环境保护科学》2007年第3期，第58~60页。

② 《国务院关于全民所有自然资源资产有偿使用制度改革的指导意见》，中华人民共和国中央人民政府网站，http://www.gov.cn/zhengce/content/2017-01/16/content_5160287.htm。

全生态环境保护的协商民主形式、协商与合作型的环境规制模式，是未来环境保护的发展方向。比如，在社区推进环境协商会谈、环境和解、环境解停、环境听征等环境纠纷非诉解决机制，充分发挥民间环境习惯法的作用，构建良好的商议与对话机制，实现环境商议性民主，走向生态民主化、生态和谐化的道路，形成人与自然双重和谐的发展机制，构造人与自然和谐相处的现代化新格局。

第三，现行环境法律体系对生态修复责任主体认定不明，威胁生态修复与环境治理的社会公平问题。

我国目前环境状况不断恶化，地下水污染、大气污染导致癌症发病率急剧上升，土壤污染带来严重的食品安全问题，河流污染导致人民生存质量危机，彰显生态修复的重要性。我国已有的基本生态环境制度的体系不严密，与生态修复有关的法律文件分散在各级环境保护法规及相关政策中，并没有专门的系统化的生态修复法律。《环境保护法》虽然要求建立和完善生态修复制度，真正提到“修复”问题的法律条文却非常少，更多具有方向指导性作用。《环境保护法》和其他环境保护单行法都缺少关于生态修复主体的明确规定，均未明确各修复主体的生态修复法律责任，仅简单地规定了国家、开发利用者、污染破坏者的修复责任，而没有规定具体的责任类型和适用情形，导致其并不能为修复工作提供详细的方针策略指引。生态修复法律责任不明确导致的重要后果是，生态修复责任主体单一，国家生态修复责任过重。国家是各种自然生态资源的所有人和管理者，也是开发、利用、保护自然生态资源的最大受益者，因此应当是最重要的生态修复法律责任主体。对生态环境污染损害的治理、赔偿和补偿，以及生态环境的修复工作一直主要是由政府负责，政府承担着生态修复的主要法律责任。然而，实际上，工业污染是整个生态环境污染治理的短板，工业企业过于注重经济利益，减排控污意识淡薄，排污达标率低下，应当是污染、损害环境的主要生态损害人，但在实际生态环境治理实践中却往往只是生态修复工作的次要参与者。每当出现重大生态环境污染事件，往往是政府和社会公众在无偿地为企业的过错买单。[①]

第四，现行环境治理法律体系缺乏对生态环境系统的复杂性分析，导致区域生态修复的差异化建设薄弱。

我国具有广袤土地和复杂多样的生态环境系统，经济活动的区域性和针对性、区域自然资源特点、社会经济发展需要、生态脆弱性等复杂因素紧密结合，形成许多典型地区与生态系统退化问题。但现行的生态修复政策法规刚性有余，而柔性不足，生态修复实践在技术手段、管理模式和评估制度等方面也缺乏针对性和差异性。由于中国幅员辽阔，东、中、西部自然条件和社会发展阶段差异巨大，在生态环境保护方面需要制定因地制宜的梯度政策，而法律的基本原则之一就是“法律面前人人平等”，难以实行差别对待，使得全国通行的法律法规难以保护“弱势地区”的权益。[②] 区域生态修复与重建，关系到区域可持续发展和生态安全，深入探索区域生态修复与重建的理论基础、目标与策略、技术与方法、有效的实践案例，是区域生态修复重建亟待解决的问题。习近平同志2013年在山东考察时曾经指出：“一个地方的发展，关键在于找路子、突出特色。欠发达地区抓发展，更要立足资源禀赋和产业基础，做好特色文章，实现差异竞争、错位发展。”[③] 在生态修复实践中，必须关注典型区域资源开发和利用过程存在的退化问题和生态修复实践的理论、技术、模式和管理进展。譬如，黄土高原、青藏高原、华南地区、西南喀斯特地区、横断山区干旱河谷、北方矿山，尤其是煤炭开发、苏北水陆

① 任洪涛、敬冰：《我国生态修复法律责任主体研究》，载于《理论研究》2016年第4期，第53~59页。

② 万军、张惠远、王金南、葛察忠、高树婷、饶胜：《中国生态补偿政策评估与框架初探》，载于《环境科学研究》2005年第2期，第1~8页。

③ 《习近平在山东考察时的讲话》，载于《人民日报》2013年11月29日。

交错区滨海湿地、西部地区重大自然灾害等地区具有各自独特的地域特点、生态环境状况、生态退化特性，因此我国生态修复政策法规需要制定因地制宜的柔性政策进行补充。

2. 环境管理部门利益分割与治理脱节严重。

在我国现有的环境管理机制中，尚未设立专门、独立的生态修复机构，管理生态治理和环境保护的政府机构部门众多、各司其职，相关的环境管理机构一方面存在职能交叉重叠的情况，另一方面又存在部门利益与整体利益的冲突问题，生态治理能力亟待有效整合。比如，除环保部门外，污染防治职能分散在海洋、港务监督、渔政等部门；资源保护职能分散在矿产、林业、农业、水利等部门；综合调控管理职能分散在发改委、财政、国土等部门。环境保护部门与资源管理部门的职能分工涉及环保部、发改委、水利部、国土资源部、国家林业局、建设部和农业部等十余个部门，环境管理职能交叉重叠现象严重，部门之间互相扯皮、推诿内耗的现象屡现。在传统 GDP 政绩考核制度和增长优先战略的指挥下，环境资源部门和经济部门之间难免出现利益和价值冲突，环境资源部门某种程度上与社会运作以及管理的主体发生偏离、脱节、甚至对立，呈现出边缘化状态，环境政策的干预效应不足。

在环境保护和生态修复过程中，还存在着地方经济利益与环境整体利益、行政区域条块分割与环境整体利益之间的脱节。放权让利的行政体制改革和“分灶吃饭”的财政体制改革，使得地方政府拥有较大的资源配置权，也导致出现了地方经济利益和环境保护的整体利益之间的矛盾。2007 年经济合作与发展组织（OECD）发布《OECD 中国环境绩效评估》报告指出中国“地方领导的政绩考核目标、提高地方财政收入的压力和对当地居民有限的责任与义务，都使得对经济发展的考虑优先于环境问题”。尽管我国已经改革了政绩考核机制、出台了生态环境责任追究制，但是因为地方经济发展及其收益具有个体性、局部性、内部性，而环境保护及其收益具有较强的公共性、整体性、外部性，在现行的干部任期制和政绩考核机制的驱动下地方政府官员依然会更多关注眼前利益、短期利益和局部利益，忽略、无视代表长远利益、长期利益和整体利益的环境保护。而在环境污染防治和生态系统修复方面，行政区域条块分割与环境整体利益之间的严峻矛盾尤其突出。因为环境问题具有很强的地域性，环境污染与污染传输不受行政辖区界限的限制，大气污染、流域水污染、海洋环境污染、生物多样性等问题多为跨行政区划的环境生态问题。但是，环境管理的属地特征导致环境治理和生态修复往往遭遇重重难题：上游环境污染，下游跟着遭殃；下游要求赔偿，上游不愿赔偿；上游生态建设，下游免费大车；上游要求补偿，下游不愿付费。同时，跨行政区域的环境监测、环境管理、环境预警难以展开和落实，加剧了环境治理与生态修复的社会不公。[①] 以生态修复补偿为例，由于生态环境管理涉及农业、林业、水利、环保、水务、税收、财政等相关部门，但条块分割的行政区划管理制度破坏了跨域生态补偿所要求的整体性，导致生态修复补偿结果呈现碎片化状态和部门之间各行其政的“囚徒困境”问题。

3. 生态修复评估制度不健全干涉社会公平。

在生态修复目标效果方面，由于立法理念侧重于对已被破坏了的生态环境进行事后补救，又由于生态修复的短期经济效应更容易显现，生态系统功能的变化大大滞后，因此现有生态修复评估制度的价值目标存在短期性和局部性的缺陷。我国自 1949 年后曾规划和实施过许多重大生态恢复与重建工程，但达到预期目标、获得良好效果的甚少，很多项目并未达到预期效果。20 世纪 80 年代由联合国粮食计划署援助、中国政府配合开展的宁夏西吉县生态修复项目，实施退耕还林还草，减少水土流失，增加

---

① 沈满洪、谢慧明、余冬筠：《生态文明建设：从概念到行动》，中国环境出版社 2014 年版，第 132 ~ 133 页。

林木薪材和粗饲料，改善生态环境和区域生态环境，消除贫困。这个项目最终失败，其主要原因是，项目实施缺乏科学理论指导和支撑，没有系统的配套政策，没有通过退耕还林还草工程实现区域社会—经济—自然系统的系统发展。[①]

我国现有的生态修复制度种类较为详细，但系统性生态环境恢复方面的立法却存在很大不足。《水土保持法》《土地复垦条例》《退耕还林条例》《环境保护法》《水污染防治法》《海洋环境保护法》《土地管理法》《野生动物保护法》《草原法》《水法》《防沙治沙法》《森林法》等法律法规涵括了土地复垦制度、退耕还林制度、水土保持制度，但都只是针对相应环境要素的治理和生态系统功能的恢复，而忽略了更为重要的一个维度，即经济社会及其可持续发展能力的恢复。“从维护社会生态系统平衡的角度来说，经济、政治相互交织的社会发展问题是影响生态系统整体平衡的关键因素。换句话说，社会发展严重不平衡是导致生态系统整体平衡被打破的根本原因。……因此，要从根本上维护生态系统平衡，就需要在进行自然修复的同时关注社会生态系统失衡状态的修正，即对我国当前社会经济发展不平衡状态进行彻底修复。”[②]

生态修复与重建是推进生态文明建设的重要战略举措，而生态补偿则是生态环境保护、修复与重建的重要内容。生态补偿以对生态环境产生或者可能产生不良影响的生产者、经营者、开发者为对象，为环境污染防治和生态修复重建开拓了比较稳定的投资来源，有助于将资源开发和项目建设的外部成本纳入经济建设当中，有助于生态系统损害地区的经济社会与生态的可持续发展。中国从20世纪80年代开始着手探索生态补偿问题，但30多年的经济社会生态发展实践，特别是太湖和松花江水污染、淮河水治

① 米文宝：《生态恢复与重建评估的理论与实践——以宁夏南部山区退耕还林还草工程为例》，中国环境科学出版社2009年版，第5页。

② 吴鹏：《论生态修复的基本内涵及其制度完善》，载于《东北大学学报》（社会科学版）2016年第6期，第628~632页。

理和东江流域跨界水污染等事件，暴露出我国生态补偿制度和政策体系仍存在制度不完善、补偿标准不统一、政策体系落后不健全等矛盾，政府仍是主要的补偿主体，生态补偿的基本原则有待深入贯彻。除《矿山地质环境治理恢复保证金管理办法》外，几乎所有生态修复（补偿）项目资金都直接或间接来自各级政府的财政资金，未能真正体现出“谁开发、谁保护，谁破坏、谁恢复，谁受益、谁补偿，谁污染、谁付费”的生态补偿基本原则。同时，体制制约仍是生态补偿机制建设的瓶颈。生态补偿是一项系统工程，纵向涉及中央、省、市、县（区）若干行政级次，横向牵扯发改、财政、矿业、国土、林业、农业、就业和社会保障、水务水利、环保、城市建管理等多个政府部门，协调和沟通成本很高。[①]

另外，生态修复与补偿的社会化监管和评估机制不健全，缺乏科学系统的修复标准、独立的第三方监管与评估机构以及稳定的人才队伍，缺乏多学科专门人才，不能对生态修复与补偿的环境效益、经济效益和社会效应进行全方位评估。[②] 以污染场地生态修复为例，要科学合理地评估生态修复工程的效果，首先必须具有科学系统的污染场地修复标准。在国外，因为缺乏规范的场地环境调查和修复制度及标准，发达国家场地开发在场地再利用过程中都曾多次出现过污染事故，尤其是一些污染严重企业遗留下来的土地，如“美国拉夫运河”事件、“日本东京都铬渣污染”事件、“英国 Loscoe”事件。国内在土壤修复技术研究方面虽有一定工作基础，但缺乏成规模的应用实例，目前为止我国还没有出台污染场地相关的修复标准，难以科学系统地指导污染场地修复工作，也难以判断和评估污染场地修复的效果。[③]

---

① 冷永生、常涛：《构建和完善我国生态补偿机制的思考——基于对太原市生态修复和补偿机制建设的调研》，载于《经济天地》2012 年第 7 期，第 70 ~ 72 页。

② 汪秀琼、吴小节：《中国生态补偿制度与政策体系的建设路径——基于路线图方法》，载于《中南大学学报》（社会科学版）2014 年第 6 期，第 108 ~ 114 页。

③ 李向东：《环境污染与修复》，中国矿业大学出版社 2016 年版，第 170 页。

生态修复实践暴露出的社会公平问题，说明生态环境修复与消除贫困没有呈现正相关关系，因为环境修复的收益更多地倾向于富裕人群，而环境受损地区人群却承担了主要的生态修复责任和损失。其中的缘由是，现有的生态系统补偿机制具有短期性和经费不足的缺陷，以天然林保护项目为例，中央政府仅支付所需费用的一半，退耕还林还草工程的管理费用和其他支出则需要当地财政拨款支付。而受损生态地区往往是边远贫穷地区或者资源型城市，土地使用者配合开展生态修复项目，往往需要放弃其依赖谋生的森林采伐、草原放牧、煤矿开采等基础产业，如果政府没有提供充足的生态补偿或者发展替代产业来弥补项目区的经济损失，那么受损人群的经济收入和生活保障就会无以为继。而这与生态修复旨在追求既有利于自然环境又有利于人类生存的可持续发展方式的根本目标是背道而驰的。因此，确定生态系统服务的区域流向、生态恢复服务的受益人群、环境受损区域应当得到生态补偿人群，设计综合性的生态修复项目，来解决受损生态系统区域的居民生计，改变其对原有生存路径的依赖，防止生态补偿结束后环境发生再次退化，促进生态补偿项目的可持续发展，这些是生态修复未来发展需要解决的关键问题（见表6－1）。

表6－1　　　　　　生态系统修复评价指标

合理性类型	评价依据	有关评价要素
生态合理性	生态整合性	物种多样性、食物链的完整性、能量流动、元素循环过程、物种迁移与繁殖过程、水物理化学过程
社会合理性	社会可接受性	科学家的认同情况、公众参与比例、管理者的数量与素质、政府的管理与介入、非政府组织的认同情况
经济合理性	风险最小而效益最大	资金支持强度、恢复后经济效益、兽医周期、风险系数

资料来源：李文华：《中国当代生态学研究（生态系统恢复卷）》，科学出版社2013年版，第58页。

正如《国务院办公厅关于健全生态保护补偿机制的意见》（国办发〔2016〕31号）指出："实施生态保护补偿是调动各方积极性、保护好生态环境的重要手段，是生态文明制度建设的重要内容。近年来，各地区、各有关部门有序推进生态保护补偿机制建设，取得了阶段性进展。但总体来看，生态保护补偿的范围仍然偏小、标准偏低，保护者和受益者良性互动的体制机制尚不完善，一定程度上影响了生态环境保护措施行动的成效。"因此，完善生态保护补偿机制和生态修复评估制度是中国生态修复与重建亟待解决的重要问题。"共生共荣"要求我们看到生命共同体内部各系统之间的相互依存、不可或缺。习近平总书记指出，"由一个部门负责领土范围内所有国土空间用途管制职责，对山水林田湖进行统一保护、统一修复是十分必要的"。这可以为健全我国生态修复管理制度提供指导性意见。

二、中国特色的生态修复路径

"建设生态文明，关系人民福祉，关乎民族未来。""生态环境保护是功在当代、利在千秋的事业。要清醒认识保护生态环境、治理环境污染的紧迫性和艰巨性，清醒认识加强生态文明建设的重要性和必要性"。[①] 中国生态修复与环境治理既面对着全球环境生态危机的共同情境，又存在自身特殊的国情状况和生态环境恶化态势。从新中国建立到改革开放近四十年，中国环境治理和生态修复的技术创新、制度建设和地方探索都获得了长足进展，但还需要探索如何解决生态修复的社会公平问题，如何完善环境治理的制度建设和长效机制，如何体现中国生态修复与环境治理的区域特色，等等。因此，除了充分汲取国内外环境治理与

① 《习近平谈治国理政》，外文出版社2014年版，第208页。

生态修复的优秀经验之外，主动推动中国传统生态智慧的现代化，加快中国现代生态文明制度的全面完善，加强中国特色社会主义的制度引领和体制保障，全面贯穿“山水林田湖”系统思维的方法论指引，积极参与和影响全球生态治理，是探索中国特色的环境治理与生态修复的重要路径。

（一）推动中国传统生态智慧的现代化

中国在环境保护和生态修复方面既具有悠久的历史传统，也拥有丰富而宝贵的思想文化。虽然中国古代的生态问题更多属于自然灾害，其次才是人为破坏，与今日工业文明时代的生态危机具有截然不同的性质，但中国古代先人贤士颇具前瞻性的生态修复思想和实践具有泽被深远的现实意义。

1. 中国古代生态问题。

中国地域辽阔，环境条件优越，农业生产条件复杂多样，由于种植业与养殖业相结合，农耕生态系统与草原生态系统相得益彰，人口增长、土地开发和农业技术水平之间保持着较为协调的关系，因此几千年来中国古代文明获得了稳定而持续的发展。但是，由于中国地大物博，人口众多，文化昌盛，民族优越心理使然，加上对生态环境的认识不足，生态环境遭到损害破坏的情况也时有发生。

乱砍滥伐。中国是一个农业大国，传统的农业生产方式高度依赖森林、草原、植被等自然资源，先秦时开发规模小，政府重视生态保护，当时的生态环境比较好。汉以后开发规模加大，政府忽视生态保护，开辟土地、开矿冶炼、建筑用材、砍柴烧炭等开发活动，造成森林草地等生态环境不同程度的破坏。主要包括以下几个方面：①居民伐薪，烧火做饭取暖。②屯田垦荒，毁林种粮。③放火烧山或野火烧山对森林的破坏。④历代帝王大兴土木，伐林取材，导致生态损害。

水旱灾害。由于生态失衡，导致自然灾害发生频繁。据史书记载，从公元前206年到1949年，共发生水旱灾害1 750次。其中，1877～1878年晋冀鲁豫四省大旱，死亡1 300多万人。1931年江淮大水淹没1亿亩农田，死数十万人。西北生态环境被破坏得最为严重，汉代以前本是一片繁茂的原野，城镇林立，后来却被沙海所淹没。

人口与资源压力大。经过唐宋时期生产力的快速发展，人口繁衍迅速，清代人口剧增，康熙时突破1亿，乾隆末年达3亿，道光中叶超过4亿，导致自然资源压力增大。在传统生产力条件下，北方和南方的开发都达到饱和状态。在无法扩大耕地面积的情况下，农户经营规模变小，户均只有十几亩。小农经济具有分散、保守、脆弱、封闭等特点，充分表现出来。农业经济发展缓慢，中国封建社会进入老熟期。[①] 而为了应对庞大的人口压力和日益扩大的自然资源需求，只好与山争地，开山造田，造成大量水土流失，生态环境开始恶化，清代开始草原退化和沙化严重。

2. 中国古代生态环境保护思想。

生态环境条件既是社会存在的自然基础，又是经济社会的组成部分。在漫长的经济社会与生态环境相互作用的历史变迁过程中，中国先人著述了很多关于生态环境保护的著作和文献，也进行了很多环境保护和治理的实践探索。主要的生态思想是：第一，环保的范围在于不要滥砍树，不要随意杀飞禽走兽，不要把湖填平，不要把鱼捕尽；第二，应当按季节保护生态，特别是春季，万物生长顺其自然；第三，应当把保护环境作为治国大事，经常发布命令，严格遵守。[②]

生物系统思想。中国先民很早就有了对生态环境的文献记

---

① 许晖、邹德秀：《中国古代生态环境与经济社会发展史话》，载于《生态经济》2000年第4期，第33～37页。

② 王玉德：《中国环境保护的历史和现存的十大问题——兼论建立生态文化学》，载于《华中师范大学学报》（哲社版）1996年第1期，第60～68页。

载。公元前700年老子《道德经》中表达了人类生存的地球五行相生相克的思想。春秋战国时期在环境生态保护上建树颇多，形成了一些重要的理论著作。《禹贡》是世界上现存最早的地理著作之一，记载了土壤、水利和山脉的基本状况；《山海经》按照东南西北方位，记载了各地的水土和物产；《管子》是中国最早系统论述生态的著作，《管子·地员篇》《淮南子》《吕氏春秋》《庄子》记载了关于生物分布、物候、土壤，以及生物与环境的关系思想，富含了生态学的深刻见解，全面反映了中国先民的环保观念。后期的一些重要生态环境著作，北魏郦道元的《水经注》中记载了1 252条河流的来龙去脉及变迁；唐代李吉甫在《元和郡县志》中记载了各个行政区划的环境；明代徐霞客调查了十几个省的生态环境，在《徐霞客游记》中对山川走向、水土流失、岩洞熔蚀作了详尽描述。

依赖自然、敬重自然的生态意识。自然环境恩赐人类无限资源，又具有强大无比而又变幻莫测的威力，因此中国先民笃信万物有灵，从天地日月到山川草木无不崇敬有加，认识到人类生存发展依赖于自然，自然环境对人类生存发展具有制约性作用，萌生出人类依赖自然、敬重自然的生态意识。“夫稼之为者，人也；生之者，地也；养之者，天也”（《吕氏春秋·审时》），“天”（气候）和“地”（土地）共同构成农业生产中的环境条件。《礼记·郊特牲》记载：“土反其宅，水归其壑，昆虫勿作，草木归其泽”。良好的生态环境为农业生产提供了良好的条件，汉文景时“天下宴然，民务稼穑，衣食滋殖”（《汉书·循吏传序》），“百姓无内外之遥，得息肩于田亩，天下殷富，粟至十余钱，鸣鸡吠狗，烟火万里”（《史记·律书》）。

顺应自然规律，促进天地人和谐共生思想。中国古代先民善于将自然与社会、人生、国家的发展相联系，产生了顺应自然规律、促进天地人和谐共生思想。“地”是“万物之本原，诸生之根菀”《（管子·水地》）。自然环境的好坏，不仅关系到土地质量和土地承载力，还关系到国家发展的规模程度、人口的数量、城市的规模。荀子说："天行有常，不为尧存，不为桀亡。应之以治则吉，应之以乱则凶"。农业收成受到气候的影响，因此要顺应季节变化、应合自然界气候变化的节律。《管子·禁藏》中说："顺天之时，约地之宜，忠人之和，故风雨时，五谷实，草木美多，六畜蕃息，国富民强"。只有在农业生产中做到天时、地利、人和三者的和谐与协调，才能出现五谷丰登、六畜兴旺、国富民强的局面。

取之有度，合理开发自然资源。《周礼》主张要根据季节选择合适的木材来制造农具，并且要设定砍伐树木的时限，通过政府颁布法令禁止乱砍滥伐树木，只有这样才能保证不令山林匮竭、材用缺乏，才能节约和保护自然资源，实现生态可持续发展。为了保护森林资源，做到有计划地合理开发利用，我国古代自西周以后的各个历史时期都制定了一些按时开发山林资源的政策。《周礼·地官》说"山虞仲冬斩阳木，仲夏斩阴木"。《八观》载"山林虽广，草木虽美，禁伐必有时。"《孟子》中规定"斧斤以时入山林，林木不可胜用也"。我国古代还提出人类对自然的开发利用必须限定在一定限度之内，否则不仅会损害自然系统，而且会危害人类自身的长远发展。"能协天地之胜，是以长久"，倡导以人与社会的可持续发展为中心的自然环境保护。

环境治理思想。中国是世界农业起源的三大中心之一，作为一个农业大国，维护好生态环境是农业丰收的必要条件，因此中国古代历来便十分重视农业环境保护和生态修复，确立了古代环保制度。《周礼》记载，周代设立了初步的环保制度，设立"山虞"掌管森林，"司空"掌管城郭，又有职方氏、土方氏、庶氏、剪氏、赤友氏、壶琢氏分别掌管灭害虫，除杂草。公元前11世纪，西周颁布了我国最早的环保法令《伐崇令》，规定"毋坏屋，毋填井，毋伐树木，毋动六畜。有不如令者，死无赦”。2000 多年前的《秦律》规定，春季二月不要砍伐林木，不要烧草，不要杀小动物，违者严治。1975 年在湖北梦云县出土的《秦简》，对农田水利、作物管理、水旱灾荒、风虫病害、山林保护等做出了具体规定。另外，还制定了《厩苑律》《仓律》《工律》《金布律》等一系列法律制度规定，提出了针对树木、植被、水道、鸟兽、鱼鳖等生物资源保护、生态平衡保护，提出了捕杀、采集的时间和方法的具体规定，甚至提出了对违反规定者进行甄别处罚的措施办法。中国历代都很重视通过法令和行政措施，保护农业资源和生态状况，《田律》就是一部农业生态保护的法令。秦汉时期大力实行“戍边屯田”等政策，鼓励开荒垦田，且要保持“地力常新”、“深耕熟犁，壤细如面”，达到既开垦了边境沃土、蓄积丰富粮食，又加强边防建设事业、充分利用土地资源的双重目的，此所谓“务尽地力”。随着城市的兴起和繁荣，环境治理思想又增加了重视防止疾病传染、重视城镇村落环境等城市环境保护等内容。《后汉书》记载，汉代在京城洛阳发明了洒水车，用来洒浇城市道路。宋代成书的《梦粱录》记载，都市内有政府派遣的清洁工，负责清除污泥和掏沟。

3. 中国古代生态修复实践。

人口增长为自然资源的使用带来了巨大的压力，导致对土地开发利用强度越来越大，环境破坏问题越来越严重，中国先人不断进行耕种技术创新，提升土地开发利用能力，消除环境破坏的消极影响。《管子》中把土地开发利用、山林湖泽保护和桑麻种植六畜养殖作为衡量一个国家是否富强的重要标志，提出要保持一定比例进行开垦荒地。因此，中国古代先民不仅拥有十分丰富的环境保护思想，而且大力发展生态技术与持续农业，结合有效国家管理，展开了环境保护和生态修复的有益实践。

中国古代的生态技术和持续农业集中体现在地力常新的思想。战国时《吕氏春秋》“任地”篇里提出“地可使肥，又可使棘”。宋代的《陈甫农书》“粪田之宜”说是地力常新说的第一次明确论述。清代《知本提纲》提出对地力常新的系统论述：“地虽瘠薄，常加粪灰，皆可化为良田”。同时，中国古代积极探索了生态技术和持续农业的生态修复实践，主要是创造了灵活的耕作技术改良土壤的性状，施用大量的有机肥料提高肥力，运用轮作、绿肥等生物技术来防止养分的过度消耗。战国时期，人们发明了人工施肥法和轮作制来解决因土地利用强度过大而造成的土地肥力降低的问题；宋代以后，人们广泛采用了梯田耕作法，有效地减少了山地土地开发带来的山地水土流失问题。

清代的《齐民要术》提出，稻子收获以后，不要全部种麦，而抽出 1/3 的土地种菜籽，一亩能收菜籽二石，榨油 80 斤，饼 120 斤，可作三亩地的肥料，能供应两茬庄稼的消耗。中国古代还发展出丰富的相生相克、用养结合、多种经营、综合发展、因地制宜的生态农业设计和生态农业技术。清代在北方采取粮、草、畜三结合的生产方式，在南方创造了“桑基鱼塘”的生态农业模式，从而使中国农业获得持续发展。如《高明县志》所述：“将洼地挖深，泥复四周为基，中凹下为塘，基六塘四。基种桑，塘畜鱼，桑叶饲蚕，蚕屎饲鱼，两利俱全，十倍禾稼。”①

隋唐五代时期，运用精耕细作、晒田技术、兴修水利、生物多样性与农业病虫害的防治等多种技术来改善农业生态环境，达到抵御农业自然灾害的目的。人们发明了用生物和其他防治农业病虫害的方法，如用鸟类来捕捉蝗虫、用蚁来防治柑树的蛀虫、用猫头鹰灭鼠、用无毒的黏性药汁驱除危害庄稼的飞禽、用无毒药物拌种避虫等②。这一时期还在物种的传播与动植物的驯化方

① 许晖、邹德秀：《中国古代生态环境与经济社会发展史话》，载于《生态经济》2000 年第 4 期，第 33 ~ 37 页。

② 张法瑞、柳永兰：《生态伦理观与可持续农业的生态道德准则》，载于《中国农业大学学报》（社会科学版）1999 年第 3 期，第 45 ~ 50 页。

面做了大量的工作，如桑蚕从北方引入南方、茶从南方引入北方、把境外的动植物物种引入境内并驯化，这些都丰富了我国的动植物物种，有利于生物多样性和生态平衡的维持。宋代采取了一系列的农业生产制度，如实行间作造田和退田还湖、海涂围垦，保持地力常新与土地治理，增加复种指数，针对农业生产特点和自然规律，开展轮作、套种、农户庭园、混交林等多种经营，日趋完善的保护制度使农业生态系统得以有效的维护。①

4. 推动中国古代生态思想现代化。

《中共中央　国务院关于加快推进生态文明建设的意见》指出，“将生态文化作为现代公共文化服务体系建设的重要内容，挖掘优秀传统生态文化思想和资源，创作一批文化作品，创建一批教育基地，满足广大人民群众对生态文化的需求”，使生态文明成为社会主流价值观，成为社会主义核心价值观的重要内容。中国古代生态治理思想有力促进了古代环境保护，对于当代人类治理环境生态危机具有积极借鉴意义。但其毕竟是传统农业社会的思维和文化产物，要用以解决当今中国和人类面临的生态治理难题，必须实现中国古代生态环境思想的现代化，形成既体现中国传统生态理想又融合人类现代生态治理智慧的先进文化。

第一，立足现代科技成果，运用系统思维，实现天人和谐的理想愿景。

中国古代自然观的一个鲜明特点是，用唯物辩证的思想看待自然以及人与自然的关系，注重天人和谐、天人合一。儒家“仁民爱物”为核心的生态思想凸显中国传统“放德而行，循道而趋”生态责任观；道家“万物生死相依”“天人合一”的整体主义生态观充分体现了把天地万物看作一个整体的宇宙观；佛教“众生平等”“普度众生”的人文关怀，与当代生态伦理学对生

① 杨俊中：《中国古代农业生态保护思想探析》，载于《安徽农业科学》2008年第19期，第8385～8388页。

命共同体的尊重与敬畏、可持续发展和生态文明的精神主旨具有亲密的契合度。而西方工业文明所造成的现代环境危机的症结正是在于其主客二分、人类中心主义的生态价值观。我国天人和谐的生态价值观既肯定人的个体生命价值和精神自由，又主张“天人一体”“与天为一”，既有利于克服过于张扬人的主体性的西方人类中心主义，又有利于克服过于强调自然与人对立、否定人类改造自然的合理性的非人类中心主义。

但古代天人和谐思想毕竟源于农业文明范式，由于缺乏现代物理学、环境科学、现代技术的支撑，带有浓厚的自然主义色彩，具有笼统、思辨和猜测的性质，这种天人合一、天人和谐是较为原始的、缺乏实践根基的，因此也是缺乏现实变革力量的。20 世纪中叶以来生态科学、环境科学和系统科学获得高速发展，揭示出人类活动与自然环境之间有机联系、相互影响、动态平衡的关系，形成了有机整体的系统自然观和生态治理思维。因此，中国天人和谐的生态治理思想的弘扬，必须立足现代生态科学、环境科学、绿色技术的最新科技成果，加快对自然界和技术世界内在规律的深层次探索，在把握环境治理和生态修复的一般规律和基本原则的基础上，开展和推进生态修复技术、产业、政策的中国特色创新和地方化探索，才能真正实现尊重自然、效法自然、亲近自然、回归自然的理想目标，实现众生平等、天人兼顾、成己成物、物我两忘的天人和谐状态。

第二，建构超越西方工业文化的中国特色生态文化。

西方工业文明建立在追求经济利益最大化的市场经济、人与自然二分的机械论世界观、物质主义的消费观之上，导致人类对自然的巧取豪夺和戕害无度，造就世所瞩目的环境生态危机。全球化背景之下全球产业结构的重新布局和生态殖民主义横行，使得资本主义发达国家得以向发展中国家转移和转嫁生态危机，加剧了当今全球环境生态危机的复杂影响。中国改革开放以来效仿的是西方工业化模式“先污染、后治理”的发展道路，因此市场经济制度下资本的逐利本性和现代科技的工具理性也日益暴露出严峻的环境生态负效应，威胁人民生活质量和国家生态安全。

重视天人和谐、有机整体主义的中国传统优秀生态文化思想，对治理导源于西方工业文化的环境污染和生态破坏问题，无疑大有启发意义。其关键是要实现中国传统优秀生态文化的现代化，尤其是体现中国特色社会主义的制度属性，要求我们必须继承和发扬马克思主义的人与自然有机联系、和谐统一的辩证唯物主义自然观和生态文化观，同时吸纳西方生态治理的合理思想，创新、创造出超越西方工业文化的中国特色生态文化，走生产发展、生活富裕、生态良好、人全面发展的生态文明道路，体现最广大人民群众的根本利益和价值诉求，实现经济效益、社会效益和生态效益的有机统一。充分体现“天人合一，道法自然”的生态智慧，“厚德载物，生生不息”的道德意识，“仁爱万物，协和万邦”的道德情怀，“天地与我同一，万物与我一体”的道德伦理，建构人与自然和谐共生、协同发展的现代生态文化，以“平衡相安、包容共生，平等相宜、价值共享，相互依存、永续相生”的道德准则，开拓人文美与自然美相融合、人文关怀与生态关怀相统一的人类审美视野，奠定生态文明主流价值观的核心理念。

（二）加快中国生态文明制度的全面完善

我国生态环境保护已走过40多年历程，但生态环境总体恶化趋势仍未得到有效遏制。“全国生态环境十年变化（2000～2010年）调查评估”项目研究结果显示，十年间，全国森林、灌丛、草地生态系统质量总体向好，城镇、农田生态系统格局变化剧烈，森林、湿地生态系统人工化趋势明显。农业生产与开发导致的水土流失、土地沙化、石漠化等问题依然严重，城镇化、工业化与资源开发导致的流域生态破坏、城镇人居环境恶化、自然海岸线丧失、野生动植物自然栖息地减少等问题加剧；在生态保护管理方面面临着以下主要问题："生态环境保护顶层设计不完善、责任不落实，生态保护观念落后；重人工建设、轻自然恢复；生态保护重战略规划，缺乏'落地'机制；生态保护与恢复项目多头管理，效益低下；城市建设与管理缺乏生态理念；缺乏合理的生态保护评估和绩效考核机制。"①

中共中央、国务院将生态文明建设作为执政理念上升为国家战略，坚持节约资源和保护环境的基本国策，把生态文明建设放在突出的战略位置，党的十八届三中全会《决定》强调要加快生态文明制度建设，2015 年中国政府先后发布了《关于加快推进生态文明建设的意见》和《生态文明体制改革总体方案》，对未来一个时期生态环境治理的顶层设计和基本路径进行了清晰规划。《关于加快推进生态文明建设的意见》把健全生态文明制度体系作为重点，强调"加快建立系统完整的生态文明制度体系，引导、规范和约束各类开发、利用、保护自然资源的行为，用制度保护生态环境"，凸显了建立长效机制在推进生态文明建设中的基础地位，如何深化改革创新和模式探索，健全生态文明制度体系，用制度保障生态文明建设，通过制度规范和引导行动，不断提高国家治理能力加强环境治理和生态修复，是未来环境治理和生态修复的发展方向。

健全生态文明制度，必须加强环境行政执法和环境司法制度建设，必须加快建立和完善生态修复法，建立和完善生态修复规划制度、生态修复监督制度、生态修复投入制度、生态修复合作与交流制度、生态修复补偿制度、生态修复评价制度、生态修复责任制度、生态修复公益诉讼制度等在内的生态修复制度体系，加强生态环保能力建设和环境执法独立性。尤其是要建立和健全

① 《全国生态环境十年变化调查评估》，中国生态修复网，http：//www. er-china. com/index. php？ m = content&c = index&a = show&catid = 17&id = 85840。

生态文明政绩考核机制，将经济性、效率性、效果性、公平性等指标纳入考核体系，重视经济增长的质量和效益，注重生态修复的经济效益、社会效益和生态效益的有机统一，强调生态修复和环境治理是否有助于缩小贫富差距和生态差距，是否有助于促进共同富裕和生态公平。

1. 建立健全系统性、综合性、专门性的《生态修复法》基本法。

我国幅员辽阔、生态环境复杂、生态污染和退化状况不一，自实行环境保护基本国策以来，除制定了统一的国家《环境保护法》之外，已经制定了《大气污染防治法》《水污染防治法》《草原法》《森林法》《自然保护区法》等单行生态保护法规，又制定了品种繁多、各具特色的地方性法规、规章及标准。但是关于生态修复的法律法规都散见于各种环境资源保护的法律、法规、政策中，零零散散，缺乏集中统一规定和普遍性的效力级别，还存在各省市生态修复法律法规不统一、不一致的问题。中国环境污染和生态恶化的总体状况对从国家层面制定系统性、专门性的《生态修复法》提出了迫切的要求。具体来说，由全国人大常会会制定《生态修复法》基本法，对生态修复的指导思想、立法目的、使用范围、基本原则、基本制度、法律责任作出明确规定，由国务院制定国家层面的《生态修复法实施条例》，落实生态修复具体法律制度，由国务院各部委进一步制定《水生态修复管理范本》《森林生态修复管理办法》等具体管理办法，各地方政府和环保部门针对特定区域地理地质环境、生态退化状况的特点，制定各地因地制宜、合理规划的生态修复法规、规章、标准。这样，以《生态修复法》为基本法，单行生态修复法作为主干线，各地方性法规、规章及标准为枝叶，共同构建成相对完整、系统、完备的生态修复法律体系。同时，生态文明制度体系建设必须充分考虑与现行其他法律和管理体制之间的有效衔接，消除现行各单行法之间的重叠、矛盾和冲突问题。

2. 发挥环境市场机制，推进生态修复产业化和市场化运营机制，扩大生态修复责任主体，调整生态修复利益分配。

传统工业发展模式采取的是高消耗、高投入、高污染的粗放型生产方式，在高产值和利益最大化的价值导向下，经济行为具有短视、短期化特征，对自然资源和生态环境进行掠夺式开发，引发日益严峻的资源短缺和生态恶化，对人类经济发展的可持续性、社会文明进步和民生福利状况造成不利影响，直接威胁人类生存与发展，要求转变经济发展方式和推动产业转型。我国改革开放以来仿效西方传统工业发展模式，面对同样的经济发展难题和环境生态危机，资源、人口和区域经济发展不平衡等现实令中国以可持续发展战略为基础实现经济发展方式转换和产业结构升级的压力更为紧迫。在经济发展新常态的现实背景下，贯彻落实“十三五”时期“创新、协调、绿色、开放、共享”五大发展理念，必须大力发展生态经济，推动生态产业化发展，有机统一经济发展、社会发展和生态发展，综合体现经济效益、社会效益和生态效益。十八大三中全会《中共中央关于全面深化改革若干重大问题的决定》第十四部分“关于加快生态文明制度建设”中，明确提出“建立吸引社会资本投入生态环境保护的市场化机制，推行环境污染第三方治理”。我国市场经济制度日渐完善，在环境保护和生态修复中引进市场化机制是环境治理的必然趋势。

具体来说，第一，国家完善和调整生态修复产业政策，推进生态环境保护和生态修复市场体制改革，全面扩大生态修复市场需求，将环保产业打造成国家支柱产业。对于具有竞争性、排他性的自然资源，推进资源和环境资源领域的价格改革，通过完善市场机制来解决合理配置问题。譬如，2016 年 5 月国务院印发《土壤污染防治行动计划》，土壤污染防治工作开始提速，土壤修复产业也逐渐步入快车道，还需要尽快出台《土壤污染防治法》，落实各方法律责任。同时，突破土壤修复、水体修复、矿区修复等分领域单打独斗的局面，以PPP商业模式为基础，确立山水林田湖土壤修复的系统思维，展开生命共同体的生态修复建设。环境治理和生态修复涉及环境调查、监测、评估、工程设计、工程施工等完整的产业链条，工程建设往往牵涉传统环保产业的水、气、固废、环评、监测设备等企业，水泥、钢铁、房地产等跨领域企业，以及生态园林景观、建筑设计、桩基、水文地质、工程机械公司等相邻企业。因此，应当通过人才引进、专业人才培养，不断壮大生态修复企业力量，同时吸收跨界资本和国内外先进技术，扩展国内外生态修复产业合作与联盟。

第二，以市场为基础，运用环境经济政策，影响环境管理对象的经济利益、生存或消费行为，同时确立合理的价格补偿机制，比如环境责任保险制度、排污权交易制度、生态补偿制度、环境税收制度，建立规范的自然资源产权、排污权、碳资产管理的各项制度，使能源、资源和环境等要素得到合理配置，鼓励和吸纳社会资本和技术力量投入生态修复领域，扩大市场的有效供给。以科技创新作为支撑，通过政产学研各方的协同攻关，建立和完善中国生态修复产业技术创新战略联盟，不断提高自然资源生产力和生态效率，探讨企业生态修复责任的市场化运作模式及约束机制，建立基于技术可行性分析、经济可行性分析和社会环境可行性分析的生态产业共生网络。目前，我国大部分生态修复项目的资金来源主要来自政府拨款，如何建构一个稳定的多元主体支付体系，形成一个可持续发展的市场机制和商业模式，也是未来生态修复产业需要迫切需要解决的问题。

3. 确立生态修复专项基金制度，向社会组织、公众与个人筹集生态修复资金，保证生态修复长效机制。

生态退化区域因其特殊的环境资源禀赋，承担着为全国提供生态公共产品的生态任务，开展生态修复工程建设更多是公益性质，短期里没有直接效益产出，但该区域的经济发展、生态建设投入、居民工作生活却受到直接影响或产生直接损失，政府承担的生态产业投资和生态修复补偿资金往往具有暂时性和短期性，生态产业发展的长效机制亟待建立。在生态产业发展中引入市场机制，建立政府、市场和社会联合网络的生态补偿机制，能够为生态产业提供稳定的资金渠道，为生态修复工程结束后依然存在的安置生态移民、扶持后续产业、增加就业门路等问题提供保障，并积极完善生态修复地区际补偿问题，解决“西部植树、东部乘凉”，建立生态产品交易市场。

4. 建立健全生态修复激励机制。

生态修复当前存在责任主体不易辨识、管理部门推卸推诿管理责任、生态修复利益分配不公等现实问题，建立健全生态修复激励制度，有利于激励生态修复责任主体积极履行生态修复义务，敦促政府积极履行生态修复管理职责，达到人为降低环境污染程度、加快修复生态系统的目的。政府应不断加大制定环境税费制度、税费返还制度，运用宏观调控政策加强生态修复的激励措施。“污染者付费、受益者补偿”是生态修复的核心制度，污染者事实上常常逃避或推诿生态修复责任，转移或转嫁生态修复成本费用。政府应当加大宏观政策调控力度保证和促进多元主体积极参与生态修复，通过多元化的生态修复资金制度有效保障生态修复资金的长期供给，从而保障生态修复的可持续性发展。

第一，确立生态修复专项财政资金制度，对因历史遗留问题或自然灾害等原因造成的生态修复，提供政府财政投入资金。2013 年财政部、国土资源部制定出台了《矿山地质环境治理恢复专项资金使用管理办法》（财建〔2013〕80 号），明确规定专项资金用于矿山地质灾害治理、地形地貌景观破坏治理、矿区地下含水层破坏治理和矿区土地垦复等矿山地质环境恢复治理工程支出；2016 年 8 月 3 日财政部、环境保护部联合印发《大气污染防治专项资金管理办法》，2016 年 12 月 9 日财政部、国土资源部、环境保护部三部门联合印发《重点生态保护修复治理专项资金管理办法》，相关制度建设正渐趋完善。

第二，确立生态修复专项税费制度，解决经济发展的环境外部不经济问题，对污染者征收生态税，把环境资源使用和生态破坏的成本纳入经济发展成本中，促使污染者最终承担污染行为产生的全部成本，防止污染，减少资源浪费，又增加政府财政收入和生态修复资金保障。

第三，完善生态修复税费返还制度，通过政府补贴实现环境外部成本内部化，明确污染企业如果履行了生态修复义务，可以根据生态修复效果的评估结果对企业返还部分税费，从而鼓励企业降低污染程度，积极履行生态修复义务。2016 年底出台的《环境保护税法》规定，从 2018 年 1 月 1 日起，取消排污费，实现“费改税”的转变，本着“多排多征、少排少征”的原则，增加对企业减排的正向鼓励作用，增强对企业环保约束的力度，将加大市场对环保服务的需求，促进环境成本内部化。因为占用环境资源多的高污染行业企业将付出更高环境治理成本和代价，而主动减排企业减税力度大，也间接提高了环境友好型企业的综合竞争力，正向激励与负向惩罚构成合力，促使企业主动承担环保责任，比被动性缴纳环保税或行政处罚更加明智，鼓励企业提升减排标准，对高标准的环保专业技术发展将起到正向激励作用，更有利于环保产业的整体发展。

5. 完善生态修复补偿制度和生态修复责任追究制度。

2016 年 5 月 13 日发布的《国务院办公厅关于健全生态保护补偿机制的意见》指出：“实施生态保护补偿是调动各方积极性、保护好生态环境的重要手段，是生态文明制度建设的重要内容。近年来，各地区、各有关部门有序推进生态保护补偿机制建设，取得了阶段性进展。但总体看，生态保护补偿的范围仍然偏小、标准偏低，保护者和受益者良性互动的体制机制尚不完善，一定程度上影响了生态环境保护措施行动的成效。”强化生态环境损害补偿和责任追究制度，既是保护公民环境权益、维护社会公平正义的重要措施，也是提高企业违法成本、震慑企业违法排污行为的根本对策。

一方面，要建立独立公正的生态环境损害评估制度，合理鉴定、测算生态环境损害范围和程度，健全生态修复补偿制度，科学界定生态保护者与受益者权利义务，加快形成生态损害者赔偿、受益者付费、保护者得到合理补偿的运行机制，从而解决环境污染和生态修复责任主体确认不明、责任分配不公的问题，并通过资金补助、产业转移、人才培训、共建园区等方式，建立地区间横向生态保护补偿机制，引导生态受益地区与保护地区之间、流域上游与下游之间实施生态环境损害补偿。由于历史、时限、环境污染成因复杂性、责任主体多元等多因素影响，环境治理和生态修复的责任归属可能存在不恰当、不公平，当政府、其他单位和个人代替企业履行了生态修复责任，有权力重新定义不同修复主体的修复责任、追偿修复成本和费用，从而为落实环境责任提供有力支撑。

另一方面，健全经济社会综合评价体系和政绩考核制度，建立体现生态文明要求的目标体系、考核办法、奖惩机制，把资源消耗、环境损害、生态效益等指标纳入经济社会发展综合评价体系，完善领导干部生态修复责任追究制度，严格落实生态修复管理制度考核与评价机制，严格实施生态修复效益的监测管理和领导干部约谈制度，及时发现和遏制生态修复不达标或效益下滑等问题，有助于克服干部任免任期制产生的政绩工程和生态治理不作为等问题；探索编制生态修复试点及其责任单位一览表，对领导干部实行生态修复效果及其长效性的环境离任审计，健全生态环境重大决策和重大事件问责制，便于今后追查和追究各级地方政府和职能部门在生态修复过程中玩忽职守、滥用职权、徇私舞弊、推诿不作为的法律责任，违反行政处罚条例的给予行政处分，构成犯罪的依法追究刑事责任。

同时，积极推进生态修复公益诉讼制度以及行政附带民事诉讼。当生态修复责任人不履行或不恰当履行生态修复义务，各地政府职能部门不履行或不恰当履行生态修复监督管理职责，社会组织或国家公诉机关有权向人民法院提起诉讼，敦促和要求政府部门履行监督管理职责，承担生态修复的法律义务。《中共中央　国务院关于加快推进生态文明建设的意见》对完善生态责任追究制度做出了明确说明："建立领导干部任期生态文明建设责任制，完善节能减排目标责任考核及问责制度。严格责任追究，对违背科学发展要求、造成资源环境生态严重破坏的要记录在案，实行终身追责，不得转任重要职务或提拔使用，已经调离的也要问责。对推动生态文明建设工作不力的，要及时诫勉谈话；对不顾资源和生态环境盲目决策、造成严重后果的，要严肃追究有关人员的领导责任；对履职不力、监管不严、失职渎职的，要依纪依法追究有关人员的监管责任。"

6. 加快建设适合中国国情的生态修复验收、评估与反馈机制。

生态修复是实行生态环境保护和生态治理的重要制度，但当前生态修复存在很多问题，注重短期生态效益、忽略长期生态效益，注重生态修复的经济效益、忽略生态修复的社会效益和生态效益等。生态修复具有工程巨大、周期战线长、持续性久等特点，在实际工程建设中往往难以持续、持久，依据尊重自然生态规律、整体验收的原则，建立和加强生态修复阶段验收制度、生态修复项目验收跟踪复查制度和生态修复评估和反馈制度。以矿区生态修复工程为例，第一次验收矿区土地回填、填充措施是否到位，第二次验收矿区土地上植树种草等植被生长效果，第三次验收矿区土地生态系统及其功能的稳定状况，第四次验收生态修复工程结束一定时期之后矿区生态系统总体状况和生态修复是否出现反复。而生态修复验收、评估和反馈制度的核心，是建立专业的第三方环境治理和生态修复评估机构，遵循规定的生态修复验收、评估程序，独立开展生态修复工程项目评估，确保验收评估结果的客观性、科学性和完整性，兼顾生态修复的质与量，考察生态项目预定的基本目标是否全部完成、达到污染防治和生态修复的具体标准，查验生态修复工程实施期间有没有“偷工减料”“督之违纪”“权力寻租”等行为发生，听取当地政府、企业、社会组织和公民对相关生态修复项目及其实施效果的全面意见，最终形成完整准确的生态项目验收评估报告，提交环保行政主管部门、组织专家评审委员会进行审查。比如，在进行生态修复的地区必须实施严格的耕地林地和资源保护制度，科学划定和保护生态红线，建立生态修复红线的绩效保护评估制度，既要正确处理生态修复红线“质”与“量”的关系，又要合理对待生态修复红线的“虚线”与“实线”的关系，将生态修复红线纳入地方政府领导干部的绩效考核体系，从而确实保证禁止开发区、林地和耕地的生态安全。

7. 完善生态修复公众参与制度，构建多元主体协同共治的生态修复机制。

生态修复是一个系统工程，涉及生态科学、环境科学、管理学等多学科理论，需要构建经济、林业、水利、农业、环保、民生等诸多职能部门的共同协作。生态文明建设和生态环境保护更是涉及经济社会的方方面面，需要社会各界积极参与和协同共治。政府及其职能机构是生态修复的直接行为主体，政府政策主导是生态修复的“火车头”，起着指引方向的作用，但仅仅依靠政府各职能机构的力量是远远不够，必须构建一个政府、市场和社会民众协同参与的生态修复网络工程，发挥好生态市场的利益牵引力作用、社会民众的外在推动力作用，建立一整套科学的、可操作的、长效的管理机制。应当建立健全环境信息公开制度、环境公益诉讼制度和社会参与制度，各级政府和职能部门依法公开生态修复信息、公开生态修复规划方案，完善公众参与生态修复规划制定、效果评估的程序和方式，推行公众问责机制，鼓励公民、法人、社会组织等各利益相关方都有权向上级机关或检察机关举报生态修复各级政府和管理部门的监督职责不力问题，有权向人民法院提起公益诉讼。

（三）加强中国特色社会主义的制度引领和体制保障

中国共产党十七大首次提出生态文明建设，把建设生态文明作为全面建设小康社会的奋斗目标之一，进一步提升了党的“科学发展观”执政理念，十八大把生态文明纳入中国特色社会主义“五位一体”的总体布局，并置于贯穿全局的基础性地位，体现了党对中国特色社会主义道路的新认识。中国特色社会主义生态文明是中国共产党人领导中国人民进行社会主义建设和改革的进程中，吸纳中国古代天人合一的优秀生态思想，继承与发展马克思主义生态文明思想，对现代全球环境危机提出的理论创新和中国特色的环境治理方案。中国特色社会主义制度为环境治理和生态文明建设提供了强有力的价值引领与体制保障。

1. 中国特色社会主义的制度属性是实现生态修复与环境治理的社会公平的根本保证。

首先，建设中国特色社会主义生态文明，是马克思主义生态文明观的继承与发展，实现生态修复与环境治理的社会公平是其中的应有之义。马克思、恩格斯生活在资本主义大工业蓬勃发展阶段，那时候的环境生态问题尚未像20世纪那样全面爆发、深刻渗透，但他们的生态治理思想具有极其深远的前瞻性。马克思主义强调人的自然存在和社会存在，强调自然对于人的优先地位，人类对自然的利用必须以合理认识和正确运用自然规律为前提，“我们连同我们的肉、血和头脑都是属于自然界和存在于自然界之中的；我们对自然界的全部统治力量，就在于我们比其他一切生物强，能够认识和正确运用自然规律”，提醒我们必须牢牢记住“我们统治自然界，决不像征服者统治异族人那样，绝不是像站在自然界之外的人似的”。因此，警示人类在向自然界索取、改造自然的过程中，一定要认识到自身和自然界的一体性，否则将会导致土地荒芜、生态破坏和自然的报复，“过分陶醉于我们人类对自然界的胜利。对于每一次这样的胜利，自然界都对我们进行报复。每一次胜利，起初缺失取得了我们预期的结果，但是往后却发生完全不同、出乎意料的影响，常常把最初的结果又消除了”①。马克思主义所要建立的共产主义社会不仅要实现人与自然的和解，也要实现人与人关系的和解，换言之，马克思和恩格斯是在对资本主义的技术批判、制度批判和生态批判的进程中来克服环境危机和技术异化，在共产主义或社会主义社会，生产资料公有制使得资本主义基本矛盾不复存在，社会公平是社会发展的必然结果。

其次，生态文明是中国特色社会主义文明体系的内在组成部分，中国特色社会主义为生态文明的实现提供了制度保障。几千年来人类文明经历了从农耕时代的“黄色文明”到工业时代的“黑色文明”的历史演进，经历了从人与自然的原始融合到人对自然的横征暴敛和自然对人类的疯狂报复，建设生态文明是人类文明的发展趋势，也是中国政府对经济发展与资源环境关系问题作出的创造性解答。科学社会主义始终把建立没有剥削和压迫的“劳动者的自由联合体”作为自己的奋斗目标，邓小平指出社会主义的本质属性是“消灭剥削，消除两极分化，最终实现共同富裕”，可见，中国特色社会主义与生态文明具有历史使命的一致性，因为中国特色社会主义的内涵不仅包括生产资料公有制的所有制形式、按劳分配的经济制度和人民民主专政的政治制度，而且把经济社会的全面协调可持续发展和人的自由全面发展作为根本目标。党的十八大把生态文明提高到中国特色社会主义“五位一体”总体布局当中，生态文明具有贯穿全局的基础性地位并引领物质文明、政治文明、精神文明建设、社会文明的发展，十八届五中全会更是把“绿色”列为“十三五”五大发展理念之一，生态文明已成为中国特色社会主义不可或缺的内在组成部分，人

① 《马克思恩格斯选集（第4卷）》，人民出版社1995年版，第383～384页。

与自然、人与社会、人与自身的和谐是中国特色社会主义和生态文明建设的共同目标，中国特色社会主义制度为生态文明建设提供了强有力的体制保障。

2. “五大发展理念”为建设中国特色社会主义生态文明提供了发展方向。

为了破解发展难题，厚植发展优势，十八届五中全会将“创新、协调、绿色、开放、共享”确立为“十三五”时期的五大发展理念，也为中国特色社会主义生态文明建设树立了基本理念，树立整体性、全局性、系统性思维方式，解决当前我国资源约束趋紧、环境污染严重、生态系统退化的严峻形势，实现人与自然的和谐发展。《关于加快推进生态文明建设的意见》指出，生态文明建设事关实现“两个一百年”奋斗目标，事关中华民族永续发展，是建设美丽中国的必然要求，对于满足人民群众对良好生态环境新期待、形成人与自然和谐发展现代化建设新格局，具有十分重要的意义，强调当前和今后一个时期，要按照党中央决策部署，把生态文明建设融入经济、政治、文化、社会建设各方面和全过程，协同推进新型工业化、城镇化、信息化、农业现代化和绿色化，牢固树立“绿水青山就是金山银山”的理念，坚持把节约优先、保护优先、自然恢复作为基本方针，把绿色发展、循环发展、低碳发展作为基本途径，把深化改革和创新驱动作为基本动力，把培育生态文化作为重要支撑，把重点突破和整体推进作为工作方式，切实把生态文明建设工作抓紧抓好。

习近平总书记指出，“要正确处理好经济发展同生态环境保护的关系，牢固树立保护生态环境就是保护生产力、改善生态环境就是发展生产力的理念”。中国特色社会主义，既是经济发达、政治民主、文化先进、社会和谐的社会，也应该是生态环境良好的社会。环境问题本质上是经济问题，平衡和处理好经济发展与环境保护的关系，是解决环境问题的唯一出路。五大理念的提出，标示着中国特色社会主义生态文明，已经超越了经济发展与环境保护的传统对立概念，也超越了单纯的节能减排、环境保护、资源节约等概念，而是把生态文明上升为涵括生态生产力、生态生产关系、生态消费、生态文明制度、生态文化意识等在内的完整、全面、系统的理论体系和国家战略，强调必须适应和引领经济发展新常态，尊重自然规律和经济规律，充分发挥环境保护对经济发展引领、倒逼和拉动的综合作用，强化生态环境保护在经济社会发展中的宏观调控职能，将生态环保的理念作为前置要求融入生产、流通、分配、消费的全过程和各领域。五大理念指明了中国特色社会主义生态文明建设的发展方向，即中国的发展是全面、绿色、协调和可持续的发展，要依托自主科技创新和产业变革，谋求人与自然、人与社会、人与自身的和谐发展，实现生产空间、生活空间、生态空间的科学分配与合理布局，谋求生态修复和环境治理的经济效益、社会效益和生态效益的协调发展、区域平衡、社会公平，积极吸纳国内外一切优秀的现代治理经验，建设中国特色的生态文明制度体系，并积极参与全球环境治理，分享中国环境治理和生态修复的成功经验。

3. 中国共产党执政理念的“绿色化”是建设中国特色社会主义生态文明的体制保障。

中华人民共和国成立后60多年的现代化进程敦促中国反思国家建设的历史变迁、社会需求的重心转移和国家角色的嬗变，要求国家承担起提升生态服务能力、增强国家环境治理能力的生态责任，提升执政建设的生态合法性。从新民主主义革命、社会主义革命到以无产阶级专政下的继续革命为理论基础的无产阶级文化大革命，中国共产党将自己定位为革命的领导者和推动者，以其特定的先进性、广泛的人民性、高效的组织性，实现了主权独立，创建了中华人民共和国，在生产力水平低下的起步阶段，短时期内迅速建立起初步完整的民族工业体系，从而奠定了中华民族复兴的根本政治前提，获得了政治统治和国家建设的合法性。但是，凭借指令性计划经济、党政不分的国家政权、意识形态三者的高度统一所支撑的国家建设，日益暴露出经济竞争力不足、民主与法制缺失、国家政权活力下降、意识形态僵化与号召力丧失等严峻问题，倚赖于空虚的意识形态和盲目的激进理想主义既不能解决中国现实的生存与发展难题，也令执政党的政治合法性遭遇前所未有的危机。改革开放之后，国家建设的指导思想实现了从意识形态领导向经济建设主导的合理回归，对社会主义市场经济的探索可谓是一项前无古人的创举，“发展是硬道理”“三个有利于”标准成为社会认同的政治常识，经济总量的快速增长和综合国力的大幅提升逐步满足了人民日益增长的物质文化需要，“小康”社会也初步建成，这些经济建设和政治绩效成为改革开放前期国家最重要的合法性资源。但是，中国外源式现代化对西方“先污染，后治理”模式的简单嫁接，既无法自动克服市场经济的环境外部性，也导致大大小小的环境事件、生态危机频发，在某种程度上令人质疑社会主义市场经济和中国特色社会主义道路的价值合理性，削弱了经济建设带来的政治合法性和社会幸福感。

改革开放近四十年后的中国已经进入社会转型期和改革攻坚期，公众在基本的物质生活需要得到满足之后，对更健康安全的生活环境、更体面尊严的生存质量提出了更高层次需求。面对着日益严峻的环境生态难题和此起彼伏的群体性环境冲突事件，如何提高国家环境政策能力和生态治理能力，如何为公众提供更为健康安全的生态环境，如何提升国家保护与改善生态环境公共品资源的服务能力，如何实现执政党价值诉求从经济效益向经济效益、社会效益和生态效益的整体效益转变，成为新时期国家获致政治合法性的重要来源，也成为国家能力建设的重要维度。当前，环境保护和生态建设已经被上升到国家战略的高度，实现“更为高效”、“更为公平”、“更为持续”的经济社会发展成为现任国家领导集体的施政目标，维护民众健康与尊严、提高国家环境与资源条件，是国家作为“中立的协调者”承担生态服务供给能力的基本内涵。2013 年 9 月 7 日，习近平总书记在哈萨克斯坦纳扎尔巴耶夫大学发表演讲时指出：“我们既要绿水青山，也要金山银山。宁要绿水青山，不要金山银山，而且绿水青山就是金山银山。”党的十八大首次把生态文明建设置于中国特色社会主义“五位一体”总体布局的高度，把“美丽中国”作为生态文明建设的宏伟目标和中华民族伟大复兴的重要维度，彰显出中华民族对子孙、对世界负责的精神态度，体现了我国从片面、功利的发展观向全面、科学发展观的执政目标转变，从先前“官本位”“政府本位”和“权力本位”的“经济建设型政府”朝向“民本位”“社会本位”和“权利本位”的“公共治理型政府”转变，中国共产党人的价值诉求从经济效益转变为经济效益、社会效益和生态效益的整体效益，中国特色社会主义生态文明理论上升为占统治地位的国家治理理念。建设具有整体伦理精神和“公民导向”意识的服务型政府，营造公正公平的利益—风险分配格局，推进生态现代化、民主化进程，有效促进经济社会的全面协调发展，营造人与自然相和谐的现代化新格局，是中国国家治理的基本目标。①

4. 以人为本的执政理念为中国特色社会主义生态文明建设确立了价值导向。

以人为本是建设生态文明的首要原则，也是建设社会主义必须遵循的原则。从科学发展观到生态文明建设，中国特色社会主义的国家建设愈益坚持与强调“以人为本”的价值导向，这种价值维度的凸显与强调，既与当前我国经济社会发展失衡的现实密切相关，更是我国社会主义的本质属性根本决定的。随着经济社会的快速发展，人民群众对干净的水、新鲜的空气、洁

① 郇晓燕：《国家建设背景下的国家生态责任与治理能力建设》，载于《当代世界与社会主义》2016 年第 2 期，第 183～189 页。

净的食品、优美宜居的环境等方面要求越来越高。习近平同志多次强调："良好生态环境是最公平的公共产品，是最普惠的民生福祉。"推进生态文明建设是我们党坚持以人为本、执政为民，维护最广大人民群众根本利益特别是环境权益的集中体现，是中国特色社会主义应有之义。我国的生态治理能力建设既吸纳了将环境保护视为可持续发展的前提与机遇的生态现代化理论的合理之处，又超越了西方生态现代化理论"经济发展与生态保护"的"物本"目标取向，确立了生态治理以民生改善、社会正义为圭臬的"人本"价值维度。党的十八大以来，习近平同志突出强调绿色发展理念及其惠民、富国、承诺的价值指向，同时不断强化综合治理措施，积极推进生态文明制度建设和政策行动，彰显出国家生态责任意识和生态治理能力的显著提升。

良好的生态环境是最公平的公共产品，是最普惠的民生福祉。蓝天白云、绿水青山是民生之基、民心所向。建设生态文明，为人民群众创造良好生产生活环境，不仅是改善民生的需要，而且拓展了我国现代化建设的领域和范围。坚持中国特色社会主义制度建设"以人为本"的根本价值导向，体现了广大群众的价值诉求，是实现"建设美丽中国"梦想的不竭动力源泉，推进国家生态治理能力建设的指导思想实现从"经济建设与环境保护并举"到"以环境保护和生态治理促进经济社会发展"的范式转型，把确保公民环境权利、促进环境正义和提升国家生态服务能力确立为国家建设和公共政策之实践合理性的前提和基础，是未来生态文明建设的基本内涵。一方面，需进一步强化国家作为自然环境的代理者、公共资源的管理者、社会制度的制定者、社会力量的组织者、利益关系的调节者和意识形态的引领者等公共性和服务性的普遍性角色地位，发挥其在生态治理中的倡导、引领、决策、执行等多重作用。另一方面，应承中国社会发展的时空重置性、后发严峻性等特殊国情要求，国家应当拓展其角色与身份，抛弃其传统意义上的开发自然资源与环境以实现国家经济发展的“环境剥夺者”角色，开掘其“生态托管员”的潜能，提升其生态公共品服务能力，体现利益、权利、机会、风险的结构均衡和平等分配，在社会公平基础上谋求公共利益的最大化。当务之急是要推进国家生态治理的公共政策伦理建设，首先解决“要什么样的发展，如何发展，为谁发展”的伦理学问题。当前中国经济增长与环境生态、效率与公平的尖锐矛盾，暴露出公共政策“公共性”的缺失，社会日益多元与分化，强烈要求国家通过建设现代国家制度而成功地实现社会多元化整合，生态文明建设要求国家实现民生改善、生态保护以及经济发展“三位一体”的综合性政策目标。在具体实践层面，则必须加快推进生态环境管理战略转型，以改善生态环境质量为目标导向，集中力量解决细颗粒物（PM2.5）、重金属、化学品、危险废物和持久性有机污染物等关系民生的突出环境问题。

（四）贯穿“山水林田湖”系统治理的方法论指引

近年来，我国生态系统保护修复取得明显成效，但是生态环境整体恶化的趋势仍未得到根本遏制，凸显现行管理体制机制顶层设计不足、“条块分割”的弊端，无法有效应对具有高度复杂性的生态系统保护修复问题。习近平总书记在《关于〈中共中央关于全面深化改革若干重大问题的决定〉的说明》中提出，“山水林田湖是一个生命共同体，人的命脉在田，田的命脉在水，水的命脉在山，山的命脉在土，土的命脉在树。用途管制和生态修复必须遵循自然规律，如果种树的只管种树、治水的只管治水、护田的单纯护田，很容易顾此失彼，最终造成生态的系统性破坏。对山水林田湖进行统一保护、统一修复是十分必要的”。这一重要论断阐明了生态系统整体性的本质特征，也为我国生态修复和环境治理提供了系统思维的方法论指导，必须依据生态系统整体性理论改革生态环保管理体制。

1. 克服环保职能分散交叉之弊，实现管理职能优化整合。

走向生态文明新时代、建设美丽中国，是我们党和政府提高执政能力的重要体现，是实现中华民族伟大复兴中国梦的重要内容。但是，当前我国生态环保管理职能分散于林业局、国土资源部、农业部、发改委等不同部门，导致生态环境修复存在流域切割、碎片化修复、政出多门、职能交叉、效率低下等问题；国家生态环境保护部门职能分散交叉较为突出，存在权力下放不够和监管不到位等问题，难以形成严格监管的强大合力；基层环保部门被赋予的职能和担负的任务不匹配，存在“小马拉大车”的现象。按照生态系统整理性理论，生态系统各组成要素是相互依存、相互制约、不可分割的完整生命共同体，那么生态环保管理体制也应当遵循生态学规律，打破区域、流域和陆海界限，打破行业和生态系统要素界限，科学整合分散于不同部门的管理职能，实现相关环境要素的统一管理，优化整合生态系统各要素的管理职能，实行要素综合、职能综合和手段综合，实现山水林田湖完整生态系统的全要素、全过程和全方位的一体化统筹管理。现行生态环境保护管理体制缺乏足够的权威性和有效性，难以对生态文明建设进行科学合理的顶层设计和整体部署，难以形成生态文明建设合力。因此，要增强生态环境保护管理体制改革实效性，重中之重是要充分发挥环保部门在生态文明建设中的牵头引领作用，切实提高环保部门参与国家重大决策的地位和影响力，强化环保部门综合协调生态环保事务，统一监督相关部门履行生态环保责任的职能，在环境治理和生态修复保护的实践中落实国务院“三定”方案和《环境保护法》所赋予环保部门的综合协调和统一监督管理职责，加强环境监察队伍建设，强化环境监督执法，推进联合执法、区域执法、交叉执法等执法机制创新。

2. 实行污染源、污染物和环境介质的整体管理。

《中共中央关于全面深化改革若干重大问题的决定》提出，“建立和完善严格监管所有污染物排放的环境保护管理制度”。

优先解决损害人民群众健康的大气、水、土壤等突出环境污染问题，是环境保护工作的重中之重。实现环境污染有效治理，必须加强生态环保管理体制改革，要求正确把握污染源、污染物和环境介质的内在关系，即污染源通过环境介质形成污染物，要建立统一监管所有污染物排放的环境保护管理制度，对工业点源、农业面源、交通移动源等全部污染源排放的所有污染物，对大气、土壤、地表水、地下水和海洋等所有纳污介质，加强统一监管，区分生物多样性丰富区域、典型生态系统分布区域和生态环境脆弱区域，划定并严守生态红线，建立陆海统筹的生态系统保护修复区域联动机制，建立和完善污染源、污染物和环境介质的整体监管和“从出生到坟墓”的全过程监管。党的十八届三中全会明确将“完善污染物排放许可制”作为改革生态环境保护管理体制的重要内容，2014 年 4 月修订的《环境保护法》也明确规定“国家依照法律规定实行排污许可管理制度”。2015 年 12 月 4 ~5 日，环境保护部部长陈吉宁出席在北京召开的排污许可制度国际研讨会开幕式上，首次提出要实行排污许可“一证式”管理，标志着排污许可制度被正式纳入国家改革实施阶段，关于排污许可证的制度设计和立法进入关键时期。“一证式”管理将排污许可证作污染源综合管理的载体，有望实现实现排污企业在建设、生产、关闭等生命周期不同阶段的全过程管理，实现对污染源综合系统、全面、长效的统一管理。

3. 加强环境污染防治和生态修复保护的统筹管理。

《中共中央关于全面深化改革若干重大问题的决定》提出，“建立陆海统筹的生态系统保护修复和污染防治区域联动机制”。环境生态问题实际上包含大气、土壤、水体等环境污染问题和森林、草地、海洋等生态系统退化问题，这些问题又往往相互交叉、相互影响、相互叠加，因此，必须认识到污染防治是生态保护的前提，生态保护是污染防治的目的，保护生态环境应以解决环境污染问题为重点，以改善环境质量为出发点和落脚点。生态系统的整体性决定了生态保护修复和污染防治必须打破区域界限，统筹陆地与海洋保护，把海洋环境保护与陆源污染防治结合起来，控制陆源污染，提高海洋污染防治综合能力，抓好森林、湿地、海洋等重要生态系统的保护修复，促进流域、沿海陆域和海洋生态环境保护良性互动。加强生态环保管理体制改革、加强生态环境保护统筹管理，要求整合污染防治职能和生态修复保护职能，实现对防治、修复与保护的统筹管理和全面管控，协调处理好污染治理、总量减排、环境质量改善的关系，维护生态系统结构和功能的完整性以及生态系统健康。2017 年 5 月环境保护部印发《2017 年全国生态环境监测工作要点》，加强生态环境监测网络建设规划与实施，积极构建国家—区域—监测/运维机构三级质控体系，推进监测信息共享应用和全国环境监测数据联网。

（五）积极参与全球生态治理，提升中国绿色竞争力

奔涌不息的全球化浪潮一方面促进了经济、科技、文化的交流互动，另一方面客观上增加了环境风险的来源，深化了环境难题和环境生态风险后果的全球化，加深了环境问题的跨国界化及其解决的难度。风险的全球化意味着任何国家的内部风险都可能演变成为外部风险，每个国家都有可能被卷入世界性的风险和灾难当中，每个国家都不能置身事外于全球生态责任。全球化在某种程度上削弱了国家主权和政治决策的自主性，但另一方面又高度提升了国家生态治理的全球责任，要求国家立足于“全球思考，地方行动”的原则，积极承担起参与全球环境治理的国家生态责任。

作为发展中国家中的大国，中国参与全球环境治理和维护全球生态安全的责任与压力都前所未有地加大。当代国家，除了履行保障主权与领土完整、促进经济技术发展等传统责任以外，还必须积极参与创建国际机制，在国际经济合作与竞争中确立对本

国有利的行动框架与治理规则，而随着环境问题在国家政治议程中的地位越来越重要，参与国际环境治理、促进国际生态安全、提高国家环境政策竞争力，便成为国家综合实力竞争的重要指标。在世界气候大会上联合国气候谈判的多边机制和减排共识屡屡遭遇分歧和僵局，虽然中国经济结构转型是因环境问题倒逼而发生，但中国在应对气候变化方面的积极努力令世界印象深刻，也被寄望分担更大的环境生态责任。

2013 年初，联合国环境规划署（UNEP）在全球理事会上批准了我国关于推动绿色经济和生态文明的提案，充分说明生态文明理念得到了国际认可，绿色发展是全人类可持续发展的必由之路。但我国的现实是，“虽然生态环境的国际协作不断加深，与周边国家开展了资源利用、危机处置等深度合作，并主动参与了多项国际环境公约谈判和环境标准制定，但对全球环境治理的学习能力以及应对国际环境政治压力的技能尚需增强，对全球环境治理的适应性需要提高。”[①] 然而中国的绿色发展道路不能操之过急，必须立足民主国家的基本职责，增强“世界生态公民”的国家意识，以更为积极的态度参与全球环境治理，在坚持“共同而有区别的责任”的共识原则基础上“有序推进”中国“绿色国家”的主动建设，彰显国家生态治理能力建设的全球视野。因为中国一百多年国家建设进程所留存延续和建构完成的自然结构、经济结构和社会结构，共同构成了中国未来践行绿色发展道路的“社会生态”前提，限定了中国绿色发展道路的政策、路径、速度的可能性空间。无论是资源节约型、环境友好型的生态技术创新，或者是环境导向的技术政策或绿色导向的环境政策的制定与执行，或者是面向风险社会的规制型国家建设，或者是公民参与环境公共决策的制度建设，障碍重重，皆非一日之功。

---

① 朱芳芳：《中国生态现代化能力建设与生态治理转型》，载于《马克思主义与现实》2011 年第 3 期，第 193 ~ 196 页。

2014 年以来，中国在应对气候变化各个领域积极采取措施，取得显著成效。发布《国家应对气候变化规划（2014～2020年）》，提出了中国 2020 年前应对气候变化的主要目标和重点任务。向联合国气候变化框架公约秘书处提交了中国国家自主决定贡献文件，明确了中国二氧化碳排放 2030 年左右达到峰值并力争尽早达峰等一系列目标，并提出了确保实现目标的政策措施。通过调整产业结构、节能与提高能效、优化能源结构、控制非能源活动温室气体排放、增加森林碳汇等举措，努力控制温室气体排放，2014 年单位 GDP 二氧化碳排放同比下降了 6.2%，比 2010 年累计下降 15.8%，完成了“十二五”碳强度下降目标的 92.3%。我国在光纤、风能、太阳能等新能源产业的发展方面几乎与美欧发达国家同步，为我国参与全球绿色经济竞争和绿色发展合作提供了一定的技术基础和比较优势，有望为全球环境治理提供源发于中国本土的环境革新技术、环境革新技术产品、环境革新政策和环境政策标准。

在 2015 年 11 月巴黎世界气候大会上，习近平同志强调中国一直是全球应对气候变化事业的积极参与者，目前已成为世界节能和利用新能源、可再生能源第一大国，承诺将把生态文明建设作为“十三五”规划重要内容，通过科技创新和体制机制创新，落实创新、协调、绿色、开放、共享的发展理念，共同探索未来全球治理模式、推动建设人类命运共同体，显示出中国作为发展中国家中的大国参与全球生态治理的责任担当。但是，中国必须立足于“三个没有变”的基本实际，即我国仍处于并将长期处于社会主义初级阶段的基本国情没有变、人民日益增长的物质文化需要同落后的社会生产之间的矛盾这一社会主要矛盾没有变、我国是世界最大发展中国家的国际地位没有变，带着战略性的“全球思考”着力探索合理性、合法度的中国“地方行动”，来推进中国特色社会主义的生态治理实践，才可能有效承担全球生态治理的国家责任，实现一种真正民主的、公平的、有效的全球环境治理。《中共中央 国务院关于加快推进生态文明建设的意见》中明确指出，要坚持当前长远相互兼顾、减缓适应全面推进，通过节约能源和提高能效，优化能源结构，提高适应气候变化特别是应对极端天气和气候事件能力，坚持共同但有区别的责任原则、公平原则、各自能力原则，积极建设性地参与应对气候变化国际谈判，推动建立公平合理的全球应对气候变化格局。近年来，中国通过农业、水资源、林业及生态系统、海岸带和相关海域、人体健康等领域的积极行动，减少气候变化不利影响，提升适应气候变化能力。与此同时，积极推动气候变化国际交流与合作，分别与美国、欧盟、英国、印度和巴西发表了气候变化联合声明，筹建气候变化南南合作基金；围绕 2015 年巴黎协议及后续制度建设，积极建设性参与气候变化国际谈判。

《中共中央关于制定国民经济和社会发展第十三个五年规划的建议》强调“绿色是永续发展的必要条件和人民对美好生活追求的重要体现。必须坚持节约资源和保护环境的基本国策，坚持可持续发展，坚定走生产发展、生活富裕、生态良好的文明发展道路，加快建设资源节约型、环境友好型社会，形成人与自然和谐发展现代化建设新格局，推进美丽中国建设，为全球生态安全做出新贡献。”① 2017 年 5 月 14 ~ 16 日，“一带一路”国际高峰论坛在北京召开。为认真落实《推动共建丝绸之路经济带和 21 世纪海上丝绸之路的愿景与行动》《“十三五”生态环境保护规划》和《关于推进绿色“一带一路”建设的指导意见》，切实做好“一带一路”建设中的生态环境保护工作，环境保护部发布了《“一带一路”生态环境保护合作规划》指出，生态环保合作是绿色“一带一路”建设的根本要求，是实现区域经济绿色

① 《〈中共中央关于制定国民经济和社会发展第十三个五年规划的建议〉辅导读本》，人民出版社 2015 年版，第 11 ~ 12 页。

转型的重要途径，也是落实2030年可持续发展议程的重要举措。到2030年，我国将全面提升生态环保合作水平，深入拓展在环境污染治理、生态保护、核与辐射安全、生态环保科技创新等重点领域合作，使绿色“一带一路”建设惠及沿线国家，生态环保服务、支撑、保障能力全面提升，将“一带一路”建设成为绿色、繁荣与友谊之路。

结　语

改革开放近四十年的经济社会实践，在整体促进中国国家转型方面形成了以发展促转型、以转型促发展的良性格局，但是面对资源约束趋紧、环境污染严重、生态系统退化的严峻形势，深化国家生态责任意识、提升生态治理能力、加快生态文明制度建设，既需要立足国家建设的宏观视野，更需要落实到地方政府和组织的具体实践，从而推动形成人与自然和谐发展的现代化建设新格局。党的十八大报告明确把生态文明建设放在国家发展战略的突出地位，要求将生态文明建设融入经济建设、政治建设、文化建设、社会建设各方面和全过程，2015 年“绿色”被列为“十三五”规划的五大发展理念之一。中国政府拥有坚持走绿色发展道路的坚定意愿，是中国特色社会主义生态文明建设的坚实保障，有望将自上而下的环境政策革新决策与执行和自下而上的公众环境政策革新诉求形成良好正向的合力。

党的十八届三中全会《关于全面深化改革若干重大问题的决定》提出，到 2020 年形成系统完备、科学规范、运行有效的制度体系，包括健全生态文明制度体系。健全生态文明制度体系，全面建成“蓝天、碧水、净土”的小康社会，对我国生态文明制度建设和环境治理提出了异常紧迫的任务，要求我们充分尊重生态系统的特征和演化规律，把握生态修复的局地、区域和全球性特征和差异，协调好生态修复和环境保护的经济效益、社会效益和生态效益，紧密结合科学的“顶层设计”与大胆的“摸着石头过河”，坚持理论与实践相结合，坚持问题导向、多方参与、形成共识、有序推进。

中国作为世界最大的新兴经济体，拥有区别于其他国家的体制优势，通过增加自主创新的绿色技术的研发投入，积极促进国内产业绿色转轨，加强环境政策本土创新和环境治理国际合作，有望成为绿色工业革命的倡导者、创新者和领跑者，加快建设资源节约型、环境友好型社会和全面建成小康社会，稳步推进美丽中国建设，形成人与自然和谐发展的现代化建设新格局，贯彻“共同但有区别的责任”的全球环境治理基本原则，为全球生态安全做出新贡献。

参考文献

1. 陈冰波：《主体功能区生态补偿》，社会科学文献出版社2009年版。

2. 胡鞍钢：《中国创新绿色发展》，中国人民大学出版社2014年版。

3. 李洪远、莫训强：《生态恢复的原理与实践》，化学工业出版社2016年版。

4. 李文华：《中国当代生态学研究》，科学出版社2013年版。

5. 李向东：《环境污染与修复》，中国矿业大学出版社2016年版。

6. 马克思、恩格斯：《马克思恩格斯选集（第4卷）》，人民出版社1995年版。

7. ［美］丹尼尔·A. 科尔曼著，梅俊杰译：《生态政治：建设一个绿色社会》，上海译文出版社2006年版。

8. 米文宝：《生态恢复与重建评估的理论与实践——以宁夏南部山区退耕还林还草工程为例》，中国环境科学出版社2009年版。

9. 沈满洪、谢慧明、余冬筠：《生态文明建设：从概念到行动》，中国环境出版社2014年版。

10. 王东胜、林坚：《生态文明建设教程》，中国传媒大学出版社2013年版。

11. 吴季松：《百国考察廿省实践生态修复——兼论生态工业园建设》，北京航空航天大学出版社2009年版。

12. 吴鹏：《以自然应对自然——应对气候变化视野下的生

态修复法律制度研究》，中国政法大学出版社 2014 年版。

13. 徐春：《可持续发展与生态文明》，北京出版社 2000 年版。

14. 余顺慧：《环境生态学》，西南交通大学出版社 2014 年版。

15. 赵建军：《如何实现美丽中国梦》，知识产权出版社 2014 年版。

16. 郑易生：《深度忧患》，中国出版社 1998 年版。

17. 中国科学院生态与环境领域战略研究组：《中国至 2050 年生态与环境科技发展路线图》，科学出版社 2010 年版。

18. 中国人民大学气候变化与低碳经济研究所：《低碳经济：中国用行动告诉哥本哈根》，石油工业出版社 2010 年版。

19. 曹世雄：《生态修复项目对自然与社会的影响》，载于《中国人口·资源与环境》2012 年第 11 期。

20. 常纪文：《中国环境法治的历史、现状与走向——中国环境法治 30 年之评析》，载于《昆明理工大学学报》（社科法学版）2008 年第 1 期。

21. 方修琦、牟神州：《中国古代人与自然环境关系思想透视》，载于《人文地理》2008 年第 4 期。

22. 任洪涛、敬冰：《我国生态修复法律责任主体研究》，载于《理论研究》2016 年第 4 期。

23. 唐皇凤：《新中国 60 年国家治理体系的变迁及理性审视》，载于《经济社会体制比较》2009 年第 5 期。

24. 王盼：《生态修复责任主体研究》，载于《太原师范学院学报》（社会科学版）2016 年第 2 期。

25. 王蔚：《改革开放以来中国环境治理的理念、体制和政策》，载于《当代世界与社会主义》2011 年第 4 期。

26. 王玉德：《中国环境保护的历史和现存的十大问题——兼论建立生态文化学》，载于《华中师范大学学报》（哲社版）1996 年第 1 期。

27. 王治国：《关于生态修复若干概念与问题的讨论（续）》，

载于《中国水土保持》2003 年第 11 期。

28. 邬晓燕：《国家建设背景下的国家生态责任与治理能力建设》，载于《当代世界与社会主义》2016 年第 2 期。

29. 吴鹏：《论生态修复的基本内涵及其制度完善》，载于《东北大学学报》（社会科学版）2016 年第 6 期。

30. 许晖、邹德秀：《中国古代生态环境与经济社会发展史话》，载于《生态经济》2000 年第 4 期。

31. 杨俊中：《中国古代农业生态保护思想探析》，载于《安徽农业科学》2008 年第 19 期。

32. 易崇燕：《我国污染场地生态修复法律责任主体研究》，载于《学习论坛》2014 年第 7 期。

33. 殷培红：《中国环境管理体制改革的回顾与反思》，载于《环境与可持续发展》2016 年第 2 期。

34. 袁学红：《构建我国环境公益诉讼生态修复机制实证研究——以昆明中院的实践为视角》，载于《法律适用》2016 年第 2 期。

35. 张法瑞、柳永兰：《生态伦理观与可持续农业的生态道德准则》，载于《中国农业大学学报》（社会科学版）1999 年第 3 期。

36. 张云飞：《试论中国特色生态治理体制现代化的方向》，载于《山东社会科学》2016 年第 6 期。

37. 朱芳芳：《中国生态现代化能力建设与生态治理转型》，载于《马克思主义与现实》2011 年第 3 期。

38. 《2011 年上市公司十大环保事件》，载于《证券日报》2011 年 12 月 20 日。

39. 《全国生态文明意识调查研究报告》，载于《中国环境报》2014 年 3 月 24 日。

40. 沈国舫：《从生态修复的概念说起》，载于《浙江日报》2016 年 4 月 21 日第 15 版。

41. 徐志群:《我国生态修复立法研究》,湘潭大学硕士论文,2015 年。

42.《环境保护部发布〈2015 中国环境状况公报〉》,中华人民共和国环保部,2016 年 6 月 2 日,http://www.zhb.gov.cn/gkml/hbb/qt/201606/t20160602_353078.htm。

43. 马彦:《构建我国土壤污染修复治理长效机制的思考与建议》,观察,2016 年 11 月 23 日,http://www.er-china.com/index.php?m=content&c=index&a=show&catid=16&id=86342。

44.《2015 中国环境状况公报:全国水质污染地图》,中国网,2016 年 4 月 18 日,http://info.water.hc360.com/2016/04/181100548106-2.shtml。